高等职业教育系列教材

西门子触摸屏组态与应用

主　编　侍寿永　王　玲
参　编　刘晓艳　关士岩　王立英
主　审　史宜巧

机械工业出版社

本书以西门子公司人机界面（触摸屏）为例，通过典型应用案例，较为全面地介绍了人机界面的基础知识、软件的安装和使用、项目的创建及调试方法，基本对象、元素和控件的组态过程与调试技巧，以及职业技能大赛实操题。本书中的项目案例可在计算机上进行学习和仿真实验，便于读者较快地掌握人机界面中各构件的组态方法。

本书在介绍相关知识点后，配以相应的工程案例，并且提供详细的实施步骤，包括西门子 S7-1200 PLC 的组态和编程技巧、画面中构件的组态过程和项目案例的仿真调试步骤等。每个项目案例都比较容易操作与实现，旨在让读者通过对本书的学习，能尽快地掌握人机界面的工程应用。

本书可作为高等职业院校电气自动化、机电一体化和轨道交通等相关专业及企业员工技术培训的教材，也可作为工程技术人员的自学或参考用书。

本书配套电子资源包括 20 个微课视频、电子课件、习题解答等，需要的教师可登录 www.cmpedu.com 免费注册、审核通过后下载，或联系编辑索取（微信：15910938545，电话：010-88379739）。

图书在版编目（CIP）数据

西门子触摸屏组态与应用 / 侍寿永，王玲主编. —北京：机械工业出版社，2022.1（2024.7 重印）

高等职业教育系列教材

ISBN 978-7-111-68857-0

Ⅰ. ①西…　Ⅱ. ①侍…　②王…　Ⅲ. ①触摸屏-组态-高等职业教育-教材　Ⅳ. ①TP334.1

中国版本图书馆 CIP 数据核字（2021）第 155326 号

机械工业出版社（北京市百万庄大街 22 号　邮政编码 100037）

策划编辑：李文轶　　　责任编辑：李文轶
责任校对：张艳霞　　　责任印制：郜　敏

北京富资园科技发展有限公司印刷

2024 年 7 月第 1 版·第 7 次印刷
184mm×260mm·15.75 印张·387 千字
标准书号：ISBN 978-7-111-68857-0
定价：59.00 元

电话服务
客服电话：010-88361066
　　　　　010-88379833
　　　　　010-68326294

网络服务
机　工　官　网：www.cmpbook.com
机　工　官　博：weibo.com/cmp1952
金　书　网：www.golden-book.com

封底无防伪标均为盗版

机工教育服务网：www.cmpedu.com

前　言

党的二十大报告指出：推进新型工业化，加快建设制造强国，推动制造业高端化、智能化、绿色化发展。在智能制造系统中，PLC 不仅是机械装备和生产线的控制器，还是制造信息的采集器和转发器，不仅有高性价比、高可靠性、高易用性的特点，还具有分布式 I/O、嵌入式智能和无缝连接的性能，尤其在强有力的 PLC 软件平台的支持下，未来 PLC 将继续在工业自动化的领域发挥着广泛而重要的作用。它的最佳搭档——人机界面（触摸屏）已是自动化控制系统的重要组成部分。随着智能制造的快速发展，传感器、数据采集装置、控制器的智能化程度越来越高，通过以太网就可以直接访问过程实时数据，而这些数据可视化或系统重要参数便捷的设置又离不开人机界面。

西门子 S7 系列 PLC 广泛应用于我国工业生产中，S7-1200 PLC 是西门子公司推出的面向离散自动化系统和独立自动化系统的一款小型控制器，代表着下一代 PLC 的发展方向，强大的功能使它适用于多种应用现场，可满足不同的自动化需求。因为西门子公司人机界面产品的硬件、软件发生了很大的变化，精简系列、精智系列等面板已取代了 177、277、377 系列面板，TIA 博途中的组态软件 WinCC 取代了 WinCC flexible。为此，编者根据多年的工程实践及自动化专业教学的经验，并在企业技术人员的大力支持下使用博途软件 V15.1 版，结合 S7-1200 PLC 应用技术编写了本书，旨在使初学者或具有一定自动化类专业基础知识的工程技术人员能较快地掌握西门子触摸屏的工程应用技术。

本书共分为 6 章，较为全面地介绍了西门子触摸屏的组态应用技术及项目调试技能。

在第 1 章中，介绍了触摸屏基础知识及博途软件 V15.1 版的安装及使用。

在第 2 章中，介绍了触摸屏中项目的创建过程、仿真调试方法及项目下载前的设置。

在第 3 章中，介绍了触摸屏中基本对象的组态过程。

在第 4 章中，介绍了触摸屏中元素的组态过程。

在第 5 章中，介绍了触摸屏中控件的组态过程。

在第 6 章中，介绍了职业技能大赛的实操题。

为了便于教学和自学，激发读者的学习热情，本书中所列举的项目案例均较为简单，且易于操作和实现。为了巩固、提高和检阅读者所学知识，前 5 章均配有习题与思考。

本书在遵循学以致用的原则上，采用案例教学的思路进行编排，具备一定实验条件的院校可以按照编排的顺序进行教学。本书电子教学资料包中提供了微课视频、所有项目案例源程序和 PPT 等，为不具备实验条件的学生或工程技术人员自学提供方便。本书所有项目案例，都可以使用仿真软件进行模拟调试，可在机械工业出版社教育服务网（www.cmpedu.com）下载。

本书的编写得到了江苏电子信息职业学院领导和智能制造学院领导的关心和支持，同时，江苏沙钢集团淮钢特钢股份有限公司秦德良高级工程师在本书编写中给予了很多的帮助并提供了很好的建议，本书也得到江苏高校"青蓝工程"相关项目的资助，在此表示衷心的感谢。

本书由江苏电子信息职业学院侍寿永、王玲担任主编，刘晓艳、关士岩和王立英参编，史宜巧担任主审。侍寿永编写本书的第 1～5 章，王玲编写本书的第 6 章，刘晓艳、关士岩和王立英完成本书案例的收集和仿真调试。

由于编者水平有限，书中难免有疏漏之处，恳请读者批评指正。

编　者

目　　录

第1章　触摸屏认知及组态软件使用

触摸屏在工业应用中作为 PLC 控制器的最佳搭档，使用已经相当普遍。本章节重点介绍西门子人机界面、触摸屏的组态软件 TIA 博途 V15.1 的安装和基本应用。

1.1　人机界面

1.1.1　人机界面概述

随着智能制造技术的快速发展，可编程控制器（PLC）已经成为工业自动化控制系统中不可或缺的控制器，而其最佳搭档人机界面又是操作人员与 PLC 之间双向沟通的桥梁，用来实现操作人员与计算机控制系统之间的对话和相互作用，用户可以通过人机界面随时了解、观察并掌握整个控制系统的工作状态，必要时还可以通过人机界面向控制系统发出指令进行人工干预。因此，人机界面在自动化控制领域中逐渐发展成为必不可少的装置之一。

人机界面（Human Machine Inter，HMI），又称人机接口或用户界面（见图 1-1），是人与计算机之间传递、交换信息的媒介和对话接口，是计算机系统的重要组成部分，是系统和用户之间进行交互和信息交换的媒介，它实现信息的内部形式与人类可以接受形式之间的转换。可以说凡是参与人机信息交流的领域都存在着人机界面。

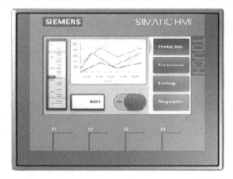

图 1-1　人机界面

人机界面从广义上说，泛指计算机（包括 PLC）与操作人员交换信息的设备。在控制领域，HMI 一般特指操作人员与控制系统之间进行对话和相互作用的专用设备，西门子公司的手册将人机界面装置称为 HMI 设备。本书亦将其称为 HMI 设备。

人机界面与 PLC 一样，必须适应恶劣的工业现场环境，它也是按照工业现场环境应用来设计的，正面的防护等级为 IP65，背面的防护等级为 IP20，坚固耐用，其稳定性和可靠性与 PLC 相当，可在恶劣的工业环境中长时间连续运行。

人机界面在自动控制系统中主要承担以下任务：

1）过程可视化。在人机界面上实时显示控制系统过程数据。

2）操作人员对过程的控制。操作人员通过图形界面来控制工业生产过程。如操作人员通过界面上的按钮来起停电动机，或通过输入窗口修改控制系统参数（如电动机工作时间）等。

3）显示报警。控制系统中过程数据的临界状态会自动触发报警，如电动机的温升超过设置值。

4）记录功能。按时间顺序记录过程数据值和报警等信息，用户可以检索以前的历史数据。

5）输出过程值和报警记录。如在某一动作过程结束时打印输出相关报表等。

6）配方管理。将生产过程和设备的参数存储在配方中，可以一次性将这些参数从人机界面下载到 PLC，以便改变产品的品种。

在使用人机界面时，主要解决两个问题，其一为人机界面上的画面设计，其二为与 PLC 之间的通信。人机界面上的画面设计由人机界面生产厂家研发的组态软件来解决，当然与 PLC 之间的通信问题也得通过组态软件来解决，用户不需要编写 PLC 和人机界面之间的通信程序，只需要在人机界面的组态软件和 PLC 编程软件中对它们之间的通信参数进行简单的设置，就可以实现人机界面与 PLC 之间的通信。当然，不是所有品牌的人机界面与所有品牌的 PLC 都能相互通信，但是，大多数人机界面一般都能与品牌的 PLC 进行通信。

1.1.2 西门子人机界面

根据功能的不同，人机界面主要包括文本显示器、触摸屏和触控一体机三大类（见图 1-2）。文本显示器一般采用单片机控制，图形化显示功能较弱，成本较低，适合低端的人机界面应用环境。触摸屏采用较高等级的嵌入式计算机，具备丰富的图形功能，能够实现各种需求的图形显示、数据存储和联网通信等功能，且可靠性高，是工业应用场合的首选。触控一体机是扁平设计的工业计算机，带触摸屏，CPU 功能强大，可以完成大量的数据运算以及存储，缺点是成本较高，且部分带硬盘和风扇的设计从而降低了系统可靠性。

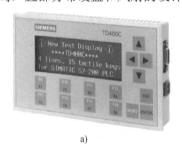
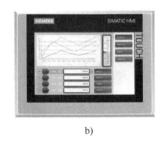

a)   b)   c)

图 1-2   西门子人机界面

a) 文本显示器   b) 触摸屏   c) 触控一体机

本书主要介绍西门子公司生产的人机界面中的触摸屏（诸多用户将 HMI 直接称之为触摸屏），西门子人机界面也称为面板（Panel），其型号中的"KP"表示按键面板，"TP"表示触摸面板，"KTP"是带有少量按键的触摸型面板。

1. 按键面板

按键面板（如 KP8、KP8F 和 KP32F 等，见图 1-3）是可更换总线的控制面板，其结构简单，使用方便，便于安装和预组装，可以进行简单而直接的操作，并且接线简单。其主要特点如下：

1）可任意配置的大号按钮，具有触摸反馈，即使戴着手套也能可靠操作；

2）LED 背光照明具有五种可选颜色，用于显示各种机器状态；

3）集成以太网交换机，支持线性和环形拓扑网络；

4）非常适合安装在全防护人机界面设备的扩展单元中；

5）故障安全型可连接一个或两个急停按钮或其他故障安全信号。

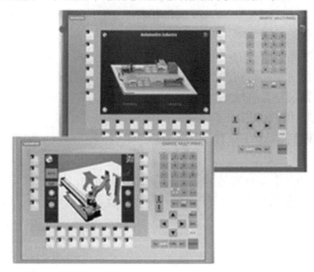

图 1-3　按键面板

2．移动面板

移动面板（见图 1-4）的显著特点是既可以有线操作，也可以通过工业以太网无线操作，更加方便调试和维护，并且能移动观察整个工业现场过程，在屏幕上显示访问相关的过程信息全局，一般应用在十分重要的场合。不需要中断操作即可将大容量电池更换，从而确保系统操作顺利运行。其主要特点如下：

图 1-4　移动面板

1）设计坚固，适合工业应用；

2）操作舒适，结构紧凑，重量轻；

3）支持热插拔，使用灵活；

4）启用和停用不中断急停电路（使用增强型接线盒）；

5）采用高等级安全设计，操作可靠；

6）连接点检测功能；

7）集成接口有串行端口、MPI、PROFIBUS 或 PROFINET；

8）调试时间较短。

3．精简面板

精简面板（见图 1-5）属于精简类型，具备基本的触摸屏功能，性价比高，尺寸可选范围为 3～15in，分为触摸式或键控式，属于广大用户常用系列。4in 和 6in 面板还有可以进行竖直安装的类型，从而进一步提高了灵活性，此外，它们还带有附加的可任意配置的控制键。其主要特点如下：

1）适用于不太复杂的可视化应用；

2）所有尺寸显示屏具有统一的功能；

3）显示屏具有触摸功能，可实现直观的操作员控制；

4）按键可任意配置，并具有触觉反馈；

5）运行 PROFIBUS 和 PROFINET 连接；

6）项目可向上移植到 SIMATIC 精智面板。

4．精智面板

精智面板（见图 1-6）能实现能效管理，带集成诊断功能，比精简面板高级，尺寸从 4in 到 22in 可选，多为宽屏，可视化区域增加了 40%，适用于复杂的操作画面。其主要特点如下：

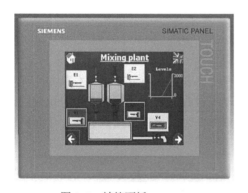

图 1-5　精简面板

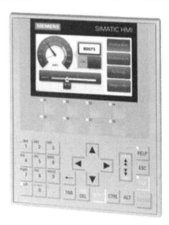

图 1-6　精智面板

1）所有面板都具有相同的集成高端功能；

2）宽屏幕显示尺寸范围为 4～22in，可进行触摸操作或按键操作；

3）有效的节能管理；

4）显示屏的亮度在 0～100%范围内可调；

5）可在生产间歇期间将显示屏关闭；

6）发生电源故障时，可确保 100%的数据安全性；

7）支持多种通信协议；

8）使用系统卡来简化项目传输；

9）可在危险区域中使用。

5．精彩面板

精彩系列面板 SMART LINE V3（见图 1-7）是专门

图 1-7　精彩面板

与 S7-200 PLC 和 S7-200 SMART PLC 配套的触摸屏，Smart 700 IE V3 和 Smart 1000 IE V3 的显示器分别为 7in 和 10in，集成了以太网接口、RS-422/485 接口和 USB 2.0 接口，使用专用的组态软件 WinCC flexible SMART V3。Smart 700 IE

V3 的价格比较便宜，具有很高的性价比。

1.2 软件的安装与使用

TIA 是 Totally Integrated Automation（全集成自动化）的简称，TIA 博途（TIA Portal）是西门子自动化的全新工程设计软件平台，它将所有自动化软件工具集成在统一的开发环境中，是世界上第一款将所有自动化任务整合在一个工程设计环境下的软件。

博途中的 STEP 7 用于西门子 S7-300、S7-400、S7-1200 和 S7-1500 等 PLC 和 WinAC（Windows Automation Center，西门子自动化中心，它将 PLC 控制、数据处理、通信、可视化及工艺集成于一台计算机上）的组态和编程，博途中的 WinCC（Windows Control Center，西门子控制中心）是 HMI/SCADA⊖的组态软件，用于西门子的 HMI（除精彩面板之外）、工业 PC（计算机）和标准 PC 的组态软件。WinCC 有以下 4 种版本。

1）WinCC Basic（基本版）：用于组态精简系列面板，STEP 7 集成了 WinCC 的基本版。

2）WinCC Comfort（精智版）：用于组态所有的面板，包括精简面板、精智面板、移动面板和上一代的 170/270/370 系列面板。

3）WinCC Advanced（高级版）：用于组态所有的面板和 PC 单站系统，将 PC 作为功能强大的 HMI 设备使用。

4）WinCC Professional（专业版）：用于组态所有的面板，以及基于 PC 的单站到多站的SCADA（数据采集与监控）系统。

1.2.1 安装软件

1. 硬件要求

TIA 博途 SIMATIC STEP 7 Professional V15 软件包对计算机硬件的推荐配置如下：

- 处理器。Intel Core i5-6440EQ（最高 3.4GHz）及以上；
- 显示器。15.6in 全高清显示器，分辨率 1920×1080px；
- RAM。16GB 或更多（至少为 8GB）；
- 硬盘。SSD（固态硬盘），配备至少 50GB 的存储空间。

2. 支持的操作系统

TIA 博途 STEP 7 V15 基本版和专业版分别支持的操作系统如表 1-1 所示。

表 1-1　支持的操作系统

	操 作 系 统
Windows 7（64bit）	Windows 7 专业版 SP1 Windows 7 企业版 SP1 Windows 7 旗舰版 SP1
Windows 10（64bit）	Windows10 专业版 V1709 Windows10 专业版 V1803 Windows 10 企业版 V1709 Windows 10 企业版 V1803 Windows 10 企业版 2016 LTSB Windows 10 IoT 旗舰版 2015 LTSB Windows 10 IoT 旗舰版 2016 LTSB
Windows Server（64bit）	Windows Server 2008 R2 StdE SP1（STEP 7 V13 专业版 1） Windows Server 2012 R2 StdE SP1（完全安装）

⊖ SCADA 为以计算机为基础的生产过程控制与调度自动化系统。

3．安装步骤

软件包通过安装程序自动安装。将安装盘插入光盘驱动器后，安装程序便会立即启动。如果通过硬盘上软件安装包安装，应注意：勿在安装路径中使用或包含任务使用 UNICODE 编码的字符，如中文字符。

（1）安装要求

1）PG/PC 的硬件和软件满足系统要求；

2）具有计算机的管理员权限；

3）关闭所有正在运行的程序（包括杀毒软件和 360 卫士等软件）。

（2）安装步骤

以 TIA 博途 V15.1 为例，首先应安装 STEP 7 Professional，然后安装其他软件。

1）删除注册表文件。同时按下计算机键盘上的〈Windows〉键 和〈R〉键，打开"运行"对话框，然后输入"regedit"，单击"确定"按钮，打开注册表编辑器，也可以单击计算机屏幕左下方 Windows 的图标 ，在弹出的开始框中输入"regedit"，按〈Enter〉键后便可打开注册表编辑器。打开注册表编辑器左边窗口文件夹"\HKEY_LOCAL_MACHINE\SYSTEM\ControlSet001\Control\Session Manager"，选中"Pending File Rename Operations"后并删除便可。若不删除此文件，在安装过程中可能会出现"必须重新启动计算机，然后才能运行安装程序。要立即重新启动计算机吗？"的对话框，重新启动计算机后再安装软件，还是会出现上述信息。

2）执行可执行文件。将光盘插入光盘驱动器，安装程序将自动启动（见图 1-8）。如果安装程序没有启动，则可通过双击"Start.exe"文件（如果通过硬盘上文件安装，打开安装文件夹，双击"Start.exe"文件），开始安装 STEP 7。

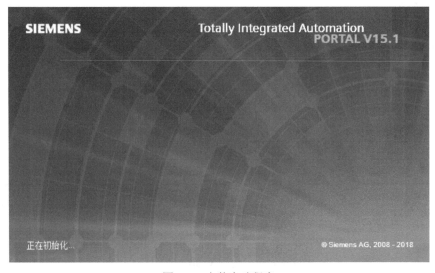

图 1-8　安装启动程序

3）选择安装语言。在选择安装语言对话框（见图 1-9）中，选择安装过程中的界面语言，建议采用默认的安装语言"中文（H）"。单击"下一步（N）"按钮，进入下一个对话框。

4）选择产品语言。在打开的选择产品语言对话框中，选择 TIA 博途软件的用户界面要使用的语言。采用默认的英语和中文，"英语"作为基本产品语言，不可取消。单击"下一步（N）"按钮，进入下一个对话框。

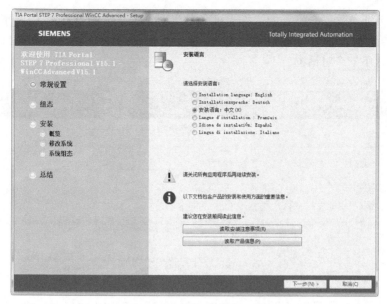

图 1-9　选择中文安装语言

5）选择产品配置。在打开的产品配置对话框（见图 1-10）中，若要以最小配置安装程序，则单击"最小（M）"按钮；若要以典型配置安装程序，则单击"典型（T）"按钮；若自主选择需要安装的组件，请单击"用户自定义（U）"按钮。然后勾选需要安装的产品所对应的复选框。若在桌面上创建快捷方式，请选中"创建桌面快捷方式（D）"复选框；若要更改安装的目标目录，请单击"浏览（R）"按钮。安装路径的长度不能超过 89 个字符。

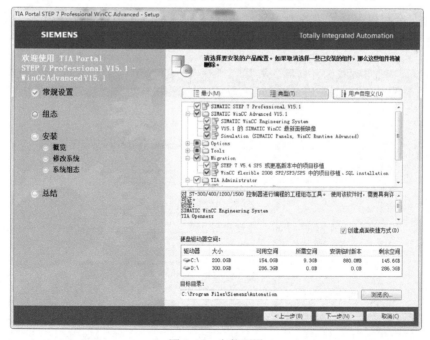

图 1-10　安装配置

建议采用"典型"配置和 C 盘中默认的安装路径。单击"下一步（N）"按钮，进入下一个对话框。

6）勾选许可证条款。在打开的"许可证条款"对话框（见图 1-11）中，单击窗口下面的两个小正方形复选框，使方框中出现"√"，接受列出的许可证协议的条款。单击"下一步（N）"按钮，进入下一个对话框。

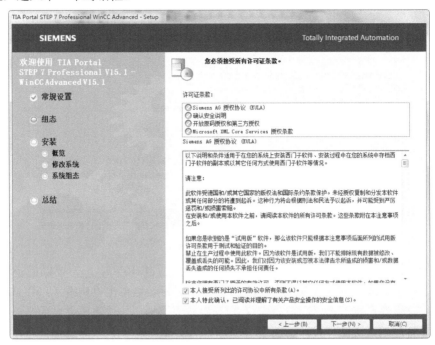

图 1-11　勾选许可证条款

7）勾选安全和权限设置。在打开的"安全控制"对话框（见图 1-12）中，勾选复选框"我接受此计算机上的安全和权限设置（A）"。单击"下一步（N）"按钮，进入下一个对话框。

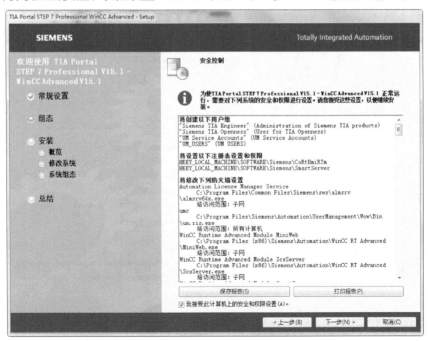

图 1-12　安全和权限设置对话框

8

8）开始安装。在打开的"概览"对话框中，列出了前面设置的产品配置、产品语言和安装路径（见图1-13）。单击"安装（I）"按钮，开始安装软件，如图1-14所示。

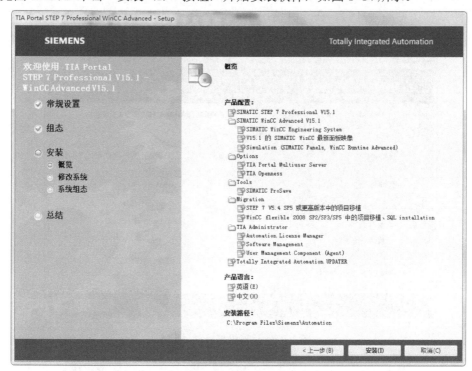

图1-13　概览对话框

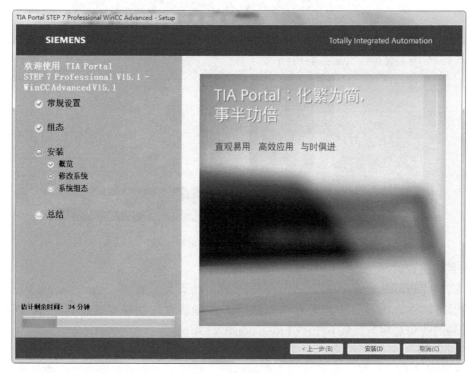

图1-14　开始安装

如果安装过程中未在 PC 上找到许可证密钥，可以通过从外部导入的方式将其传送到 PC 中。如果跳过许可密钥传送，稍后可通过 Automation License Manager 进行注册。安装过程需要重新启动计算机（见图 1-15）。在这种情况下，请选择"是，立即重启计算机（Y）"选项按钮。重新启动后，系统会继续安装，直至安装结束（见图 1-16）。

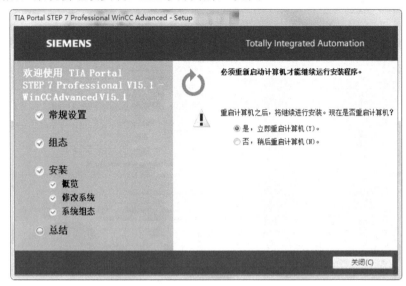

图 1-15　计算机重启对话框

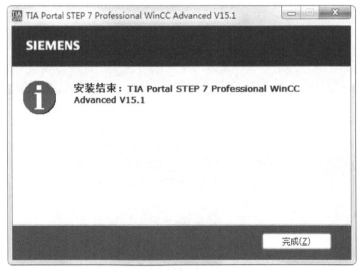

图 1-16　安装结束对话框

4．安装仿真软件

　　完成 STEP 7 Professional V15.1 安装后，因已经自动安装了 WinCC Professional V15.1，故不需要安装组态软件。因项目中需要对编程及组态进行仿真，故需安装仿真软件 S7-PLCSIM V15.1，安装的操作过程与安装 STEP 7 Professional V15.1 相同。

5．安装密钥

　　如果未安装许可证密钥，软件使用是有期限的。打开安装文件找到许可证密钥文件，双击 Sim_EKB_Install 应用程序，在打开的对话框中打开 TIA Portal 文件夹（见图 1-17），选中 TIA

Portal V15/V15.1 文件夹，勾选需要安装的"序列号码"，也可以将其全部勾选，单击"安装长密钥"按钮进行许可证密钥安装。安装完成后，打开"授权管理器（ALM）"，会发现"授权类型"和"有效期"均为"不受限"，即该软件可以无限期地使用。

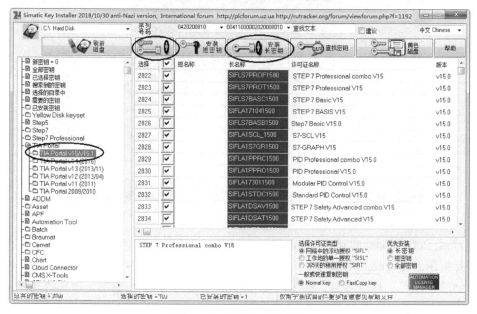

图 1-17　安装许可证密钥

1.2.2　软件视窗

1．Portal 视图与项目视图

安装好 TIA 博途后，双击桌面上的🔳图标，打开博途的启动画面（见图 1-18）。在此为 Portal 视图模式，单击图 1-18 中左下角按钮"▶项目视图"，便可切换到博途软件的项目视图模式（见图 1-19）。若单击图 1-19 中左下角按钮"◀ Portal 视图"，便可切换到博途软件的 Portal 视图模式。

软件的视窗介绍与操作

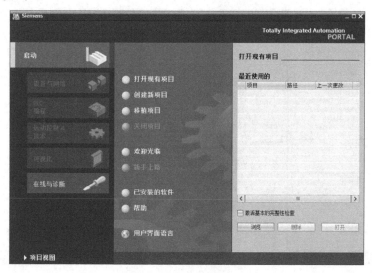

图 1-18　Portal 视图模式

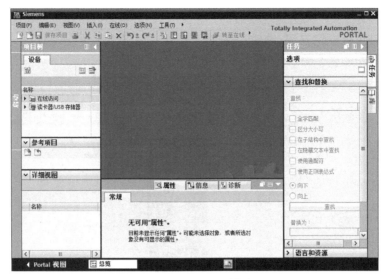

图 1-19 项目视图模式

由此可知，TIA Portal 提供两种不同的工具视图，即基于任务的 Portal（用户）视图和基于项目的项目视图。在 Portal 视图中，可以概览自动化项目的所有任务。在此视图中可以打开现有项目、创建新项目、移植项目、查看已安装的软件和打开帮助窗口等。项目的具体操作一般都在项目视图中完成，本书主要使用项目视图。

项目视图和很多软件一样，由标题栏、菜单栏、工具栏、工具箱和工作区等组成，诸多用户对此类界面都比较熟悉，易于使用。项目视图中黑色按钮，表示当前条件下可以操作，而菜单栏和工具栏中的浅灰色命令或按钮，表示当前条件下不可以操作。

2. 项目树

图 1-20 的左侧中间部分为项目树，可以用项目树访问所有的设备和项目数据，添加新的设备，编辑已有的设备，打开处理项目数据的编辑器等。

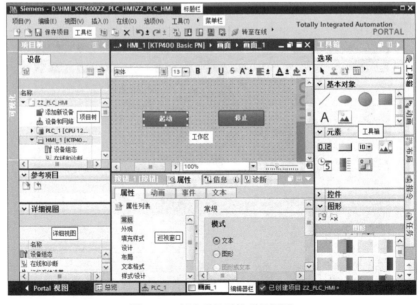

图 1-20 创建项目后的项目视图

项目中的各组成部分在项目树中以树型结构显示，故取名项目树，其分为 4 个层次：项目、设备、文件夹和对象。项目树的使用方式与 Windows 的资源管理器相似。其作为每个编辑器的子元件，用文件夹以结构化的方式保存对象。

单击项目树右上角的向左按钮◀，项目树和下面的详细视图消失，同时在最左边的垂直条上端出现向右按钮▶，单击它将打开项目树和详细视图。可以用类似的方法隐藏或显示右边的工具箱和下面的巡视窗口。

将鼠标的光标放到相邻的两个窗口的水平分界线上，出现带双向箭头的光标↕时，按住鼠标左键上下移动鼠标，可以移动分界线，以调节分界线两边的窗口大小。用同样的方法，可以调节垂直分界线。

单击项目树标题栏上的"自动折叠"按钮▥，该按钮变为▮（永久展开）。此时单击项目树外面的任何区域，项目树自动折叠。单击最左边的垂直条上端的按钮▶，项目树随即打开。单击按钮▮，该按钮变为▥，自动折叠功能被取消。

可以用类似的操作，启动或关闭任务卡和巡视窗口的自动折叠功能。

3．详细视图

项目树窗口的下面是详细视图，详细视图显示项目被选中的对象下一级的内容。图 1-20 中的详细视图显示的是项目树的"HMI_1[KTP 400 Basic PN]"文件夹中的内容。可以将详细视图中的某些对象拖拽到工作区中。

单击详细视图左上角的向下按钮˅或"详细视图"标题，详细视图被关闭，只剩下紧靠"Portal 视图"的标题，标题左边的按钮变为向右按钮˃。单击该按钮或标题，重新显示详细视图。可以用类似的方法显示和隐藏工具箱中的"元素"和"控件"等窗格。

单击巡视窗口右上角的向下按钮▼或向上按钮▲，可以隐藏或显示巡视窗口。

4．工作区

用户在工作区编辑项目对象，没有打开编辑器时，工作区是空的。可以同时打开几个编辑器，一般只在工作区同时显示一个当前打开的编辑器。在最下面的编辑器栏显示所有被打开的编辑器，单击它们可以切换工作区显示的编辑器。

单击"工具栏"上的按钮▭和 ▯（若未见此按钮，可将视图界面最大化），可以水平或垂直拆分工作区，同时显示两个编辑器。

单击工作区右上角的"最大化"按钮▢，将会关闭其他所有窗口，工作区被最大化；单击工作区右上角的"最小化"按钮▬，将会使工作区最小（消失），一般很少使用这一功能。

单击工作区右上角的"浮动"按钮▭，工作区处于浮动状态。用左键按住浮动的工作区的标题栏并移动鼠标，可将工作区拖到画面中任意位置。松开鼠标左键，工作区被放在当前所在的位置，这个操作称为"拖拽"。可以将浮动的窗口拖拽到任意位置。工作区被最大化或浮动后，单击工作区右上角的"嵌入"按钮▯，使工作区恢复到以前的位置。

在工作区同时打开程序编辑器和设备视图，将设备视图放大到 200%或以上，可以将模块上的 I/O 点拖拽到程序编辑器中指令的地址域，这样不仅能快速设置指令的地址，还能在 PLC变量表中创建相应的条目。也可以用上述方法将模块上的 I/O 点拖拽到 PLC 变量中。

5．巡视窗口

巡视窗口用来显示选中的工作区中对象的附加信息，还可以用巡视窗口来设置对象的属性。巡视窗口有下列 3 个选项卡：

1)"属性"选项卡显示和修改选中的工作区中的对象的属性。巡视窗口左边的窗格是浏览窗口，选中其中的某个参数组，在右边窗格显示和编辑相应的信息或参数。

2）"信息"选项卡显示所选对象和操作的详细信息，以及编译后的报警信息。

3）"诊断"选项卡显示系统诊断事件和组态的报警事件。

巡视窗口有两级选项卡，图 1-20 选中了第一级的"属性"选项卡和第二级的"属性"选项卡左边浏览窗格中的"常规"，本书中将它简记为选中了巡视窗口中的"属性"→"属性"→"常规"。

6．任务卡

项目视图中最右边的窗口为任务卡，任务卡的功能与编辑器有关。可以通过任务卡执行附加的操作，如从库或硬件目录中选择对象，搜索与替换项目中的对象，将预定义的对象拖拽到工作区等。

可以用任务卡最右边的竖条上的按钮来切换任务卡显示的内容。图 1-20 中的任务卡显示的是工具箱，工具箱划分为"元素"等窗格（或称为"选项板"），单击窗格左边的按钮 ∨ 和 ＞，可以折叠或重新打开窗格。

单击任务卡窗格上的"更改窗格模式"按钮 ▢，可以在同时打开几个窗格和只打开一个窗格之间切换。

7．任务卡中的库

单击项目视图任务卡右边的"库"按钮 ▥，打开库视图，其中的"全局库"窗格可以用于所有的项目。不同型号的人机界面可以打开和使用的库是不同的。

项目库只能用于创建它的项目，可以在其中存储想要的项目中多次使用的对象。项目库随当前项目一起打开、保存和关闭，可以将项目库中的元件复制到全局库中。

只需要对库中存储的对象组态一次，以后便可以多次重复使用。可以通过使用对象模板来添加画面对象，从而提高组态效率。

1.2.3 工具箱

任务卡的"工具箱"中可以使用的对象与 HMI 设备的型号有关。工具箱包含过程画面中需要经常使用的各种类型的对象。

右键单击（书中简称为右击）工具箱中的区域，可以用出现的"大图标"复选框设置采用大图标或小图标。在大图标模式可以用"显示描述"复选框设置是否在各对象下面显示对象的名称。

根据当前激活的编辑器，"工具箱"包含不同的窗格。打开"画面"编辑器时，工具箱提供的窗格有基本对象、元素、控件和图形等。

1．基本对象

（1）线

在"基本对象"窗格中用鼠标左键单击（本书中简称为单击）"线"的按钮 ╱，然后将光标移至画面的工作区中，此时光标在工作区移动会显示光标的当前位置，即 Oxy 坐标。按住左键移动鼠标后松开，便可以在工作区画出一根线（见图 1-21）。选中某条线后（线的两端均显示蓝色小方块），在巡视窗口中的"属性"→"属性"→"外观"中可以进行以下设置：线的宽度和颜色、线的起点或终点是否有箭头、实线或虚线、端点是否为圆弧形等。在巡视窗口中的"属性"→"属性"→"布局"中可以进行以下设置：线的位置和大小、线的起始点和结束点等。

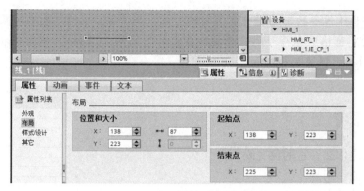

图 1-21 "线"的"布局"组态

如果画水平或垂直线时，在工作区中画线仅靠光标的移动很难将其画成水平或垂直，此时可在"属性"→"属性"→"布局"（见图 1-21）中通过更改线的起始点和结束点来达到所画线的水平或垂直。

（2）圆和椭圆

在其属性中可以调节它们的大小和设置椭圆两个轴的尺寸，设置背景（即内部区域）的颜色，设置边框的宽度、样式及颜色等。

（3）矩形

在其属性中可以设置矩形的高度、宽度、内部区域的颜色，设置边框的宽度、样式及颜色，设置矩形的圆角等。

（4）文本域

可以在文本域中输入一行或多行文本。定义字体和字的颜色，对齐方式，还可以设置文本域的背景色和边框样式等。

（5）图形视图

图形视图用来在画面中显示属性列表中已有图形或由外部图形编程工具创建的图形。用类似画线的方法在工作区中生成图形视图，在其属性中可自定义对象的位置、几何形状、样式、颜色和字体类型。

在"图形视图"对象中可以使用下列图形格式：*.bmp、*.tif、*.png、*.ico、*.emf、*.wmf、*.gif、*.svg、*.jpg 或 *.jpeg。在"图形视图"中，还可以将其他图形编程软件编辑的图形集成为 OLE（对象链接与嵌入）对象。可以直接在 Visio、Photoshop 等软件中创建这些对象，或者将这些软件的文件插入图形视图，可以用创建它的软件来编辑它们。

2．元素

精简面板的"元素"窗格中有 I/O 域、按钮、符号 I/O 域、图形 I/O 域、日期/时间域、棒图和开关等。

3．控件

控件为 HMI 提供增强功能，精简面板的"控件"窗格中有报警视图、趋势视图、用户视图、HTML 浏览器、配方视图和系统诊断视图等。

4．图形

在"图形"窗格的"WinCC 图形文件夹"中提供了很多图库，用户可以调用其中的图形元件。用户可以用"我的图形文件夹"来管理自己的图库。

注意：不同 HMI 设备的工具箱中有不同的对象，如精智面板的"基本对象"窗格中有折线和多边形；"元素"窗格中有符号库、滑块、量表和时间等；"控件"窗格有状态/强制、f(x)趋势视图、媒体播放器、摄像头视图和 PDF 视图等。

1.3　习题与思考

1．人机界面是什么？它的英文缩写是什么？

2．人机界面的作用是什么？

3．工业控制系统中常用的触摸屏有哪些品牌？

4．西门子人机界面有哪些系列，各有什么特点？

5．西门子人机界面产品型号中的 KP、TP 和 KTP 分别表示什么面板，其中 KP 系列有哪些常用尺寸？

6．TIA 博途中的 WinCC 能对哪些系列面板进行组态？

7．安装 TIA 博途过程中若显示必须重新启动计算机，然后才能运行安装程序，遇到此类问题应如何解决。

8．在 TIA 博途 WinCC 中如何显示巡视窗口？

9．使用 KTP 系列面板时，可以组态哪些基本对象？

10．如何将项目树窗口进行隐藏或显示？

第 2 章　项目的创建及调试

使用触摸屏组态项目时，首先要熟知组态步骤、项目下载时接口及通信等参数的设置、投入使用前的调试等相关内容。本章节重点介绍项目的创建过程、下载设置及仿真调试等内容。通过本章学习，使读者能掌握组态工程项目的每个环节。

2.1　项目创建的过程

2-1　创建
项目

2.1.1　创建项目

1. 创建新项目

双击桌面上博途 V15.1 图标，在 Portal 视图中选中"创建新项目"选项，在右侧"创建新项目"对话框中将项目名称修改为"Frist_PLC_HMI"。单击"路径"输入框右边的"浏览"按钮，可以修改项目保存的路径。在"作者"栏中可以修改创建该项目的作者名称。单击"创建"按钮后，开始生成项目（见图 2-1）。

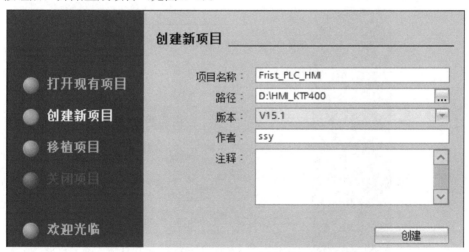

图 2-1　"Portal 视图"模式下"创建新项目"对话框

如果在 Portal 视图中单击左下角的"项目视图"按钮 ▶ 项目视图（见图 1-18），进入项目视图后也可以创建新项目。执行项目视图的菜单命令"项目"→"新建"，或在工具栏中单击"新建项目"按钮（见图 1-19），均可出现"创建新项目"对话框（见图 2-2）。

单击 Portal 视图中"打开现有项目"选项或项目视图中"打开项目"按钮（见图 1-19），双击打开的"打开现有项目"对话框中（见图 1-18）列出的最近使用的某个项目，可以打开该项目。或者单击已打开的"打开项目"对话框左下角的"浏览"按钮，在打开的对话框中打开某个项目的文件夹，双击图标为 的文件，便可打开该项目。

图 2-2 "项目视图"模式下"创建新项目"对话框

2. 添加 PLC

在 Portal 视图中单击"创建"按钮（见图 2-1）后，在弹出的"新手上路"对话框中单击"设备和网络—组态设备"选项（见图 2-3），在弹出的"显示所有设备"对话框中选中"添加新设备"选项，在右侧"添加新设备"对话框中，选择"控制器"，在"设备名称"文本框中输入设备名称，如 PLC（若不输入设备名称，在选择控制器后，设备名称将自动命名为 PLC_1），逐级打开 S7-1200 PLC 的 CPU 文件夹，选择 CPU 1214C AC/DC/Rly（见图 2-4），单击对话框右下角的按钮 添加 ，系统将自动打开该项目"项目视图"的编辑视窗。

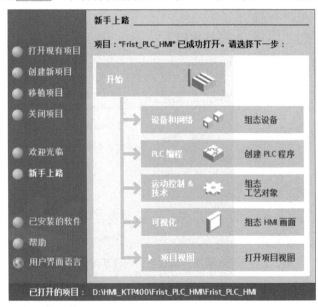

图 2-3 "新手上路"对话框

在项目视图中单击"创建"按钮后，在"项目树"中单击"添加新设备"（见图 1-20），出现"添加新设备"对话框（同图 2-4 中所示）。添加 PLC 控制器方法同 Portal 视图中的介绍。

如果需要更改设备的型号或版本，右击设备视图或网络视图中的 CPU 或其他设备，执行快捷菜单中的"更改设备"命令，双击"更改设备"对话框的"新设备"列表中用来替换的设备的订货号，则设备型号被更改，"更改设备"对话框自动关闭。

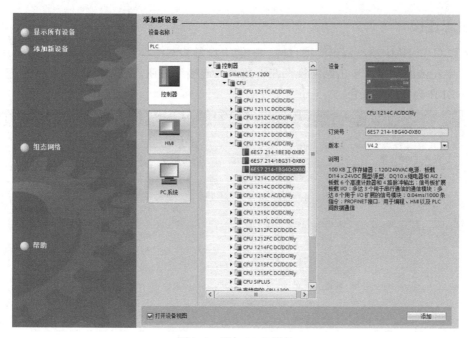

图 2-4　添加 PLC 设备

3. 添加 HMI

在项目视图"项目树"中单击"添加新设备"，出现"添加新设备"对话框，如图 2-5 所示。取消左下角筛选框"启动设备向导"复选框的选中状态，即不使用"启动设备向导"。打开设备列表中的文件夹"\HMI\SIMATIC 精简系列面板\4"显示屏\KTP400 Basic"，双击订货号为 6AV2 123-2DB03-0AX0 的 4in 精简系列面板 KTP400 Basic PN，版本为 15.1.0.0，生成名称为 HMI 的面板（若事先未给设备名称命名，则生成为默认名称 HMI_1），在工作区出现了 HMI 的画面"画面_1"。或选择订货号后，单击"确定"按钮，也可生成相应的画面。

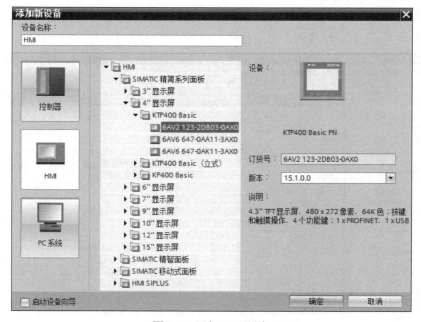

图 2-5　添加 HMI 设备

2.1.2 组态连接

生成 PLC 和 HMI 后，双击"项目树"中的"设备和网络"，打开网络视图，此时还没有生成图 2-6 中左侧的网络。单击网络视图左上角的"连接"按钮，采用默认的"HMI 连接"，同时 PLC 和 HMI 会变成浅绿色。

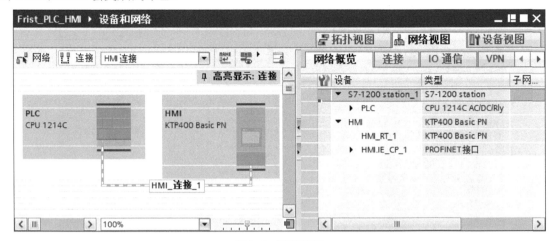

图 2-6　网络视图

单击 PLC 中的以太网接口（绿色小方框），按住鼠标左键，移动鼠标，拖出一条浅色的直线。将它拖到 HMI 的以太网接口，松开鼠标左键，生成图 2-6 中的"HMI_连接_1"和网络线。

单击图 2-6 中间滚动条右边向左的小三角形按钮 ，从右到左依次弹出"网络概览"视图，可以用鼠标移动小三角形按钮所在的网络视图和网络概览视图的分界线。单击该分界线上向右的小三角形按钮 ，网络概览视图将会向右依次关闭；单击向左的小三角形按钮 ，网络概览视图将向左扩展，覆盖整个网络视图。

双击项目视图的"\HMI 文件"中的"连接"，打开连接编辑器（见图 2-7）。选中第一行自动生成的"HMI_连接_1"，连接表下面是连接的详细情况。

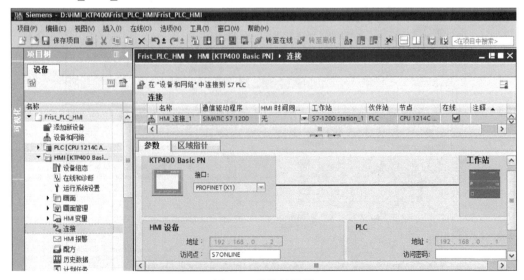

图 2-7　连接编辑器

2.1.3 生成变量

变量是在程序执行过程中，随着程序的运行而随时改变的一个量值。HMI 的变量分为外部变量和内部变量，每个变量都有一个符号名和数据类型。外部变量是 HMI 与 PLC 之间进行数据交换的桥梁，是 PLC 中定义的存储单元的映像，其值随着 PLC 程序的执行而改变。HMI 和 PLC 都可以访问外部变量。

HMI 的内部变量存储在 HMI 设备的存储器中，与 PLC 没有连接关系，只有 HMI 设备能访问。内部变量用于 HMI 设备内部的计算或执行其他任务。内部变量只能用名称来区分，没有绝对地址。

图 2-8 是"项目树"中"PLC\PLC 变量"文件夹中"默认变量表"中的变量（在编写 PLC 程序时预先定义的），在此变量表中只有"HMI 起动"和"HMI 停止"两个变量来自触摸屏，即需要在触摸屏中生成它们并进行相关组态。

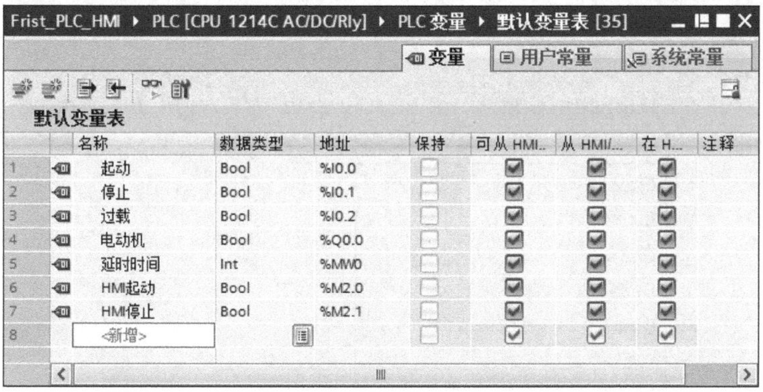

图 2-8 PLC 默认变量表

1. 生成变量的三种方法

在组态触摸屏中生成变量时可通过以下三种方法。

（1）用户自定义方式生成变量

双击"项目树"中"HMI\HMI 变量"文件夹中的"默认变量表[0]"，打开变量编辑器（见图 2-9）。单击变量表的"连接"列单元中被隐藏的按钮[...]，选择"HMI_连接_1"（HMI 设备与 PLC 的连接）或"内部变量"，本项目的变量均来自 PLC 的外部变量，即使用 HMI_连接_1。

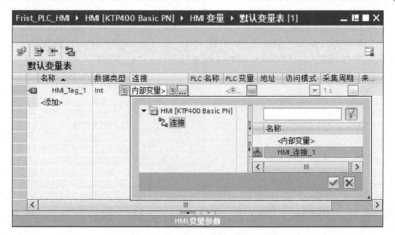

图 2-9 在变量表对话框中组态变量的"连接"方式

双击默认变量表中"名称"列的第一行（见图 2-10），将默认名称"HMI_Tag_1"更改为"HMI 起动"；单击"数据类型"列第一行后面的按钮，在打开的选项中（见图 2-10）选择"Bool"（布尔型）；在"地址"列第一行单击右侧的按钮，选择"操作数标识符"为 M，"地址"为 2，"位号"为 0（见图 2-11），然后单击图 2-11 右下角的"勾"按钮，即生成变量的地址为 M2.0（所有变量都可以选择位存储区 M 和数据块 DB；输入类变量可以选择输入过程映像存储器 I，但不能在 PLC 的物理输入地址范围内；显示类变量可以选择输出过程映像存储器 Q）。在"访问模式"列选择"绝对访问"，在"采集周期"列选择 1s（见图 2-12）。采集周期 1s 表示 HMI 每隔 1s 采集变量一次。读者可根据项目中对该对象的动态变化响应速度要求而设置采集时间。

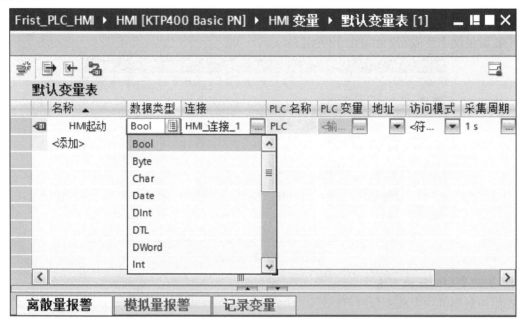

图 2-10 组态"数据类型"对话框

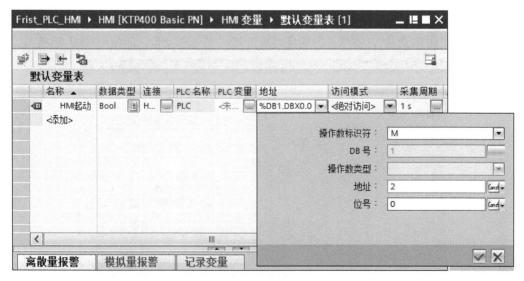

图 2-11 组态操作数"地址"对话框

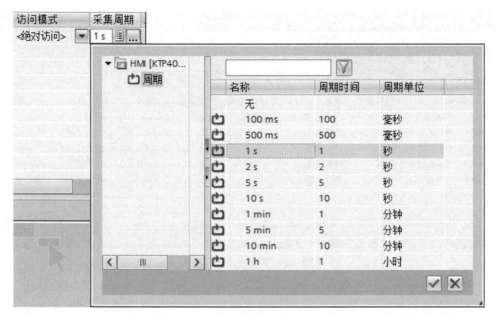

图 2-12 组态"采集周期"对话框

双击默认变量表中"名称"的第二行（空白行），将会自动生成一个新的变量，其参数与上一行变量的参数基本上相同，其名称和地址与上面一行按顺序排列（见图 2-13）。图 2-11 中最后一行的变量名称为"HMI 起动"，地址为 M2.0，新生成的变量的名称为"HMI 起动_1"，地址为 M2.1。此时可以将名称改"HMI 停止"，采集周期改为 100ms（默认值为 1s），其他保持不变。如还有其他变量，可参照上述方法进行生成。

| Frist_PLC_HMI ▶ HMI [KTP400 Basic PN] ▶ HMI 变量 ▶ 默认变量表 [2] | | | | | | | |

默认变量表

	名称 ▲	数据类型	连接	PLC 名称	PLC 变量	地址	访问模式	采集周期
⬛	HMI起动	Bool	HMI_连接_1	PLC	<未定...	%M2.0	<绝对访问>	100 ms
⬛	HMI起动_1	Bool	HMI_连接_1	PLC	<未定...	%M2.1	<绝对访问>	1 s
	<添加>							

HMI变量参数

图 2-13 双击方式生成变量

如果 HMI 中要组态多个与上一行类似的变量，既可通过逐行双击的方法，亦可以通过"下拉"方式快速生成多个变量（特别适合新增地址时变量名称逐行加 1 的变量）。单击上一行变量的任意一个单元（名称、数据类型、PLC 名称、PLC 变量、地址、访问模式、采集周期），此时该单元四周会出现一个蓝色方框，在方框右下角出现蓝色小正方形的点（见图 2-14 中 M2.4 的右下角），将光标移至该小正方形点上，此时光标变成"十"字形状，然后按住左键往下拉，需要添加几个变量就往下拉几行，此时新添加的变量的名称在前上一行基础上逐行加 1，其他列与上行完全相同。注意若从"地址"单元往下拉，除变量名称逐行加 1 外，地址也逐行加 1（见图 2-14），然后再将其名称更改成相应名称便可。

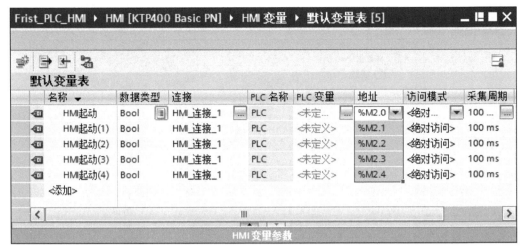

图 2-14 下拉方式生成变量

（2）用 PLC 变量表同步方式生成变量

在打开的默认变量表中，双击空白行区域系统会自动生成默认名称为"HMI_Tag_1"的变量，然后将"连接"列选择为"HMI_连接_1"，"访问模式"列选择为"绝对访问"。单击"PLC 变量"列右边的按钮，选中出现的对话框（见图 2-15 中右下方的小图）中左边窗口的"PLC 变量"文件夹中的"默认变量表"，双击右边窗口中的"HMI 起动"，该变量出现在 HMI 的默认变量表中，其"PLC 变量"单元名称变成"HMI 起动"。单击该变量行，即选中该变量行，单击默认变量表工具栏上的"与 PLC 变量进行同步"按钮，采用出现的"WinCC 变量的同步选项"对话框（见图 2-16）中默认的设置，单击"同步"按钮，该行最左边的"名称"列被同步为 PLC 变量中的"HMI 起动"。最后单击出现的"与 PLC 变量进行同步"对话框（见图 2-17）中的"确定"按钮完成操作。默认变量表中"采集周期"仍为默认值 1s，在此将其设置为 100ms。

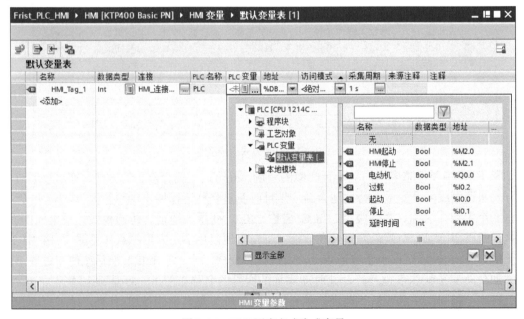

图 2-15　PLC 同步方式生成变量

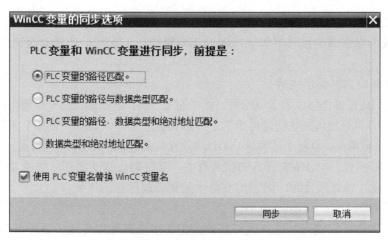

图 2-16　"WinCC 变量的同步选项"对话框

图 2-17　"与 PLC 变量进行同步"对话框

双击默认变量表中的空白行，生成新变量"HMI 起动_1"，然后单击图 2-15 中的"PLC 变量"列出现的按钮▣，将会出现图 2-18 中 PLC 的默认变量表中的变量列表，双击其中的某个变量（如 HMI 停止），该变量将出现在 HMI 的变量表中。同样还需经过上述"同步"操作生成其相应变量。

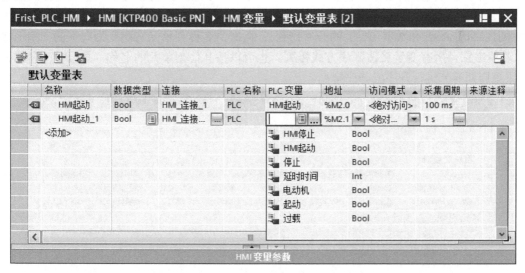

图 2-18　生成 HMI 默认变量表中的变量

（3）用组态元素方式生成变量

在组态画面中的元素（例如按钮）时，如果使用了 PLC 的变量表中的某个变量（如 HMI 起动），该变量将会自动地添加到 HMI 的变量表中，具体操作见 3.4 节的内容。

2．变量表的操作

在默认变量表中生成变量时，如能掌握操作编辑技巧，有利于变量的快速生成及表格中显示样式的优化。

（1）改变表格中列的显示内容

表格中有些列通过操作可以显示或隐藏，如"连接"列。右击图 2-18 中表格的表头（表格最上面浅灰色的行），执行出现的快捷菜单中的"显示/隐藏"命令，去掉"连接"复选框中的勾，表格中的"连接"列将消失。重复上述操作，勾选"连接"复选框，"连接"列将重新出现。

表格能使用哪些列，与 HMI 设备的型号有关。某些禁止修改的列（如图 2-18 中"名称"列）用浅灰色表示。保存项目时，组态的要显示的列将被保存。

（2）改变列的宽度

表格中列的宽度可以改变，这样便可将此列的内容全部加以显示，还能起到美化变量表格的效果。将鼠标的光标放在表头中两列的交界处，光标变为╋（指向左右两边的两个箭头）时，按住左键移动鼠标，拖动列的垂直边界线，可以改变列的宽度。

右击表头中的某一列，执行出现的快捷菜单中的"调整宽度"命令，可以调速该列的宽度到最佳。执行出现的快捷菜单中的"调整所有列宽度"命令，可以将所有列的宽度调整至最佳。

（3）改变列的排序

拖动变量表中表头的列标题，可以改变列的左右排列顺序。如按住鼠标左键将图 2-18 中的"连接"列向右拖动至"PLC 名称"列与"PLC 变量"列交界处待出现蓝色的垂直线时，放开鼠标左键，"连接"列被插入该交界处原来两列之间。

（4）改变行的排序

当在 HMI 的默认变量表中生成两个及以上变量时，单击图 2-19 中的"名称"列的标题单元右侧的向上的三角形按钮▲（变量逐一生成后并没有生成此三角形按钮，单击名称列后出现此按钮），将会根据该列中变量名称的字母顺序和数字的大小对表格中的各行重新进行升向排序（名称列按字母 a~z 和数字 0~9 的升序排列），同时，名称列单元右侧变为向下的三角形按钮▼，若单击它，所有变量又按降序方式排列。也可以按其他列单元的名称（如 PLC 名称、地址、采集周期等）进行升序或降序排列。

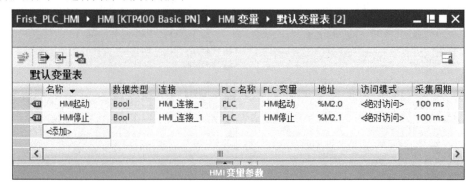

图 2-19　改变表格中行的排序

（5）指定行的编辑

单击位于各行最左侧的灰色单元，将选中整个表格行，其背景色为较深色的颜色。可以对此行进行编辑，如删除、复制和粘贴等。选中某行时，可以用〈Delete〉键删除该行；按组合键

〈Ctrl+C〉或单击工具栏上的"复制"按钮 ，可以将该行复制到剪贴板中，按组合键〈Ctrl+V〉或单击工具栏上的"粘贴"按钮 ，可以将该行粘贴到当前选中的行的上一行或最下面一行。

（6）复制多个表格行

首先通过复制和粘贴操作，将需要进行复制多行的表格行放置在表格的底部。单击该行最左侧的灰色单元，即选中该行。将光标放到该行第一列（ 列）左下角（或其他列的右下角）的蓝色小正方形点上，光标变为黑色的"十"字，按住鼠标左键，向下移动鼠标，松开鼠标左键，移动鼠标时经过的行会自动生成新的变量，而且新生成的变量行与原来的行的设置基本相同（见图2-14）。

选中HMI变量表的某一行后，右击该行，执行快捷菜单中的"插入对象"命令，将在该行的上面插入一个变量的名称和地址自动增量排列的新的行。

单击某些表格最下面的空白行，将会自动生成与上一行的参数顺序排列一致的新的行（见图2-13）。

2.1.4 生成画面

画面是用户根据生产过程需要由诸多可视化的画面元件（又称构件）组成，用它们来显示工业现场的过程值或状态指示等，或用它们来控制某些机构的起停动作等。

画面由静态元件和动态元件组成。静态元件（如文本或图形对象）用来静态显示，在运行时它们的状态不会变化，不需要与变量相连接，它们不能由PLC更新。动态元件的状态受变量控制，需要设置与它连接的变量，用图形、字符、数字趋势图和棒图等画面元件来显示PLC或HMI设备存储器中的变量的当前值或当前状态。PLC和HMI设备通过变量和动态元件交换过程值和操作员输入的数据等。

1. 打开画面

添加HMI设备后，在项目树中的"画面"文件夹中自动生成一个名为"画面_1"的画面。"画面_1"为HMI的初始画面，即根画面。可通过下列操作对其进行更名：右击项目树中的该画面，执行出现的快捷菜单中的"重命名"命令，在此将该画面的名称更改为"根画面"，或执行"属性"命令，在弹出的画面"属性"对话框的"常规"选项中对其"名称"进行更改。双击它打开画面编辑器（见图2-20），在画面编辑器中通过组态元件或图形对象，从而生成工业生产现场的各个监控画面。

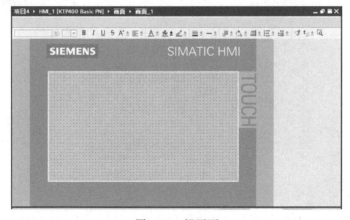

图2-20　根画面

打开画面后，可以用图 2-20 工作区下面的"75%"（自动生成的画面显示比例为 100%，编者在此已调整）右边的按钮▼对应的显示比例（10%～800%）来改变画面的显示比例（见图 2-21）。也可以用该按钮右边的缩放滑块快速设置画面的显示比例。单击工具栏最右边的"放大所选区域"按钮🔍，按住鼠标左键，在画面中绘制一个虚线方框。放开鼠标左键，方框所围成的区域被缩放到恰好能放入工作区的大小。若要返回到缩小的状态，还需要通过选择显示比例按钮或缩放滑块来调节。

图 2-21　调节画面显示比例按钮和缩放滑块

单击选中工作区中的画面后，再选中巡视窗口中的"属性"→"属性"→"常规"（见图 2-22），可以在巡视窗口右边的窗口设置画面的名称、编号等参数。单击"背景色"选择框的按钮▼，用出现的颜色列表来设置画面的背景色，如白色，则三原色 R 红、G 绿、B 蓝的亮度的阶值均为 255（每种基色都分为 0～255 个阶亮度，0 是最弱，255 为最亮，通过三原色的不同阶值可得到不同的颜色）。如果需要其他颜色，可以单击图 2-22 中的"更多颜色"按钮，在弹出的"颜色"对话框的"标准"选项中进行选择，或在"用户自定义"选项中进行自行定义。同样，画面中"网格颜色"同"背景色"一样可以根据用户喜好设置。

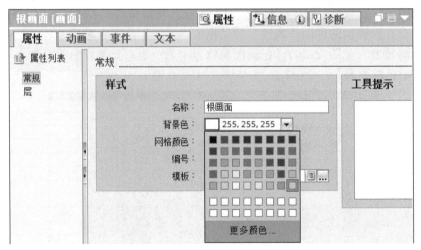

图 2-22　组态画面的常规属性

2．生成新画面

双击"项目树"中"HMI\画面"文件夹中的"添加新画面"，在工作区将会出现一幅新的画面，画面被自动指定一个默认的名称（如画面_1，若已有名称画面_1 则自动命名为画面_2，即在现有画面编号的基础上加 1；若没有名称画面_1，则新生成的画面名称被命名为画面_1）。同时，在"项目树"的"画面"文件夹中将会出现新画面。

在"项目树"的"画面"文件中可以看到已经创建的画面名称，无论画面的名称如何定义，其根画面可以通过画面名称前的根画面符号 来识别（见图 2-23），其他画面名称前的符号为 。

右击"项目树"中的"画面"，执行弹出的快捷菜单中的"新增组"命令，在系统视图中生成一个名为"组_1"的文件夹。用户可以将现有的画面拖拽到该文件夹中。

右击"项目树"中的某个画面，在出现的快捷菜单中执行"打开""复制""粘贴""删除"和"重命名"等命令，可以完成相应的操作。

画面生成后，需要在画面中对生成的基本对象、元素和控件等构件进行组态，相关知识的详细介绍见第 3 章～第 5 章。

2-2 项目的
仿真调试

图 2-23 画面标识

2.2 项目的仿真调试

编写好 PLC 控制程序和组态好 HMI 的画面后，必须经过调试方能下载到 PLC 和 HMI 中。PLC 程序和 HMI 的调试都可通过仿真软件进行仿真调试，在此只介绍 HMI 的仿真调试方法。

2.2.1 仿真调试方法

博途软件中 WinCC 的运行系统（Runtime）用来在计算机上运行用 WinCC 的工程系统组态的项目，它可用来在计算机上测试和模拟 HMI 的功能，这种效果与实际的 HMI 系统基本相同。仿真调试人机界面的方法有以下几种。

1．使用变量仿真器仿真

如果读者没有 PLC 和 HMI，可以用变量仿真器来检测人机界面的部分功能，这种测试也称为离线测试。离线测试可以模拟数据的输入、画面的切换等，还可以用仿真器来改变输出域显示的变量的数值或指示灯显示的位变量的状态，也可以用仿真器读取来自输入域的变量的数值和按钮控制的位变量的状态。由于没有运行 PLC 的用户程序，这种仿真调试方法只能模拟实际部分功能。

2．使用 S7-PLCSIM 和 WinCC 运行系统集成仿真

如果将 PLC 和 HMI 集成在博途的同一个项目中，可以用 S7-PLCSIM 对 S7-300/400 PLC 和 S7-1200/1500 PLC 的用户程序进行仿真，用 WinCC 对 HMI 设备进行仿真。同时还可以对仿真 PLC 和仿真 HMI 之间的通信和数据交换进行仿真。这种仿真不需要 PLC 和 HMI 设备，只用计算机就能很好地模拟 PLC 和 HMI 设备组态的实际控制系统的功能，是诸多工程技术人员常用的仿真调试方法。

3．使用硬件 PLC 仿真

如果只有 PLC 而没有 HMI 设备，可以在建立计算机和 S7-PLC 通信连接的情况下，用计算机模拟 HMI 设备的功能，这种测试也称为在线测试，可以减少调试时刷新 HMI 设备的闪存的次数，节约调试时间。这种仿真效果与实际系统基本相同。

4．使用脚本调试器仿真

可以使用脚本调试器测试运行系统中的脚本，以验证用户定义的 VB 函数的编程是否正确（注意：某些 HMI 型号不具有脚本调试器仿真功能）。

2.2.2 使用变量仿真器仿真

使用变量仿真器进行仿真调试的步骤如下。

1．启动仿真器

在模拟项目之前，首先应创建、保存和编译项目，编译无误后方可进行模拟。单击选中"项目树"中的 HMI 设备名称（如图 2-23 中的 HMI），执行菜单命令"在线（O）"→"仿真（T）"→"使用变量仿真器（T）"（见图 2-24），启动变量仿真器（见图 2-25）。

图 2-24　启动变量仿真器

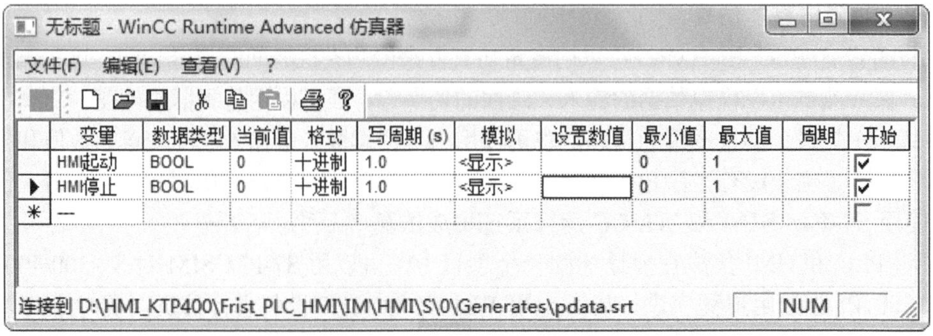

图 2-25　变量仿真器

如果在启动变量仿真器前没有预先编译项目，则自动启动编译。编译出现错误时，在巡视窗口中用红色文字显示。若有错误必须改正错误后，编译成功方能启动仿真器进行仿真。

仿真器启动后，将出现仿真器（见图 2-25，所有变量行为空白行）和显示根画面的仿真面板（见图 2-26）。

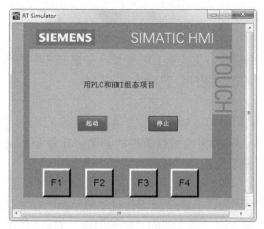

图 2-26　仿真面板

2. 生成需要监控的变量

单击变量仿真器空白行的"变量"列右边被隐藏的按钮 ▼ ，单击出现的 HMI 默认变量表中某个要监控的变量，该变量出现在仿真器中。如果再次添加要监控的变量时，在打开的 HMI 默认变量表中已经添加到仿真器的变量会自动消失，只剩下未被添加上去的变量列表。

3. 仿真器中的变量参数

变量仿真器中的"变量名称"和"数据类型"是变量本身固有的，其他参数是仿真器自动生成的。白色背景的参数可以修改，如格式、写周期（最小值为 1.0s）、模拟和设置数值等，对于位变量，"模拟"模式可选"显示"和"随机"，其他数据类型变量还可以选"sine"（正弦）"增量""减量"和"移位"。灰色背景的参数不能修改，如最小值、最大值等。"模拟"列设置为正弦、增量或减量时，用"周期"列设置以秒为单位的变量的变化周期。可以将"当前值"列视为 PLC 中的数据。

4. 用仿真器检查画面中已组态元件的功能

单击某变量行最后一列"开始"列的复选框（用鼠标选中它们），激活对它们的监视功能。单击画面中已组态的元件，它们的当前值会在变量仿真器的"当前值"列加以显示，如单击画面中"HMI 起动"按钮，则能看到按下该按钮时仿真器中该变量的当前值为 1（ON 状态），放开该按钮时当前值为 0（OFF 状态）；也可以在"设置数值"列输入"1"或"0"后，按下〈Enter〉键或单击其他区域，当前值的数据也会变为"1"或"0"，相当于按钮的按下或释放。

如果没有选中"开始"列的复选框，单击画面中的按钮时，相应变量的当前值不会发生变化。

2.2.3　使用 PLC 与 HMI 集成仿真

如果工程项目使用的 PLC 是 S7-300/400 或 S7-1200/1500，而且与 HMI 集成在博途的同一个项目中，就可以使用 S7-PLCSIM 对 PLC 程序进行仿真调试，使用 WinCC 对 HMI 进行仿真调试，而且还可以对虚拟的 PLC 和虚拟的 HMI 设备之间的通信和数据交换进行仿真调试，这种仿真调试与实际系统的性能基本相同。对于初学者来说，在没有硬件设备条件下，无疑是一种好的学习和练习方式。即使用户身边有 PLC 硬件也建议用此种仿真调试方法，使用 PLC 与 HMI 集成仿真步骤如下。

1. 创建项目

打开博途软件新建一个项目，并生成 PLC 和 HMI 站点，在网络视图中组态好它们之间的

HMI 连接。

2．编写程序

打开 PLC 设备的变量编辑窗口生成需要的变量，并定义它们的名称、数据类型和地址，再打开程序编辑窗口编写项目的控制程序，然后编译和保存。

3．组态画面

打开 HMI 设备的变量编辑窗口生成需要的变量，并定义它们的名称、数据类型、连接、地址、访问模式和采集周期等。打开根画面或新建的画面，在每个画面上组态对应的对象，并组态好各个画面之间的切换，最后对组态界面进行编译和保存。

4．设置 PG/PC 接口

打开 Windows 7 的控制面板，一般情况下会自动显示所有控制面板项，若只显示"控制面板"，则单击 Windows 7 的控制面板最上面的"控制面板"右边的按钮▼（见图 2-27），选中出现的下拉列表中的"所有控制面板项"，则显示所有的控制面板项。双击其中的"设置 PG/PC 接口"，打开"设置 PG/PC 接口"对话框（见图 2-28）。单击选中"为使用的接口分配参数"列表框中的"PLCSIM.TCPIP.1"，设置"应用程序访问点"为"S7ONLINE（STEP 7）-->PLCSIM.TCPIP.1"，再单击"确定"按钮以确认。

图 2-27　控制面板

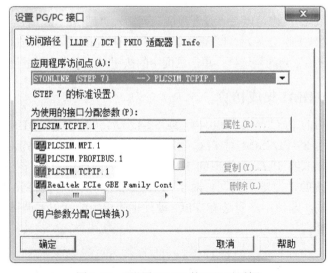

图 2-28　"设置 PG/PC 接口"对话框

5．启动仿真并下载程序

选中"项目树"中的 PLC 设备，单击工具栏上的"启动仿真"按钮 （见图 2-7），首次启动 S7-PLCSIM 仿真器，会弹出"启用仿真支持"对话框（见图 2-29），单击"确定"按钮确认，即启用"在块编译过程中支持仿真"选项。若预先已设置，启动仿真器则不会弹出此对话框。可通过以下方法进行预先设置，右击"项目树"中项目的名称（见图 2-30），在弹出的对话框中选择"属性"，在"属性"对话框中选中"保护"选项，勾选"块编译时支持仿真"复选框（见图 2-31），单击"确定"按钮以确认。按下"启用仿真支持"对话框中的"确定"按钮，会弹出"启动仿真将禁用所有其他的在线接口"提示对话框（见图 2-32），单击"确定"按钮以确认（也可以勾选"不要再显示此消息（S）"复选框，即下次启动仿真器时将不会弹出此提示对话框），此时会弹出 S7-PLCSIM 的精简视图（见图 2-33）和"扩展下载到设备"对话框（见图 2-34）。

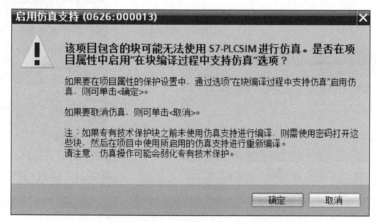

图 2-29 "启用仿真支持"对话框

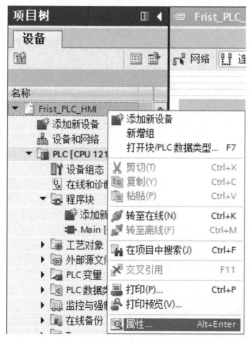

图 2-30 右击项目树中的项目名称

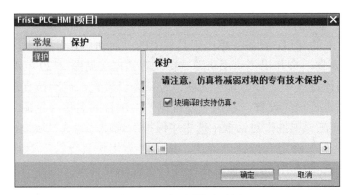

图 2-31　项目属性对话框

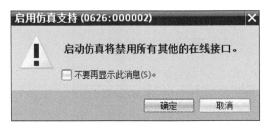

图 2-32　"启动仿真支持"对话框

图 2-33　S7-PLCSIM 的精简视图

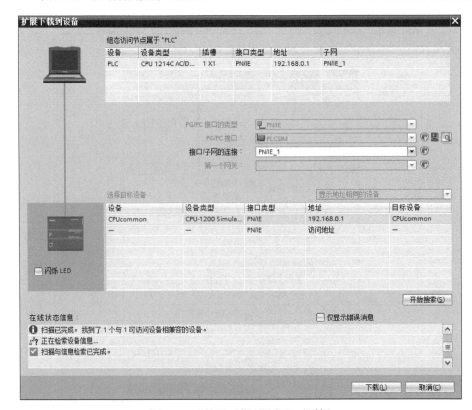

图 2-34　"扩展下载到设备"对话框

刚弹出的 S7-PLCSIM 的精简视图中 PLC 处于 STOP 模式（"RUN/STOP"前面指示灯为黄色）。在"扩展下载到设备"对话框的"接口/子网的连接"选项中选择"PN/IE_1"（见图 2-34），即用 CPU 的 PN 接口下载程序。单击"开始搜索（S）"按钮，"选择目标设备"列表中显示出搜索到的仿真 CPU，同时图 2-34 中左侧 PC 与 PLC 连接线由灰色变为绿色，表示 PC 已与仿真器建立连接。

单击"下载（L）"按钮，弹出"下载预览"对话框（见图 2-35），编译组态成功后，单击"装载"按钮，将程序下载到仿真 PLC 中。下载结束后，弹出"下载结果"对话框，在"启动模块"行选中"启动模块"选项（见图 2-36），单击"完成"按钮，仿真 PLC 被切换到 RUN 模式，此时"RUN/STOP"前面指示灯为绿色。

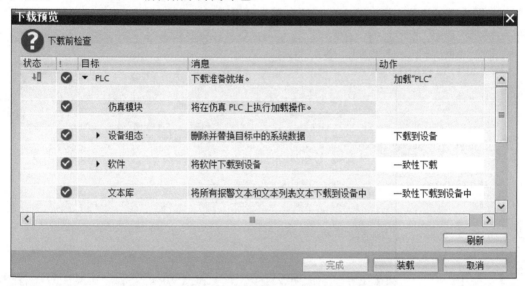

图 2-35 "下载预览"对话框

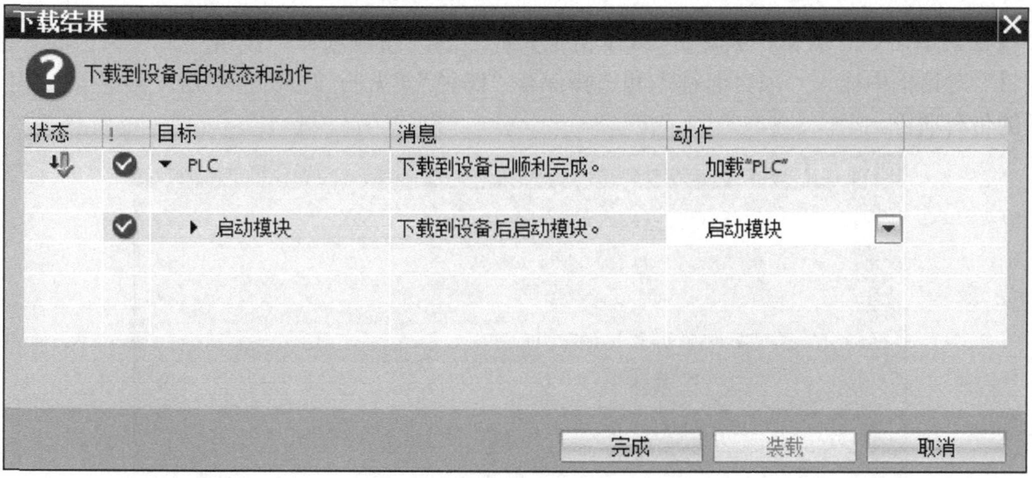

图 2-36 "下载结果"对话框

也可以单击计算机桌面上的 S7-PLCSIM 图标，打开 S7-PLCSIM，生成一个新的仿真项目或打开一个现有的项目。选中博途"项目树"中的 PLC，单击工具栏上的"下载"按钮（见图 2-7），将用户程序下载到仿真 PLC 中。

6．PLC 与 HMI 的集成仿真

启动 S7-PLCSIM 和下载程序后，仿真 PLC 自动切换到 RUN 模式。单击 PLC 程序编辑区中的"启用/禁用监视"按钮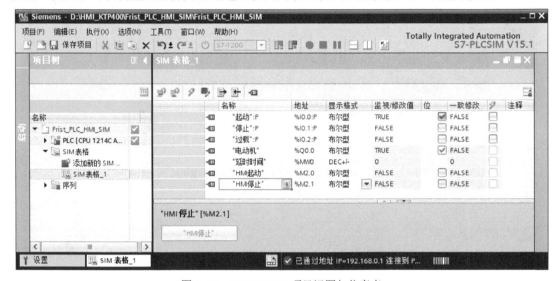（见图 2-8），使程序处于监控状态下，通过修改程序中的变量状态使某些程序段的程序运行起来，如在程序中右击位变量（如位寄存器 M），执行"修改"选项中的"修改为 1"，使得该位变量为 ON，反之执行"修改为 0"，使得该变量为 OFF（输入继电器 I 的状态不能修改）。

在 S7-PLCSIM 的精简视图中可操作内容较少，可以切换到 S7-PLCSIM 的项目视图中进行相关仿真调试。单击 S7-PLCSIM 的精简视图工具栏上的"切换到项目视图"按钮，切换到图 2-37 中的 S7-PLCSIM 的项目视图。执行项目视图的"选项"菜单中的"设置"命令，在"设置"视图中可以设置启用仿真器时起始视图为项目视图或紧凑视图（即精简视图）。

图 2-37　S7-PLCSIM 项目视图与仿真表

执行菜单命令"项目→新建"，或单击工具栏上的"新建项目"按钮，在弹出的"创建新项目"对话框中输入"项目名称"和选择保存"路径"（见图 2-38），单击"创建"按钮以创建新的仿真项目。

图 2-38　创建新的仿真项目

双击"项目树"中"SIM 表格"文件夹中的"SIM 表格_1"，打开该仿真表。单击表格的空白行"名称"列隐藏的按钮，再单击选中出现的变量列中的某个变量，该变量出现在仿真表

中。在仿真表中生成图 2-37 中的变量。

单击图 2-37 中的"位"列"起动：P"变量行中小方框□，此时小方框内出现勾，表示该位变量被修改为"1"，相应的"监视/修改值"列为"TRUE"，PLC 程序的运行使得变量"电动机"状态为 ON，即其"监视/修改值"列变为"TRUE"，再次单击"位"列"起动：P"变量行中小方框□，小方框内勾选消失，表示该变量被修改为"0"，相应的"监视/修改值"列变为FALSE。注意，在此处仿真表只能监视不能修改（即不能勾选）输出继电器 Q 和位变量寄存器M 中的值，但可以通过以下操作进行修改：单击仿真表工具栏中"启用/禁用非输入修改"按钮🐾，首次单击则启用非输入修改方式，再次单击则禁用非输入修改方式。

选中"项目树"中的 HMI 设备，单击工具栏上的"启动仿真"按钮🖳（见图 2-7），起动HMI 运行系统仿真。编译成功后，出现的仿真面板的"根画面"与图 2-26 中的相同。

单击"根画面"中的"起动"按钮，在图 2-37 中，变量"HMI 起动（M2.0）"被置为"1"状态，仿真表中的 M2.0 的"位"列的小方框中出现勾，放开"起动"按钮，M2.0 变为"0"状态，M2.0 的"位"列小方框的勾消失。

用变量"延时时间"的"一致修改"列将它修改为某个值，该变量的"一致修改"列右边的🖋列被自动打勾。单击工具栏上的"修改所有选定值"按钮🖋或计算机键盘上的〈Enter〉键，该值被写入到仿真 PLC 中。

7．S7-300/400PLC 与 HMI 的集成仿真

如果读者选用的 S7-300 或 400 PLC 启动仿真器时，将打开博途 V15.1 中的 S7-300/400PLC使用的 S7-PLCSIM 仿真器（见图 2-39），窗口中出现自动生成的 CPU 视图对象。与此同时，系统自动建立了 SETP 7 与 S7-PLCSIM 模拟的仿真 CPU 的连接。

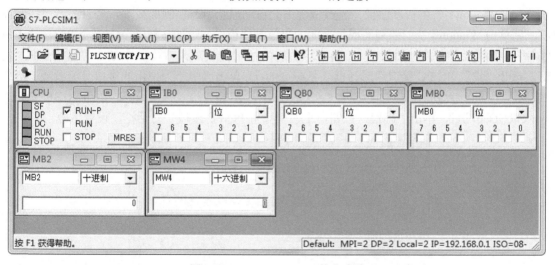

图 2-39　S7-300/400 PLC 的仿真器

S7-PLCSIM 用视图对象（图 2-39 中的小窗口）来监视和修改仿真 PLC 的地址的值，用它来产生 PLC 的输入信号，通过它来观察 PLC 的输出信号和内部元件的变化情况，并检查下载的用户程序是否能正确运行。

单击 S7-PLCSIM 工具栏上的"输入""输出""位存储器"等按钮，将会生成相应的视图对象。可以修改变量的地址及输入的输出显示格式（如位、二进制、十进制、十六进制、整数）等。

单击视图对象中的"RUN_P"小方框， CPU 视图对象中的"RUN"前小方框变为绿色，

闪动几次后保持绿色不变。在博途的"项目树"中选中 PLC 设备，单击"下载"按钮进行项目下载，在"扩展下载到设备"对话框中，将"PG/PC 接口的类型"选择为"PN/IE"，其他步骤同 S7-1200 PLC 下载方法（见 2.2.3 节相应内容）。在下载过程中，仿真器 CPU 视图对象中的"SF"（系统故障）前小方框变为红色，"RUN"前小方框为绿色闪动，当绿色保持不变时，说明项目下载完成并进入"RUN"模式。如果选择"RUN"，则项目在仿真过程中不能下载，必须停止仿真才能下载，而"RUN_P"可以在项目仿真时进行下载。

S7-300/400 PLC 与 HMI 的集成仿真除 PLC 的仿真与 S7-1200 PLC 有区别外，HMI 设备仿真同上。

2.3　项目的下载设置

2-3　项目的下载设置

如果工程项目经过 PLC 和 HMI 集成仿真方法调试后，便可下载到硬件 PLC 和 HMI 设备中，通过现场运行调试确定 PLC 程序及 HMI 组态无误后，便可交付用户投入使用。将 PLC 程序下到硬件 PLC 及将组态界面下载到硬件 HMI 前，都必须对编程及组态用计算机、硬件 PLC 及 HMI 设备通信参数进行设置，否则无法保证正常下载。

2.3.1　PG/PC 接口设置

西门子公司的自动化产品基本上都实现了以太网通信，即通过以太网进行项目下载及设备之间的数据通信。为了能使创建的项目通过以太网下载到相应设备中，首先需要对 PG/PC 接口进行设置。

打开 Windows 7 的控制面板，一般情况下会自动显示所有控制面板项，若只显示"控制面板"，则单击 Windows 7 的控制面板最上面的"控制面板"右边的按钮▼（见图 2-27），选中出现的列表中的"所有控制面板项"，则显示所有的控制面板项。双击其中的"设置 PG/PC 接口"，打开"设置 PG/PC 接口"对话框（见图 2-40）。单击选中"为使用的接口分配参数"列表中实际使用的计算机网卡访问点为"S7ONLINE（STEP 7）--> Realtek PCIe GBE Family Controller.TCPIP.1"，单击"确定"按钮，退出"设置 PG/PC 接口"对话框，设置生效。

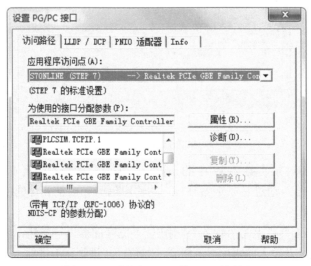

图 2-40　"设置 PG/PC 接口"对话框

2.3.2 PC 的 IP 地址设置

1. PC 的 IP 地址设置

如果是 Windows 7 操作系统，用以太网电缆连接计算机和 CPU，并接通 PLC 电源。打开"控制面板"，单击"查看网络状态和任务"，再单击"本地连接"（或右击桌面上的"网络"图标，选择"属性"），打开"本地连接状态"对话框，单击"属性"按钮，在"本地连接属性"对话框中，选中"此连接使用下列项目（O）"列表框中的"Internet 协议版本 4"（见图 2-41），单击"属性"按钮，打开"Internet 协议版本 4（TCP/IPv4）属性"对话框。选中"使用下面的 IP 地址（S）"单选按钮，输入 PLC 以太网端口默认的子网地址 192.168.0.×（IP 地址由四个字节组成，前三个字节相同，则表示在同一个网段内，即子网地址相同），IP 地址的第 4 个字节是子网内设备的地址，可以取 0～255 的某个值，但是不能与网络中其他设备的 IP 地址重叠。单击"子网掩码"输入框，自动出现默认的子网掩码 255.255.255.0。一般不用设置网关的 IP 地址。设置结束后，单击各级对话框中的"确定"按钮，最后关闭"网络连接"对话框。

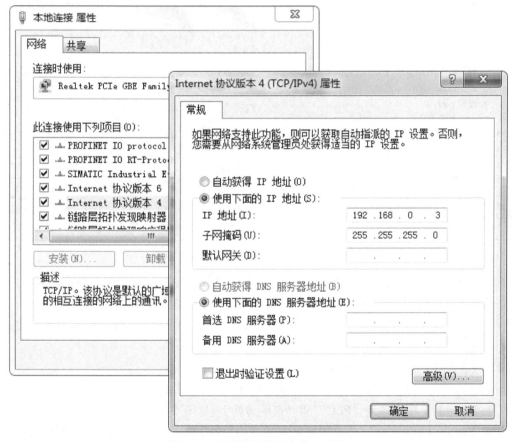

图 2-41　设置计算机网卡的 IP 地址

如果是 Windows XP 操作系统，打开计算机的控制面板，双击其中的"网络连接"图标。在"网络连接"对话框中，右击通信所有的网卡对应的连接图标，如"本地连接"图标，执行出现的快捷菜单中的"属性"命令，打开"本地连接属性"对话框。选中"此连接使用下列项目"列表框最下面的"Internet 协议（TCP/IP）"，单击"属性"按钮，打开"Internet 协议（TCP/IP）属性"对话框，设置计算机网卡的 IP 地址和子网掩码。

2. PLC 的 IP 地址查看与更改

（1）查看已组态的 PLC 设备 IP 地址

双击"项目树"中 PLC（添加新设备时设备名称为 PLC）文件夹内的"设备组态"，或单击巡视窗口（见图 1-20）设备名称，打开该 PLC 的设备视图，选中 CPU 后再单击巡视窗口的"属性"选项；或右击"项目树"中 PLC 设备执行"属性"选项，在"常规"选项卡中选中"PROFINET 接口[X1]"下的"以太网地址"，可以在右边窗口中查看到组态 PLC 设备时 CPU 默认的 IP 地址和子网掩码（见图 2-42）。

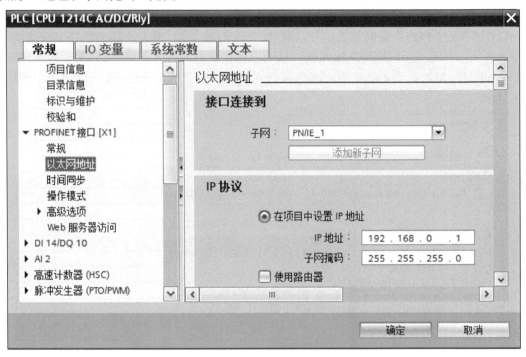

图 2-42　查看 CPU 集成的以太网接口的 IP 地址

子网掩码的值通常为 255.255.255.0，CPU 与编程设备的 IP 地址中的子网掩码应完全相同。同一个子网中各设备的子网地址不能重叠。如果在同一个网络中有多个 CPU，除了一台 CPU 可以保留出厂时默认的 IP 地址外，必须将其他 CPU 的 IP 地址更改为该子网络中唯一的 IP 地址，以避免与其他网络设备冲突。

（2）查看硬件 PLC 设备的 IP 地址

设置好 PC 的 IP 地址后，用以太网电缆连接 PLC 和计算机的 RJ45 接口，接通 PLC 的电源。打开"项目树"中文件夹"PLC"和"在线访问"（见图 2-43），选中使用的网卡"Realtek PCIe GbE Family Controller"，双击"更新可访问的设备"选项，在巡视窗口"信息"栏中会出现"扫描接口 Realtek PCIe GbE Family Controller 上的设备已完成。在网络上找到了一个设备。"然后在此网卡下显示已连接上的 PLC 的 IP 地址，其 IP 地址为 192.168.0.5。也可以单击工具栏上的"可访问的设备"按钮 📇（或执行命令"在线→可访问的设备"），打开"可访问的设备"对话框，将"PG/PC 接口的类型"选择为"PE/IE"，将"PG/PC 接口"选择为"Realtek

PCle GbE Family Controller", 然后单击"开始搜索"按钮, 若找到 PLC 设备, 则在"所选接口的访问节点"列表中显示 PLC 的相关信息, 包括 IP 地址和 MAC 地址 (媒体访问控制, 或称为物理地址、硬件地址) 等。

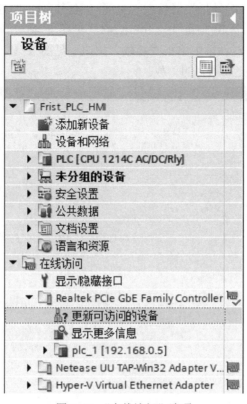

图 2-43 "在线访问"选项

(3) 更改硬件 PLC 设备的 IP 地址

如果在创建项目过程中生成 PLC 站点的 IP 地址是 192.168.0.1, 且同一项目需要生成多个 PLC 站点时, 每个生成的 PLC 站点 IP 地址都是默认的地址 192.168.0.1 (生成 HMI 站点时默认 IP 地址都是 192.168.0.2)。如果 PLC 硬件的 IP 地址与项目生成的 PLC 站点 IP 地址不在同一个网段, 或多个 PLC 设备 IP 地址有重复时, 则需要修改 PLC 站点或 PLC 设备的 IP 地址。

修改组态时的 PLC 站点的 IP 地址时, 只需在图 2-42 的右边的"IP 协议"选项中将 IP 地址改为所需要的 IP 地址 (与用户程序将要下载到的 PLC 设备 IP 地址一致), 单击项目编译和保存按钮, 然后便可下载用户程序。

修改硬件 PLC 的 IP 地址时, 首先要将计算机的 IP 地址和 PLC 设备的 IP 地址设置在同一网段内 (如果事先不知道 PLC 设备的 IP 地址是多少, 可通过上述查看硬件 PLC 设备的 IP 地址的方法进行查看), 然后将项目设备组态时的 IP 地址改为需要的 IP 地址, 再将项目下载到 PLC 设备中, 这时新的 IP 地址将会生效。如果更改后的 IP 地址与计算机的 IP 地址又不在同一网段内, 则需再次将计算机的 IP 地址更改为与 PLC 设备更改后的 IP 地址在同一网段内, 方能进行下一次的下载操作。

当计算机的 IP 地址与 PLC 设备的 IP 地址不在同一网段时 (或 PLC 站点组态的 IP 地址与

PLC 设备的 IP 地址不相同），单击“更新可访问的设备”，也能搜索到 PLC 设备的 IP 地址，或在下载时在“扩展下载到设备”对话框中也能搜索到 PLC 设备的 IP 地址，在图 2-44 中 PLC 设备的 IP 地址为 192.168.0.3，而设备组态时 PLC 站点的 IP 地址为 192.168.1.1。这时单击“下载（L）”按钮时会弹出“分配 IP 地址”对话框（见图 2-45），此时单击“是”按钮确认，接下来系统会自动为计算机分配一个 IP 地址 192.168.1.241（见图 2-46），单击“确定”按钮以确认。然后在弹出的“下载预览”对话框中单击“装载”按钮（见图 2-35）进行项目下载，最后单击“完成”按钮（见图 2-36）完成项目的下载。

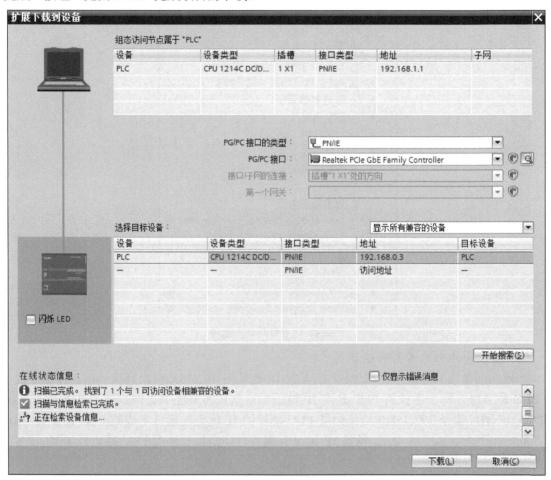

图 2-44 “扩展下载到设备”对话框

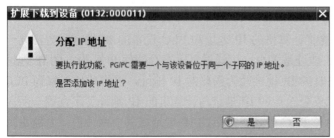

图 2-45 “分配 IP 地址”对话框

图 2-46 “添加了其他 IP 地址”对话框

2.3.3　HMI 通信参数设置

给 TKP 400 设备接通电源，启动过程结束后，屏幕显示"Start Center"（启动中心）窗口（见图 2-47a），按下屏幕右上角的"最小化"按钮 ▬ 后，"Start Center"（启动中心）显示在屏幕中间（见图 2-47b）。"Transfer"（传输）按钮用于将 HMI 设备切换到传送模式。"Start"（启动）按钮用于打开保存在 HMI 设备中的项目，并显示启动画面。"Settings"（设置）按钮用于设置通信参数。

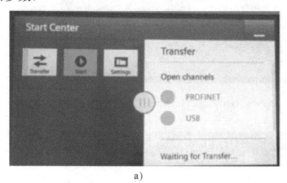

图 2-47　"启动中心"窗口

按下"Settings"（设置）按钮，打开用于组态设置的控制面板（见图 2-48）。通过显示屏右侧的向下滑动滑条将屏幕上移，这时显示"Transfer，Network & Internet"选项（见图 2-49），单击"Network Interface"（网络接口）图标，打开"Interface PN X1"对话框，在此设置 HMI 的"IP address"（IP 地址）为"192.168.0.2"，"Subnet mask"（子网掩码）为"255.255.255.0"，默认网关不需要设置（见图 2-50）。在此，IP 地址由用户设置（IP 地址必须为创建项目过程中生成 HMI 站点的 IP 地址，而且计算机、PLC 和 HMI 三者的 IP 地址必须在同一网段内，且不能重叠。查看或修改项目中 HMI 的 IP 地址方法与查看或修改 PLC 的 IP 地址方法相同）。用屏幕键盘输入 IP 地址（IP address）和子网掩码（Subnet mask），在弹出的对话框中"Default gateway"是默认的网关。设置好后按屏幕右上角的"最小化"按钮 ▬ 退出。

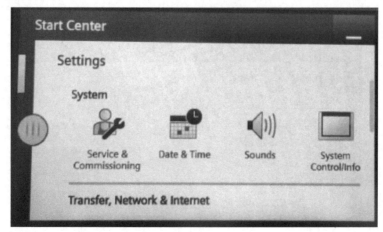

图 2-48　"设置"窗口

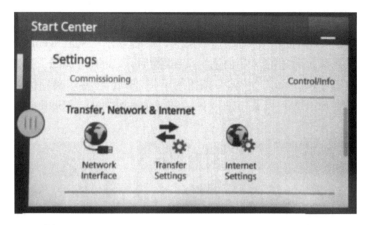

图 2-49 显示"Transfer，Network & Internet"选项窗口

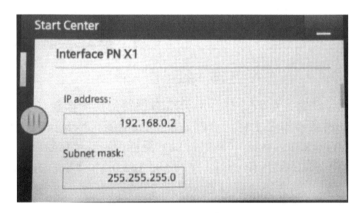

图 2-50 "IP 地址"和"子网掩码"设置窗口

单击图 2-49 中"Transfer Settings"（传输设置）图标，打开"Transfer Settings"（传输设置）窗口。在它的"Transfer Settings"（传送控制）设置中，将"Enable transfer"（传送使能）设置为"ON"，将"Automatic"（自动的）设置为"ON"，即采用自动传输模式（见图 2-51）。

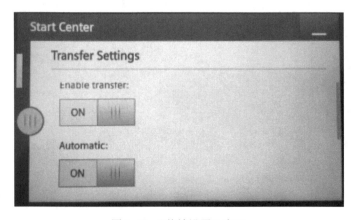

图 2-51 "传输设置"窗口

2.3.4 项目下载

1. 下载用户程序

完成计算机的 PG/PC 接口和 IP 地址设置后，接通 PLC 电源，选中"项目树"的 PLC 设备，单击工具栏上的"下载"按钮 ![] （或执行菜单命令"在线"→"下载到设备或扩展的下载到设备"），打开"扩展的下载到设备"对话框（见图 2-52）。将"PG/PC 接口的类型"选择为"PN/IE"，如果计算机上有不止一块以太网卡（如笔记本计算机一般有一块有线网卡和一块无线网卡），可以用"PG/PC 接口"下拉式列表选择实际使用的网卡。

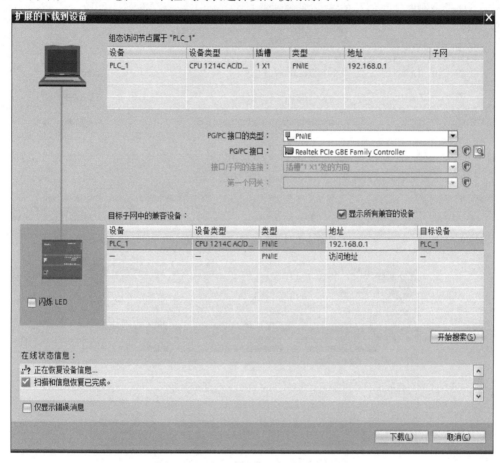

图 2-52 "扩展的下载到设备"对话框

选中"显示所有兼容的设备"，单击"开始搜索（S）"按钮，经过一段时间后，在下面的"选择目标设备"列表中，出现网络上的 S7-1200 CPU 和它的以太网地址，计算机与 PLC 之间的连线由断开变为接通。CPU 所在方框的背景色变为实心的橙色，表示 CPU 进入在线状态，此时"下载（L）"按钮变为亮色，即有效状态。

如果网络上有多个 CPU，为了确认设备列表中的 CPU 所对应的硬件，选中列表中的某个 CPU，单击勾选左边的 CPU 下面的"闪烁 LED"复选框，对应的硬件 CPU 上的三个运行状态指示灯闪烁，再次单击取消勾选"闪烁 LED"复选框，三个运行状态指示灯停止闪烁。

选中列表中的设备（如图 2-52 中的 PLC_1），单击右下角"下载（L）"按钮，编程软件首先对项目进行编译，并进行装载前检查，如果出现检查有问题（如图 2-53），此时单击"无动作"后的倒三角按钮，选择"全部停止"，单击"装载"按钮，开始装载组态，完成组态后，单击"完成"按钮（见图 2-54），即下载完成。

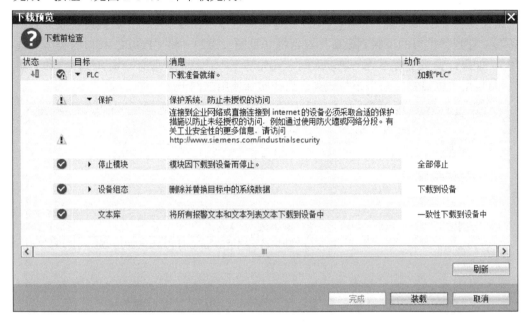

图 2-53 "下载预览"对话框

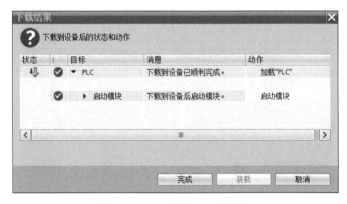

图 2-54 "下载结果"对话框

单击工具栏上的"起动 CPU"图标（见图 2-7），将 PLC 切换到"RUN"模式，"RUN/STOP"LED 变为绿色。

打开以太网接口上面的盖板，通信正常时，Link LED 亮（绿色），Rx/Tx LED（橙色）周期性闪动。

2．下载人机界面

在下载好用户程序到 PLC 设备后，需要将以太网电缆从 PLC 设备上拔下插入到 HMI 设备的 RJ45 通信接口，而且必须预先将 HMI 通信参数设置好，方能下载组态界面到 HMI 设备中。接通 HMI 的电源，单击出现的启动中心的"Transfer"（传输）按钮，打开启动中心等待传输窗口（见图 2-47），其中"Transfer"（传输）图标的左侧出现浅黄色的竖条，此时 HMI 处于等待接收上位计算机信息的状态。单击"项目树"中的 HMI，单击工具栏上的下载按钮 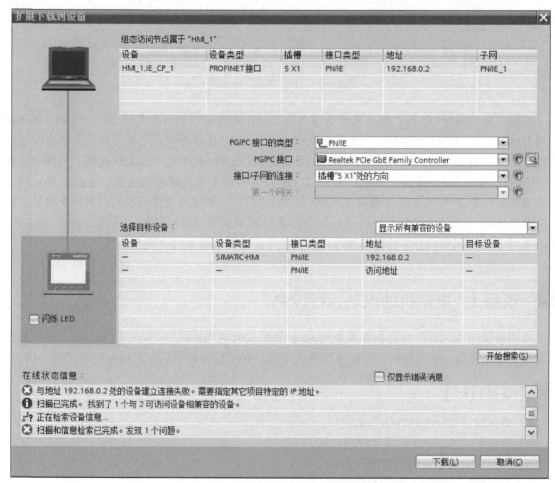（见图 2-7），出现"扩展下载到设备"对话框，设置好 PG/PC 接口的参数后（见图 2-55），单击"开始搜索（S）"按钮（如果出现问题按提示信息解决问题后再下载），搜索到 HMI 设备的 IP 地址后，如果单击勾选 HMI 下方"闪烁 LED"复选框，则与计算机已建立物理连接的 HMI 屏幕会不断闪烁，再次单击取消勾选 HMI 下方"闪烁 LED"复选框，HMI 屏幕将停止闪烁。

图 2-55 "扩展下载到设备"对话框

单击图 2-55 中右下角的"下载（L）"按钮，首先自动地对要下载的信息进行编译，编译成功后，显示"下载预览"（下载前检查）对话框（见图 2-56），勾选"全部覆盖"复选框，单击"装载"按钮，开始下载。下载过程中 HMI 上启动中心窗口（见图 2-47）中"Open channels"（打开通道）下方的"PROFINET"选项前绿色圆形指示灯不断闪烁（因为使用的下载方式是以太网），下载结束后，HMI 自动打开初始画面（即根画面）。如果选中了图 2-51 中"Transfer Settings"（传输设置）对话框中的"Automatic"（自动的），在项目运行期间下载时，将会关闭正在运行的项目，自动切换到"Transfer"（传输）模式，开始传输新项目。传输结束后将会启动新项目，显示初始画面。

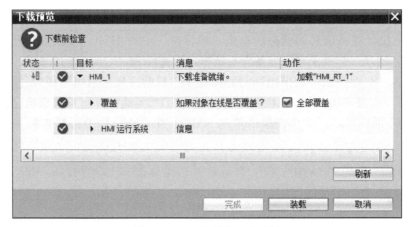

图 2-56 "下载预览"对话框

注意：在下载 PLC 用户程序及设备组态信息后，需要将以太网电缆从 PLC 设备上拔下插入到 HMI 设备的 RJ45 通信接口，方能下载组态界面到 HMI 设备中。也就是说计算机直接连接单台 PLC 或 HMI 时，可以使用标准的以太网电缆，也可以使用交叉以太网电缆。网络中设备进行一对一的通信时不需要交换机，两台以上的设备通信则需要使用交换机。在此，建议读者使用 S7-1200 PLC 相配套的 4 端口交换机 "CSM1277"，也可以使用一般的以太网交换机。使用以太网交换机后，在下载用户程序或组态界面时就不需要经常插拔以太网线，而且 PLC 与HMI 及计算机之间能进行实时的数据通信，又能对子网中各设备站点进行监控。

2.4 项目 1：电动机的点动运行控制

本项目使用 S7-1200 PLC 和精简系列面板 HMI 实现电动机的点动运行控制，重点是介绍使用博途 V15.1 完成一个简单项目的创建和调试过程，并对按钮和指示灯的组态简略进行介绍。

📖【项目目标】

1）掌握博途 V15.1 软件的基本应用。
2）掌握 PLC 和 HMI 的项目创建过程。
3）掌握项目的仿真调试方法和步骤。
4）掌握项目下载的接口及参数设置。

🔖【项目任务】

使用 S7-1200 PLC 和精简系列面板 HMI 实现电动机的点动运行控制。控制要求：按下控制柜上点动按钮或 HMI 中组态的点动按钮，电动机均能点动运行，而且电动机在运行时 HMI 中的指示灯同时被点亮。

🔑【项目实施】

1. 创建项目

双击桌面上博途 V15.1 图标🔧，在 Portal 视图中选中"创建新项目"选项，在右侧"创建新项目"对话框中将项目名称修改为"Xiangmu1_diandong"。单击"路径"输入框右边的按钮 ［...］，将该项目保存在 D 盘"HMI_KTP400"文件夹中。"作者"栏采用默认名称。单击"创建"按钮，开始生成项目。

2．添加 PLC

在"新手上路"对话框（图 2-3）中单击"设备和网络—组态设备"选项，在弹出的"显示所有设备"对话框中单击选中"添加新设备"选项，在右侧"添加新设备"对话框中，选择"控制器"，逐级打开 S7-1200 PLC 的 CPU 文件夹，选择 CPU 1214C AC/DC/Rly，订货号为：6ES7 214-1BG40-0XB0（或选择与读者身边 PLC 一样的订货号），设备名称自动生成为默认名称"PLC_1"。单击对话框右下角的"添加"按钮（或双击选中的设备订货号），系统会自动打开该项目的"项目视图"的编辑视窗。PLC 站点的 IP 地址为默认地址 192.168.0.1。

3．添加 HMI

在项目视图的"项目树"中单击"添加新设备"，出现"添加新设备"对话框。选中"HMI 设备"，去掉左下角"启动设备向导"筛选框中自动生成的勾。打开设备列表中的文件夹"\HMI\ SIMATIC 精简系列面板\4"显示屏\KTP 400 Basic"，双击订货号为 6AV2 123-2DB03-0AX0 的 4in 精简系列面板 KTP400 Basic PN，版本为 15.1.0.0，生成默认名称为"HMI_1"的面板，在工作区出现了 HMI 的画面"画面_1"。HMI 站点的 IP 地址为默认地址 192.168.0.2。

4．组态连接

生成 PLC 和 HMI 后，双击"项目树"中的"设备和网络"，打开网络视图（见图 2-6）。单击网络视图左上角的"连接"按钮，采用默认的"HMI 连接"，同时 PLC 和 HMI 会变成浅绿色。

单击 PLC 中的以太网接口（绿色小方框），按住鼠标左键，移动鼠标，拖出一条浅色的直线。将它拖到 HMI 的以太网接口，松开鼠标左键，生成图 2-57 中的"HMI_连接_1"和网络线。

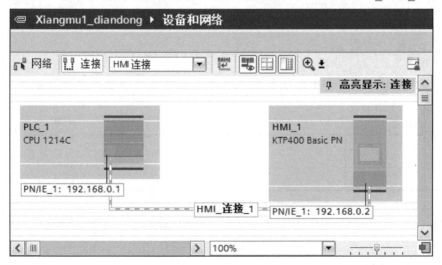

图 2-57　网络视图

按下图 2-57 中工具栏中的显示地址按钮 ，PLC 和 HMI 的左下方显示它们各自的 IP 地址。双击项目视图的"项目树"的\HMI 文件夹中的"连接"，打开连接编辑器。选中第一行自动生成的"HMI_连接_1"，连接表下面是连接的详细情况。在参数区中能看到 PLC 和 HMI 是通过 HMI 的接口 PROFINET（X1）进行以太网相连接，也能看到 PLC 和 HMI 的 IP 地址。

5. 生成 PLC 变量

双击"项目树"中"PLC_1\PLC 变量"文件夹中的"默认变量表",打开 PLC 的默认变量表(见图 2-58),并生成变量点动按钮、电动机、HMI 点动、指示灯,它们的数据类型均为"Bool"(布尔型,即位型),地址分别为 I0.0、Q0.0、M0.0、M0.1。

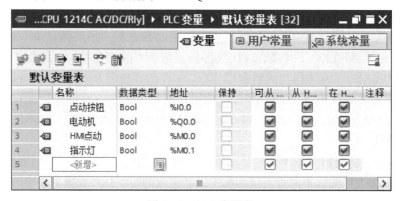

图 2-58　PLC 变量表

6. 编写 PLC 程序

双击"项目树"中"PLC_1\程序块"文件夹中的"Main[OB1]",打开 PLC 的程序编辑窗口,编写 PLC 控制程序,如图 2-59 所示。

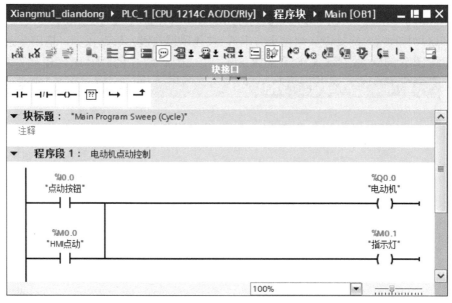

图 2-59　电动机点动控制程序

7. 生成 HMI 变量

双击"项目树"中"HMI_1\HMI 变量"文件夹中的"默认变量表[0]",打开变量编辑器(见图 2-60)。单击变量表的"连接"列单元中被隐藏的按钮▦,选择"HMI_连接_1"(HMI 设备与 PLC 的连接)。

双击变量表"名称"列第一行,将默认"名称"更改为"HMI 点动","数据类型"更改为"Bool","地址"更改为"M0.0","访问模式"更改为"绝对访问","采集周期"更改为

"100ms"。用同种的方法生成变量"指示灯"（见图 2-60）。

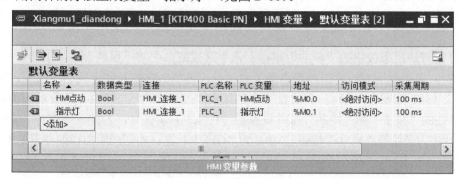

图 2-60　HMI 变量表

8．组态 HMI 画面

（1）组态文本

双击"项目树"中"HMI_1\画面"文件夹中的"画面_1"，打开画面组态窗口（见图 2-61）。单击并按住工具箱基本对象中的"文本域"按钮 A（见图 1-20），将其拖至"画面_1"组态窗口，然后松开鼠标，生成默认的文本"Text"，然后双击文本"Text"将其修改为"电动机点动运行"。通过鼠标将其拖至"画面_1"的上半部中间位置（见图 2-61a）。用同样方法生成"指示灯"文本，并拖至图 2-61a 中相应位置。文本的组态详细介绍见 3.1 小节。

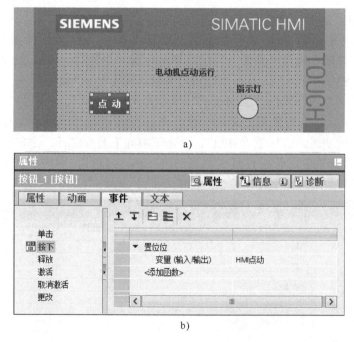

图 2-61　组态按钮"按下"事件

（2）组态按钮

单击并按住工具箱元素中的"按钮"按钮 ▬▬▬（见图 1-20），将其拖至"画面_1"组态窗口，然后松开鼠标，生成默认的文本按钮，按钮名称为"Text"，然后双击按钮中的文本"Text"将其修改为"点动"。通过鼠标将其拖至"画面_1"的左边位置（见图 2-61a）。单击"画面_1"中的"点动"按钮，选中巡视窗口中的"属性"→"事件"→"按下"（见图 2-61b），单击视图窗口右边的表格最上面一行，再单击它的右侧出现的按钮▼（在单击之前它是隐藏的），在出现的"系统函数"列表中选择"编辑位"文件夹中的函数"置位位"，选择执行函数后如图 2-61b 所示。

用同样的方法组态按钮的"释放"事件：选中巡视窗口中的"属性"→"事件"→"释放"（见图 2-62），单击视图右边窗口的表格最上面一行，再单击它的右侧出现的按钮▼，在出现的"系统函数"列表中选择"编辑位"文件夹中的函数"复位位"，选择执行函数后如图 2-62 所示。组态按钮的"按下"和"释放"事件设置后，在 HMI 运行时，若按下"点动"按钮，M0.0 为"ON"状态，若松开"点动"按钮，M0.0 为"OFF"状态。按钮的组态详细介绍见 4.1 小节。

图 2-62　组态按钮"释放"事件

（3）组态指示灯

单击并按住工具箱元素中的"圆"按钮●（见图 1-20），将其拖至"画面_1"组态窗口，然后松开鼠标，通过鼠标拖至"画面_1"的右半部位置（见图 2-61a）。单击"画面_1"中的圆，它的四周出现 8 个上正方形，选中巡视窗口中的"属性"→"动画"→"显示"，双击其中的"添加新动画"，再双击出现的"添加动画"对话框中的"外观"，选中图 2-63 窗口左边出现的"外观"，在窗口右边组态外观的动画功能。单击变量选项下名称栏右侧的按钮▤，设置"圆"连接的 PLC 的变量为位变量"M0.1"；单击范围列下面空白行，使其"范围"值为"0"和"1"时，再将"背景色"分别设置为"浅灰色"和"绿色"，对应于指示灯的熄灭和点亮（见图 2-63）。指示灯的组态详细介绍见 3.2 小节。

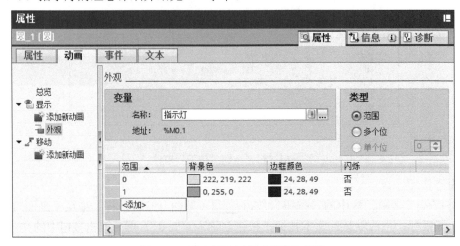

图 2-63　组态指示灯的"动画"属性

9．仿真调试

（1）PG/PC 接口设置

采用 PLC 和 HMI 集成仿真调试方法，首先打开 Windows 7 的控制面板，选中出现的下拉列表中的"所有控制面板项"，然后双击其中的"设置 PG/PC 接口"，打开"设置 PG/PC 接口"对话框（见图 2-28）。单击选中"为使用的接口分配参数"列表框中的"PLCSIM.TCPIP.1"，设置"应用程序访问点"为"S7ONLINE （STEP 7）--> PLCSIM.TCPIP.1"，再单击"确定"按钮以确认。

（2）用户程序下载并仿真

选中"项目树"中的 PLC_1 设备，单击工具栏上的"启动仿真"按钮▉，启动 S7-PLCSIM 仿真器，弹出 S7-PLCSIM 的精简视图（见图 2-33）和"扩展下载到设备"对话框（见图 2-34）。在"扩展下载到设备"对话框的"接口/子网的连接"选项中选择"PN/IE_1"，单击"开始搜索（S）"按钮，"选择目标设备"列表中显示出搜索到的仿真 PLC，单击"下载（L）"按钮，弹出"下载预览"对话框，编译组态成功后，单击"装载"按钮，将程序下载到仿真 PLC 中。下载结束后，弹出"下载结果"对话框，在"启动模块"行选中其中的"启动模块"选项，单击"完成"按钮，仿真 PLC 被切换到"RUN"模式。

单击 PLC 程序编辑区中的"启用/禁用监视"按钮▉，使程序处于监控状态下。单击 S7-PLCSIM 的精简视图工具栏上的"切换到项目视图"按钮▉，切换到图 2-62 中的 S7-PLCSIM 的项目视图。

执行菜单命令"项目"→"新建"，或单击工具栏上的"新建项目"按钮▉，在弹出的"创建新项目"对话框中输入项目名称"Xiangmu_1"和保存路径"D：\项目"，单击"创建"按钮创建新的仿真项目。双击项目视图中"项目树"的"SIM 表格"文件夹中的"SIM 表格_1"，打开该仿真表。单击表格的空白行"名称"列隐藏的按钮▉，再单击选中出现的变量列中的某个变量，该变量出现在仿真表中。在仿真表中生成图 2-64 中的变量。

图 2-64　项目 1 的 S7-PLCSIM 仿真表

单击图 2-64 中的"位"列"点动按钮：P"变量行中的小方框，此时小方框内出现勾，表示该位变量被修改为"1"，PLC 程序的"电动机"线圈 Q0.0 和"指示灯"线圈 M0.1 接通，此时仿真表的"监视/修改值"列均变为"TRUE"，再次单击"位"列"点动按钮：P"变量行中的小方框，小方框内勾选消失，表示该变量被修改为"0"，此时"电动机"线圈 Q0.0 和"指示灯"线圈 M0.1 均失电，相应的"监视/修改值"列均变为"FALSE"。单击仿真表工具栏中"启用/禁用非输入修改"按钮➡，启用非输入修改功能。单击图 2-64 中的"位"列"HMI 点动"变量行中小方框，"电动机"及"指示灯"线圈均得电，再次单击使其勾选，"电动机"及"指示灯"线圈均失电。

（3）人机界面下载并仿真

选中"项目树"中的 HMI 设备，单击工具栏上的"启动仿真"按钮🖳，启动 HMI 运行系统仿真。编译成功后，出现的仿真面板的"根画面"，即"画面_1"（见图 2-65）。

单击"画面_1"中的"点动"按钮，仿真表中的变量"HMI 点动"（M0.0）被置为"1"状态，"电动机"线圈 Q0.0 得电，"指示灯"变为绿色，放开"点动"按钮，M0.0 变为"0"状态，M0.0 的"位"列下的小方框的勾选消失，"电动机"线圈 Q0.0 失电，"指示灯"变为浅灰色。

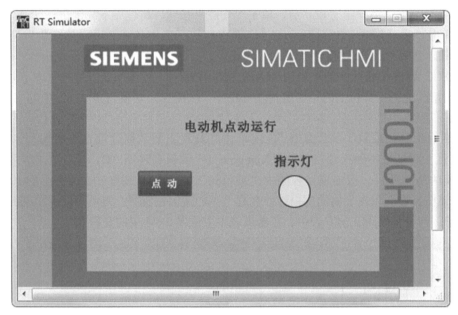

图 2-65 项目 1 的仿真面板

📖 【项目拓展】

行车（起重机）运行控制。控制要求：使用 S7-1200 PLC 和精简系列面板 HMI 共同实现行车的运行控制，行车上安装有三台三相异步电动机，每台电动机都需要正反向点动运行，分别拖动货物进行左右运动、前后运动、升降运动。在 HMI 组态 6 个点动按钮及 6 个方向指示灯，以实现行车的运行控制及运行状态显示。

2.5 习题与思考

1. 分别使用 Portal 视图和项目视图创建一个项目，添加一个 PLC 和一个 HMI 设备，并在它们之间建立"HMI 连接"。

2. S7-1200 PLC 的固态版本有几种，在博途软件中哪个版本及以上才能进行仿真？

3. 如何删除和更改已添加的设备？

4. 在博途中如何查看 PLC 和 HMI 的以太网 IP 地址？

5. HMI 的画面如何重命名，如何定义根画面？根画面和其他画面标识符有何区别？

6. 在 HMI 中有几种生成变量的方法，分别如何生成？

7. 什么是 HMI 的内部变量，什么是外部变量？

8. HMI 的内部变量访问模式是什么，外部变量的访问模式是什么？

9. HMI 中组态变量的采集周期范围是多少？

10. 如何改变变量表列的宽度？如何改变列的排序和行的排序？

11. HMI 有哪几种仿真调试的方法，各有什么特点？

12. 如何使用变量仿真器进行仿真调试？

13. 使用 PLC 和 HMI 集成仿真的步骤有哪些？

14. 如何设置计算机的 PG/PC 接口？

15. 如何激活"块编译时支持仿真"选项？

16. 如何使用项目视图进行仿真调试？

17. 如何对 S7-300/400 PLC 进行仿真调试？

18. 如何设置计算机的 IP 地址？

19. 如何设置 HMI 的 IP 地址？

20. 如何设置 HMI 的自动传输模式，与非自动传输模式有何区别？

第3章　基本对象的组态

文本和指示灯在使用触摸屏组态时应用最为普遍，文本域主要用来标识项目的名称、开关及按钮的名称和输入/输出域的名称等，指示灯主要用来指示电动机或机构的运行状态、超限报警等。本章节重点介绍文本域、指示灯和对象动画的组态步骤，旨在通过本章学习，读者能掌握上述构件的组态过程，并熟练应用。

3.1　文本域的组态

3-1　静态文本的组态

3.1.1　静态文本

文本用来对某些事物进行指定性的说明，使用最为普遍。西门子人机界面中将文本称为文本域。若组态界面上的文本在设备运行过程中一直保持静止的状态，此类文本称之为静态文本，使用最为广泛。

1. 生成文本

打开博途 V15.1 软件，创建一个名称为 JibenDX_HMI 的项目，添加一个名称为 HMI_1 的 HMI 站点，将画面名称更改为"根画面"。打开"根画面"，将工具箱的"基本对象"窗格中的"文本域"拖拽到画面中适当位置，松开鼠标后生成一个默认名称为"Text"的文本；或单击工具箱的"基本对象"窗格中的"文本域"按钮 A，然后将鼠标移到画面中适当位置处单击，同样生成默认名称的文本。

2. 组态属性

（1）组态常规属性

单击选中生成的文本域，文本域四周出现 8 个小正方形，选中巡视窗口中的"属性"→"属性"→"常规"，在窗口右边的"文本"域的文本框中输入"静态文本"（见图 3-1）。也可以直接在画面中双击文本名称"Text"后输入文本域的文本（对于跨多行的文本，可以通过按下组合键〈Shift+Enter〉设置分行符）。在图 3-1 中可以设置文本的"字体""字形"和"大小"。"字体"只能为宋体，"字形"可选择为"正常""粗体""斜体"和"粗斜体"，字体"大小"设置范围为"8~96"（见图 3-1），还可以设置是否使用"下划线"。若勾选"使对象适合内容"选项，则文本距离文本框尺寸为系统自动指定。

（2）组态外观属性

单击选中生成的文本域，选中巡视窗口中的"属性"→"属性"→"外观"，可以在窗口右边设置文本域的"背景"颜色、文本的"颜色"和文本的"边框"等（见图 3-2）。

图 3-1　文本域的常规属性

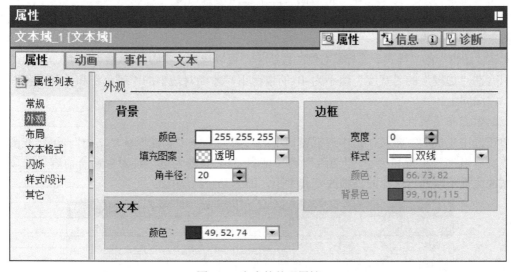

图 3-2　文本的外观属性

　　在文本域的"背景"选项中选择文本域的背景"颜色"，单击"颜色"选择框右侧的按钮▼，弹出颜色选项框，单击喜爱的颜色即可，也可以单击"更多颜色"，进行自定义（见图 3-3）。

　　单击"背景"的"填充图案"选择框右侧的按钮▼，可以选择"透明"或"实心"。如果选择"透明"，则文本域的"背景色"为画面底色；如果选择"实心"，则文本域的"背景色"为"颜色"选项中的用户选定的颜色。

　　单击"背景"的"角半径"调节框右侧的上下三角形按钮⬍，可以增加或减少文本域四周方框四个角的角半径，其设置范围为"0～20"。若设置为"0"，则无角半径，即四个角为直角。也可以在调节框中直接输入角半径的值来改变角半径的大小。

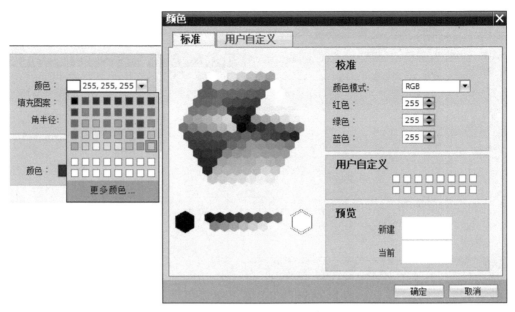

图 3-3　组态文本背景颜色

单击"文本"的"颜色"选择框右侧按钮，可以改变文本的颜色，方法同背景色。

单击"边框"的"宽度"调节框右侧的上下三角形按钮，可以增加或减少文本域四周方框的宽度，设置范围为"0～10"。若设置为"0"，则无边框。也可以在其调节框中直接输入边框的值来改变边框的宽度。

单击"边框"的"样式"选择框右侧的按钮，可以选择"实心""双线"和"3D"样式。

只有在"边框"的"宽度"值不为 0 的情况下，才能对边框的"颜色"和"背景色"进行设置，方法同上。

（3）组态布局属性

单击选中生成的文本域，选中巡视窗口中的"属性"→"属性"→"布局"，可以在窗口右边设置文本域的"位置和大小""边距"等（见图 3-4）。若勾选"使对象适合内容"选项，则文本域的边框不能通过鼠标的拖拽改变其大小，即为系统自动指定。

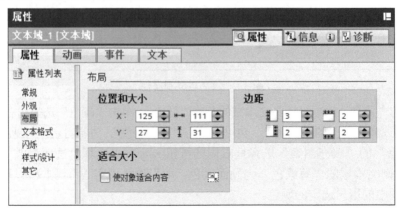

图 3-4　组态文本域的布局属性

单击"布局"的"位置和大小"中 X 轴和 Y 轴调节框右侧的上下三角形按钮，可以改变文本域在画面中的位置，通过调节"宽度"和"高度"调节框右侧的上下三角形按钮，可以改变文本域的左右或上下边框之间的距离。

　　单击"布局"的"边距"4 个调节框右侧的上下三角形按钮 ⬍，可以改变文本域中的文本离左、右、上、下四个边框的距离。

　　（4）组态文本格式属性

　　单击选中生成的文本域，选中巡视窗口中的"属性"→"属性"→"文本格式"，可以在窗口右边设置文本的"格式"和"对齐"方式（见图 3-5）。

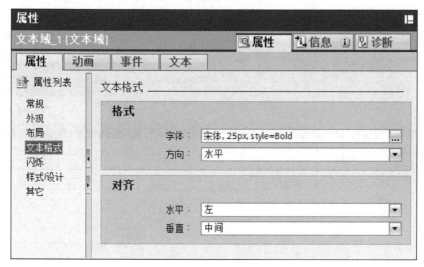

图 3-5　组态文本域的文本格式属性

　　单击"文本格式"的"格式"域中"字体"选项框右侧的按钮 ⋯，出现字体的类型选项对话框（同图 3-1 的右图），可以更改字体的"字形"和"大小"等。

　　单击"文本格式"的"格式"域中"方向"选项框右侧的按钮 ▾，出现字体的方向选项对话框，可以设置的方向为：垂直靠右、垂直靠左和水平。

　　单击"文本格式"的"对齐"域中"水平"选项框右侧的按钮 ▾，出现字体对齐选项对话框，可以设置的方向为：左、居中和右。

　　单击"文本格式"的"对齐"域中"垂直"选项框右侧的按钮 ▾，出现字体对齐选项对话框，可以设置的方向为：顶部、中间和底部。

　　（5）组态闪烁属性

　　单击选中生成的文本域，选中巡视窗口的"属性"→"属性"→"闪烁"，单击"闪烁"属性的"设置"选项框右侧的按钮 ▾，可以设置闪烁的类型有"已禁用""已启用标准设置"。如果选择"已禁用"选项，则 HMI 在运行时，画面的此文本域静止不动；如果选择"已启用标准设置"选项，则 HMI 在运行时，画面中此文本域则在当前组态的颜色字体和白色字体之间闪烁。

　　还可以在"其它"属性中更改文本域的"名称"，默认名称是"文本域_1（有多个文本域时，文本域名称后的数字会逐 1 递增）"。

3.1.2　动态文本

1．生成文本

3-2　动态文本的组态

　　打开 JibenDX_HMI 的项目"根画面"，将工具箱的"基本对象"窗格中的"文本域"拖拽到画面中适当的位置，松开鼠标后生成一个默认名称为"Text"的文本；或单击工具箱的"基本对象"窗格中的"文本域"按钮 **A**，然后将鼠标移到画面中适当的位置单击，同样生成默认名称的文本。将其文本内容修改为"动态文本"。

2. 组态属性

单击选中生成的"动态文本"，选中巡视窗口中的"属性"→"动画"→"显示"。如果"根画面"处在"浮动"窗口状态，此时"巡视窗口"被隐藏，则右击"动态文本"选中"属性"，在打开的"属性"对话框中选中"动画"属性。从图3-6右边可以看出，动画类型主要有两种：显示和移动。

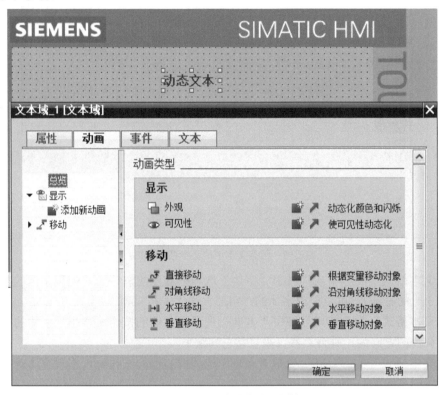

图 3-6　组态文本域的动画属性

双击图 3-6 中"显示"文件夹下的"添加新动画"，再双击"添加动画"对话框中的"外观"（见图 3-7），或单击选中"外观"，按下"确定"按钮，然后再次按下"确定"按钮确认，选中图 3-8 窗口左边中出现的"外观"，在窗口右边组态"外观"的动画功能。

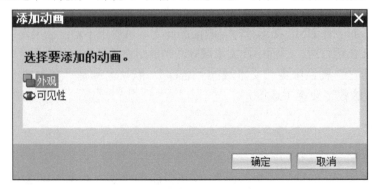

图 3-7　"添加动画"对话框

单击图 3-8 中变量"名称"选项框右侧的按钮█████，在弹出来的 PLC 变量表（预先定义好变量）中选中 BOOL 型变量"动显"，此时其地址 M0.0 自动显示在"名称"行下面。当 HMI 运行时，"动态文本"会随着变量"动显"状态的变化而变化。"动态文本"会发生怎样的变化，则需要在图 3-8 的"属性"选项卡中进行组态。

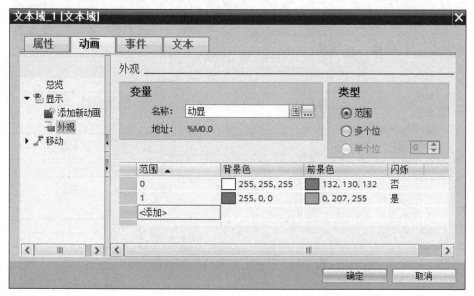

图 3-8 组态外观"动画"对话框

单击选中图 3-8 右边的"类型"域中的"范围"，在"范围"列下方空白行处双击，出现"0"，同时在"背景色"列、"前景色"列和"闪烁"列出现系统默认设置。再次双击"范围"列下方空白行，此时出现"1"，同时在"背景色"列、"前景色"列和"闪烁"列出现系统默认设置。根据需要将范围为"0"和"1"时的"背景色"和"前景色"均改为需要的颜色。如果需要"闪烁"功能，则在相应范围后的"闪烁"列选择"是"。若按图 3-8 所示组态动画，则在 HMI 运行时，"动态文本"在变量"动显"为"0"状态时，"背景色"为白色，"前景色"为灰色，文本不闪烁；当"动态文本"在变量"动显"为"1"状态时，"背景色"为红色，"前景色"为浅蓝色，文本不断闪烁。

可以用变量仿真器来仿真，单击选中"项目树"中的 HMI_1，执行菜单命令"在线"→"仿真"→"使用变量仿真器"，启动变量仿真器，如图 3-9 所示，在变量仿真器添加"动显"变量，勾选该变量行中的"开始"复选框，在"设置数值"列输入"1"，则仿真器的"动态文本"在红色和浅蓝色之间闪烁。

	变量	数据类型	当前值	格式	写周期 (s)	模拟	设置数值	最小值	最大值	周期	开始
✎	动显	BOOL	1	十进制	1.0	<显示>	1	0	1		☑
✳	---										☐

图 3-9 变量仿真器

双击图 3-6 中"显示"文件夹下的"添加新动画"，再双击"添加动画"对话框中的"可见性"（见图 3-7），或单击选中"可见性"，按下"确定"按钮，然后再次按下"确定"按钮确认，选中图 3-10 窗口左边出现的"可见性"，在窗口右边组态可见性的动画功能。

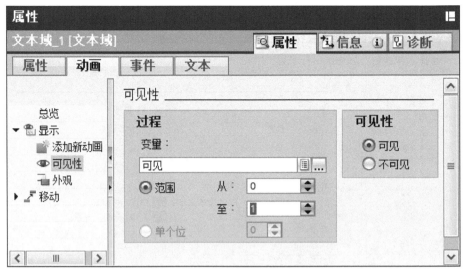

图 3-10　组态外观"动画"对话框

单击图 3-10 中"过程"域中"变量"选项框右侧的按钮![...]，在弹出来的 PLC 变量表（预先定义变量）中选中 BOOL 型变量"可见"，将"范围"设置从"0"到"1"（是 BOOL 型变量，范围只有"0"和"1"）。在图 3-10 窗口右边的"可见性"选项中选中"可见"。上述可见性的设置表明：当变量"可见"为"0"状态时，"动态文本"不可见；当变量"可见"为"1"状态时，"动态文本"可见。若图 3-10 窗口右边的"可见性"选项中选中"不可见"，"范围"设置不变，则显示情况与选择"可见"相反。

请读者参照前面介绍的组态"外观"介绍的启动仿真器的方法启动仿真器，观察"可见性"运行效果。

3.2　指示灯的组态

工业控制系统中常用指示灯的亮灭来表明某个机构或元件的动作状态，或过程值是否超出限制，或用来报警指示等。西门子触摸屏在库中集成有多个画面对象，如按钮、开关和指示灯等。

3-3　指示灯的组态

3.2.1　库的使用

1．库的概念

库是画面对象模板的集合，库对象不需要用户组态就可以重复使用，从而节省了用户时间，提高了 HMI 画面组态的效率。

用户可以将自定义的对象和面板存储在用户库中。在"库"任务卡（见图 3-11）和库的元素视图（见图 3-12）中进行库的管理。库有项目库和全局库之分，此外，工具箱的"图形"窗格中还有图形库。

图 3-11　库

图 3-12　库的元素视图

2. 项目库

每个项目都有一个项目库，项目库的对象与项目数据一起存储，只能用于创建该库的项目，项目复制到其他计算机时，项目库也同时被复制。

画面、变量、图形对象和报警等所有 WinCC 对象都可以存储在项目库中。也可以通过拖拽方式从工作区、项目树或详细视图中将相应的对象移动到项目库中。

3. 全局库

全局库独立于项目数据，可以用于所有项目。可以将全局库中的对象复制到正在组态的画面中。如果在一个项目中更改了某个库对象，在所有打开了该库的项目中，该库都会随之更改。

4. 库对象的显示

选中全局库（见图 3-11）中的"PilotLights"（指示灯），单击项目库或全局库工具栏上的"打开或关闭元素视图"按钮，打开"元素"窗格。如果未打开"元素视图"，单击"PilotLights"（指示灯）可打开元素列表；如果打开"元素视图"，则在"元素"窗格中显示所有该文件夹中的元素对象。可以用"元素"窗格中工具栏上的"详细"按钮、"列表"按钮和"总览"按钮切换显示模式，图 3-12 所示为总览模式。

5．库对象的添加

可以将组态好的对象保存到用户创建的库中。库可以包括所有的 WinCC 对象，如完整的 HMI 设备、画面（包括变量、函数的显示，控制对象、图形、变量、报警、文本、图形对象及用户数据类型等）。

可以将组态好的按钮、开关和指示灯等拖拽到用户库的"主模板"文件夹中。可以用鼠标同时选中多个画面对象，然后将它们一起拖拽到库中。

可以用画面组态窗口的"编辑"菜单中的"组合"→"组合"命令，将选中的画面中的若干对象组成合为一个整体，然后保存在库中。

可以将打开的全局库中的对象直接拖拽到项目库的"主模板"文件夹中。

6．库视图

单击图 3-11"库"任务卡工具栏上的"打开库视图"按钮 ⬅，打开库视图，如图 3-13 所示。

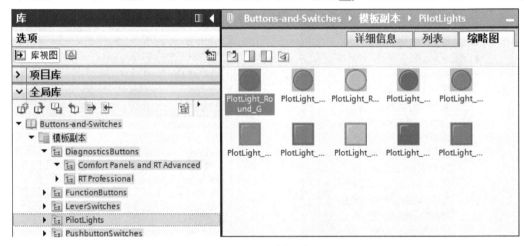

图 3-13　库视图

库视图的左边是"库树"窗口，右边是"库总览"窗口。选中"库树"的"全局库"中的"PilotLights"（指示灯）库，单击"库树"工具栏右边的最大化元素视图按钮 🔳，可以打开库总览窗口。打开后该按钮变为最小化元素视图按钮 🔳，可以用它关闭库总览窗口。库总览窗口可以用选项卡选择详细信息、列表和缩略图来显示对象。

单击"库树"工具栏上的"库视图"关闭按钮 ➡，可以关闭库视图。

3.2.2　指示灯组态过程

1．使用库对象中指示灯的组态

打开全局库中"Buttons and Switches"（按钮和开关）文件夹中的"PilotLights"（指示灯）库（见图 3-11 或图 3-13），将其中的"PilotLights_Round_G"（绿色指示灯）拖拽到"根画面"中。

选中生成的指示灯，选中巡视窗口中的"属性"→"属性"→"常规"（见图 3-14），或右击选中"属性"，打开"属性"对话框。在"属性"对话框中可以设置连接的变量（为 PLC 中的变量，如"电动机运行指示"）。其他参数采用默认的设置，模式为"双状态"，"内容"中的"开"和"关"可以选择不同的图形，单击"确定"按钮确认。

启用"使用变量仿真器"对其仿真，可以看到当"电动机运行指示"变量为"0"状态和"1"状态时指示灯的两种显示形式。

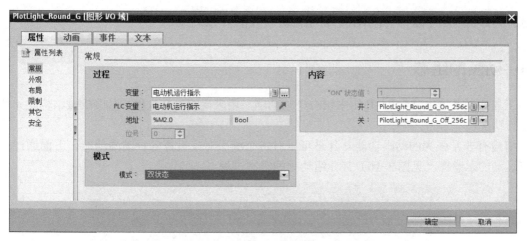

图 3-14 组态图形 I/O 域（指示灯）常规属性

2. 使用基本对象中指示灯的组态

打开 JibenDX_HMI 的项目"根画面"，将工具箱的"基本对象"窗格中的"圆"拖拽到画面中合适位置，松开鼠标后生成一个圆。或单击工具箱的"基本对象"窗格中的"圆"按钮 ●，然后将鼠标移到画面中适合位置单击，便可生成一个圆。

单击选中生成的"圆"，选中巡视窗口中的"属性"→"动画"。如果"根画面"处于"浮动"窗口状态，此时"巡视窗口"被隐藏，则右击"圆"选中"动画"，便可打开属性的"动画"选项卡（见图 3-15）。

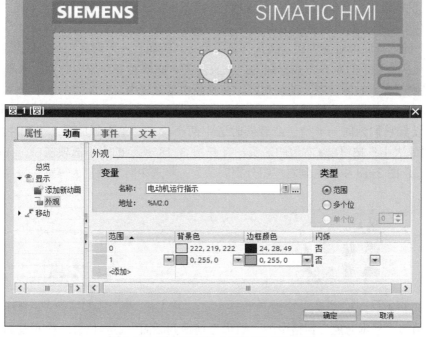

图 3-15 组态圆对象（指示灯）动画属性

参照"动态文本"的动画属性组态方法，添加一个外观动画，外观关联的变量名称设置为"电动机运行指示"，地址 M2.0 自动添加到地址栏。将"类型"选择为"范围"，组态颜色为："0"状态的"背景色"和"边框颜色"采用默认颜色，"1"状态的"背景色"和"边框颜色"

均选择为绿色（用于运行状态的指示灯组态时一般都采用绿色）。

3.3 动画的组态

工业控制系统中常常在 HMI 中组态一些动画，用来反映生产过程中某些机械结构或元件执行动作情况。

博途有非常强大的动画功能，几乎可以对每个画面对象设置各种动画功能。下面通过一个小车运动的示意图（见图 3-16）来介绍动画的组态过程。

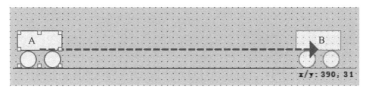

图 3-16　小车动画的组态

1．生成小车动画对象

打开 JibenDX_HMI 的项目"根画面"，将工具箱的"基本对象"窗格中的"圆"拖拽到画面中适当的位置，松开鼠标后生成一个圆（小车左轮），通过复制的方法再生成一个圆（小车右轮）。通过选中左轮和右轮使它们水平对齐，对齐方法为：选中左轮，在其"属性"的"布局"窗口中设置 Y 轴坐标，如 100；选中右轮，在其"属性"的"布局"窗口中设置 Y 轴坐标也为"100"，因两个轮子的 Y 轴坐标相同，故它们在同一水平线上；或通过鼠标同时选中两个轮子（或按下计算机键盘上的〈Shift〉键，用鼠标分别单击两个轮子，则两个轮子被选中），单击画面组态窗口中工具栏上的"设置图形对象对齐"按钮▮▮右边的箭头，打开图 3-17 所示的对齐选项窗口，在此选择底部对齐方式（或执行菜单命令"编辑"→"对齐"→"底部"）。图 3-17 中从左到右，从上到下的对齐方式分别为：垂直对齐、底部对齐、居中对齐、水平对齐（中心距对齐）、左侧对齐、右侧对齐、顶部对齐、在画面中垂直居中、在画面中水平居中。

如果小车右轮不是通过复制而生成，为了使其两个轮子一样大小，可在"属性"的"布局"窗口中设置它们为同一半径。或者同时选中两个轮子，单击画面组态窗口中工具栏上的"设置图形对象大小"按钮▭▮右边的箭头，打开图 3-18 所示的大小选项窗口，在此选择等宽等高设置方式。图 3-18 中从左到右按钮分别表示为：将选中对象设置为等宽、等高、相同宽度和高度。

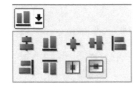

图 3-17　图形对象对齐选项窗口　　图 3-18　图形对象等宽等高选项窗口

将工具箱的"基本对象"窗格中的"矩形"拖拽到画面中适合位置，松开鼠标后生成一个矩形（通过鼠标拖拽方式拉出一个尺寸适合的矩形），并放置在两个小车轮子的上方，然后同时选中它们，用菜单命令"编辑"→"组合"→"组合"，将它们组合成一个整体，至此小车动画对象已生成。

单击工具箱的"基本对象"窗格中的"线"，将十字光标移到画面中小车的底部后按住左键向右拖出一条直线后松开左键，此直线模拟小车滚动的地面（见图3-16）。

2．小车动画的组态

单击选中组合的图形（小车），打开巡视窗口中的"属性"→"动画"→"移动"文件夹（见图 3-19），单击"动画"选项卡中的"添加新动画"，双击出现的"添加动画"对话框中的"水平移动"。选中左边窗口生成的"水平移动"，设置控制移动的变量（或为内部变量，可以使用变量仿真器通过改变所关联变量中的数据来观察动画效果；或为外部变量，则需要 PLC 运行程序方能观察到动画效果），在此"水平移动"设置为内部变量，其数据类型为 UInt（无符号整数），如图 3-20 所示。

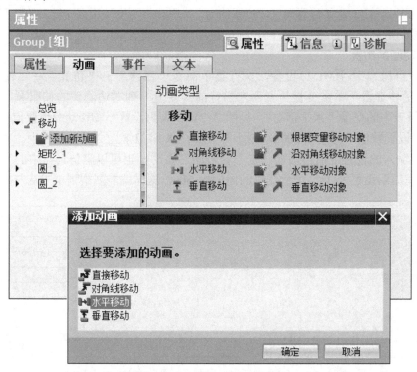

图 3-19 "添加动画"对话框

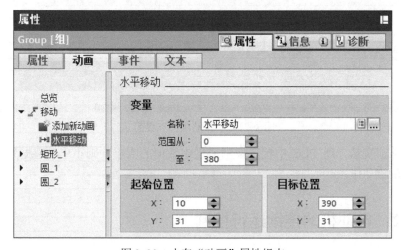

图 3-20 小车"动画"属性组态

组态好动画后，画面中出现两个小车（见图 3-16），A 车表示运动的起始位置，B 车表示小车运动的结束位置，虚线箭头指出小车运动的方向。用鼠标左键拖动 A 小车，B 小车跟随它移动。一般通过鼠标拖拽的方法改变画面中小车的起始位置，也可以通过在图 3-20 中指定 X 轴和 Y 轴的值来确定小车运动的起始位置和目标位置。

移动动画功能包括直接移动、对角线移动、水平移动和垂直移动。某个对象设置了某种移动方式后，就不能再设置其他的移动方式。

直接移动是从 X 轴和 Y 轴的起始位置，根据 X 轴和 Y 轴的实时偏移量（相应变量寄存器中的数值）而移动。

垂直移动是从设定的起始位置向目标位置移动，X 轴坐标不变，根据变量中的数据而移动。

对角线移动是从设定的起始位置向目标位置移动，根据变量中的数据而移动。

3．小车动画的仿真

选中"项目树"中 HMI_1 设备，执行菜单命令"在线"→"仿真"→"使用变量仿真器"，启动变量仿真器。单击变量仿真器空白行的"变量"列右边隐藏的按钮▼，双击出现的 HMI 默认变量表中的变量"水平移动"（见图 3-21）。人为设置小车移动的位置值，如 200（在仿真器中的"设置数值"列输入 200），则小车显示在 X 轴像素为 200 的位置上。小车移到目标位置后，即使输入的设置数值再增加，也不会再向右移动。也可以将仿真器中的"模拟"列改为"增量"，写周期设置为 1s，增量变化的周期为 30s，这样就能观察到小车从左向右运动，请读者自行仿真。

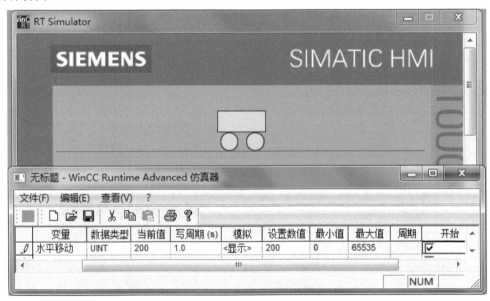

图 3-21　小车动画仿真界面

如果使用外部变量，用 PLC 中程序控制变量中数值的大小，则小车会根据外部变量中的数据而进行实时跟随动作。

3.4　项目 2：电动机的连续运行控制

本项目使用 S7-1200 PLC 和精简系列面板 HMI 实现电动机的连续运行控制，重点是使用博途 V15.1 训练和巩固文本域、指示灯和图形对象动画的组态，并对画面的组态进行简单介绍。

【项目目标】

1）掌握文本域的组态。
2）掌握指示灯的组态。
3）掌握图形对象动画的组态。
4）掌握画面的组态及变量的生成。

【项目任务】

使用 S7-1200 PLC 和精简系列面板 HMI 实现电动机的连续运行。控制要求：按下控制柜上起动和停止按钮，能实现电动机的连续运行的起动和停止控制，同时在 HMI 中组态两个画面，其一为欢迎画面（画面内容由读者自行设计），其二为电动机运行监控画面。在监控画面中组态两个指示灯，其一为电动机运行指示灯，其二为电动机过载报警指示灯（当电动机过载时报警指示灯闪烁，直至按下停止按钮）。

【项目实施】

1．创建项目

双击桌面上博途 V15.1 图标，在 Portal 视图中选中"创建新项目"选项，在右侧"创建新项目"对话框中将项目名称修改为"Xiangmu2_lianxu"。单击"路径"输入框右边的按钮，将该项目保存在 D 盘"HMI_KTP400"文件夹中。"作者"栏采用默认名称。单击"创建"按钮，开始生成项目。

2．添加 PLC

在"新手上路"对话框中单击"设备和网络—组态设备"选项，在弹出的"显示所有设备"对话框中单击选中"添加新设备"选项，在右侧"添加新设备"对话框中，选择"控制器"，逐级打开 S7-1200 PLC 的 CPU 文件夹，选择 CPU 1214C AC/DC/Rly，订货号为：6ES7 214-1BG40-0XB0（或选择读者身边 PLC 的订货号），设备名称自动生成为默认名称"PLC_1"。单击对话框右下角的"添加"按钮（或双击选中的设备订货号），系统会自动打开该项目的"项目视图"的编辑视窗。PLC 站点的 IP 地址为默认地址 192.168.0.1。

3．添加 HMI

在项目视图"项目树"中单击"添加新设备"，出现"添加新设备"对话框。选中"HMI 设备"，去掉左下角"启动设备向导"筛选框中自动生成的勾。打开设备列表中的文件夹 "\HMI\SIMATIC 精简系列面板\4"显示屏\KTP400 Basic"，双击订货号为 6AV2 123-2DB03-0AX0 的 4in⊖精简系列面板 KTP400 Basic PN，版本为 15.1.0.0，生成默认名称为"HMI_1"的面板，在工作区出现了 HMI 的画面"画面_1"。HMI 站点的 IP 地址为默认地址 192.168.0.2。

4．组态连接

添加 PLC 和 HMI 设备后，双击"项目树"中的"设备和网络"，打开网络视图（见图 3-22），单击网络视图左上角的"连接"按钮，采用默认的"HMI 连接"，同时 PLC 和 HMI 会变成浅绿色。

⊖ 1in=2.54cm，后同。

单击 PLC 中的以太网接口（绿色小方框），按住鼠标左键，移动鼠标，拖出一条浅色的直线。将它拖到 HMI 的以太网接口，松开鼠标左键，生成图 3-22 中的"HMI_连接_1"和网络线。

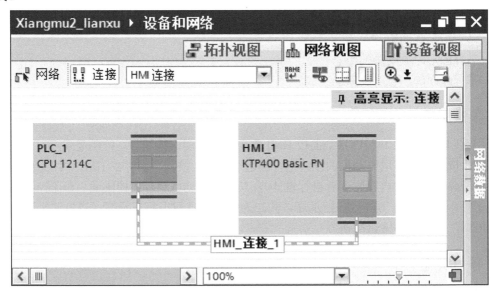

图 3-22　网络视图

5. 生成 PLC 变量

双击"项目树"中"PLC_1\PLC 变量"文件夹中的"默认变量表"，打开 PLC 的默认变量表（见图 3-23），生成的变量有：起动按钮、停止按钮、过载保护、电动机、运行指示、报警指示，数据类型均为"Bool"（布尔型），地址分别为 I0.0、I0.1、I0.2、Q0.0、M0.0、M0.1。

Xiangmu2_lianxu ▶ PLC_1 [CPU 1214C AC/DC/Rly] ▶ PLC 变量 ▶ 默认变量表 [34]

		名称	数据类型	地址	保持	可从 H...	从 HMI/OPC ...	在 HMI 工...	注释
1		起动按钮	Bool	%I0.0		✓	✓	✓	
2		停止按钮	Bool	%I0.1		✓	✓	✓	
3		过载保护	Bool	%I0.2		✓	✓	✓	
4		电动机	Bool	%Q0.0		✓	✓	✓	
5		运行指示	Bool	%M0.0		✓	✓	✓	
6		报警指示	Bool	%M0.1		✓	✓	✓	
7		<新增>				✓	✓	✓	

图 3-23　PLC 变量表

6. 编写 PLC 程序

双击"项目树"中"PLC_1\程序块"文件夹中的"Main[OB1]"，打开 PLC 的程序编辑窗口，编写 PLC 控制程序，如图 3-24 所示。

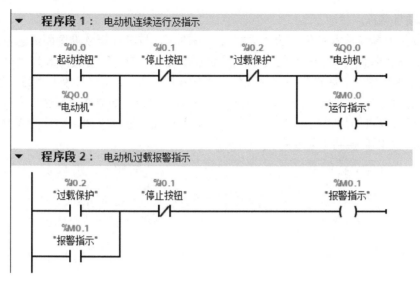

图 3-24　电动机连续运行程序

7．生成 HMI 变量

双击"项目树"中"HMI_1\IIMI 变量"文件夹中的"默认变量表[0]"，打开变量编辑器（见图 3-25）。单击变量表的"连接"列单元中被隐藏的按钮 ，选择"HMI_连接_1"（HMI 设备与 PLC 的连接）。

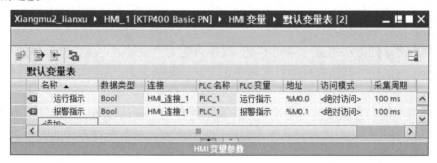

图 3-25　HMI 变量表

双击默认变量表"名称"列第一行，组态变量"名称"为"运行指示"，"数据类型"为"Bool"，"地址"为"M0.0"，"访问模式"为"绝对访问"，"采集周期"为"100ms"（也可以用 2.1.3 节介绍的使用 PLC 变量表同步方式生成此变量）。在此，"报警指示"的变量将在组态报警指示灯元件时生成，详细介绍见下面"组态 HMI 画面"中内容。

8．组态 HMI 画面

（1）组态欢迎画面

HMI 在接通电源时显示的是"根画面"，即初始画面，而画面切换是通过切换按钮进行。

3-4　画面切换的方法和初始画面的定义

在欢迎画面中主要组态文本域，如项目名称、设计者、设计单位、设计时间、当前时间和日期等。本项目的欢迎画面中只要求组态项目名称、设计者、设计时间等文本域。

右击"项目树"中"HMI_1\画面"文件夹中的"画面_1"，在弹出的快捷菜单中执行"重命名"命令，将默认名称"画面_1"更改为"欢迎画面"。双击打开"欢迎画面"组态窗口，在此窗口中组态文本域。

1）组态项目名称。

单击并按住工具箱基本对象中的"文本域"按钮**A**，将其拖至欢迎画面组态窗口，然后松开鼠标，生成默认名称为"Text"的文本，然后双击文本"Text"将其修改为"电动机连续运行"。打开巡视窗口中的"属性"→"属性"→"文本格式"，将其字号改为"23"号、"粗体"，"背景颜色"请读者自行设计，在此采用默认色（见图 3-26）。如果在"属性"窗口中左侧显示的是"属性页"（以页的形式显示），也可以在其文本格式中进行字体、字号的修改。单击"属性页"按钮📑，可以切换到"属性列表"显示方式。

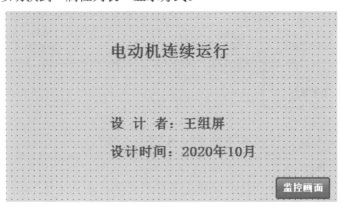

图 3-26　欢迎画面

将文本内容"电动机连续运行"通过鼠标拖拽的方式拖到欢迎画面的正中间。

2）组态设计者。

用组态项目名称的方法组态一个文本域，文本内容为"设计者：王组屏"，将其"字号"更改为"19"号，用鼠标将其拖拽到项目名称的正下方（见图 3-26）。

3）组态设计时间。

用组态项目名称的方法组态一个文本域，文本内容为"设计时间：2020 年 10 月"，将其"字号"更改为"19"号，用鼠标将其拖拽到设计者的下方，与其左对齐（见图 3-26）。

（2）组态监控画面

1）生成监控画面。

添加 HMI 设备时，系统自动生成一个画面，默认名称为"画面_1"，此画面默认为初始画面，目前已将初始画面组态为欢迎画面。项目要求组态两个画面，则必须添加一个画面。双击"项目树"中"画面"文件夹下的"添加新画面"，在工作区出现一幅新的画面，画面被自动指定一个默认的名称"画面_1"，同时在"项目树"的"画面"文件夹中将会出新的画面。右击"画面_1"，在弹出的快捷菜单中执行"重命名"命令，将其名称更改为"监控画面"。

2）组态监控画面。

按组态项目名称的方法组态一个文本域，文本内容为"电动机连续运行监控画面"，字号为"23"号、"粗体"。通过鼠标将其拖至监控画面的中间；用同样的方法再生成两个文本域，文本内容分别为：运行指示灯、报警指示灯，文本字号均为"15"号、"粗体"（见图 3-27）。

打开监控画面，将工具箱的"基本对象"窗格中的"圆"拖拽到画面中适合位置，松开鼠标后生成一个圆。此时，圆四周出现 8 个小正方形，当鼠标的光标移到圆的边框上及内部时会变为十字箭头✥，按住左键并移动鼠标，将选中的圆拖拽到希望并允许放置的位置。同时出现的 x/y 是圆的新位置的坐标值，w/h 是圆的直径值。松开左键，"圆"被放在当前的位置。

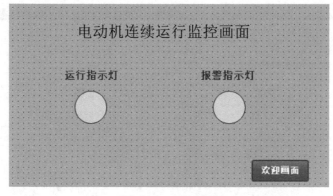

图 3-27 监控画面

单击"圆",圆四周出现 8 个小正方形,用鼠标左键选中某个角的小正方形,鼠标的箭头变为 45°的双向箭头(选中左上角和右下角双向箭头为↖,或选中左下角和右上角双向箭头为↙),按住左键并移动鼠标,可以同时改变圆的直径大小。将选中的圆缩放到希望的大小后松开左键,圆被整体扩大或缩小,将本项目中的圆拖拽至图 3-27 中所示的大小。

单击选中生成的"圆",选中巡视窗口中的"属性"→"动画"。"监控画面"如处于"浮动"窗口状态,此时"巡视窗口"被隐藏,则右击"圆"选中"动画",便可打开"圆"的属性中的"动画"对话框。

参照"动态文本"的动画属性组态方法(见 3.1.2 节),添加一个外观动画,外观关联的变量名称为"电动机运动指示",地址 M0.0 被自动添加上去。类型选择为"范围",组态颜色为:"0"状态的"背景色"和"边框颜色"采用默认颜色,"1"状态的"背景色"和"边框颜色"均设置为绿色。

到此,电动机的"运行指示灯"已经组态完毕。与生成"运行指示灯"同样的方法,可生成一个报警指示灯。再添加外观动画,若在 HMI 中预先没有生成"报警指示"变量(见图 3-28),可以新增一个变量,单击图 3-28 中的"新增"按钮,在弹出来的变量"属性"对话框中,选中"常规"选项,将默认名称"HMI_Tag_1"更改为"报警指示",将"PLC 变量"改为 PLC 变量表中的变量"报警指示",然后"连接"选项自动更改为"HMI_连接_1","PLC 名称"自动更改为"PLC_1"。将"访问模式"更改为"绝对访问",此时"地址"选项中地址 M0.1 自动被添加上去(见图 3-29),最后按下"确定"按钮确认。新生成的"报警指示"变量如图 3-25 所示,在此,将"采集周期"更改为"100ms"。

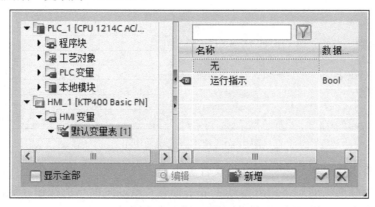

图 3-28 选择变量对话框

图 3-29　组态变量对话框

使用与组态"运行指示灯"同样的方法组态"报警指示灯"时，与"运行指示灯"的区别在于：当"范围"为"0"时"背景色"设置为白色，"边框颜色"设置为"红色"，"闪烁"列设置"是"。即当电动机发生过载时，"报警指示灯"变为红色，而且不断闪烁，以警示操作人员。

3）画面的切换。

打开欢迎画面，将"项目树"中"画面"文件夹中的"监控画面"拖拽到工作区的"欢迎画面"的右下角，在"欢迎画面"的右下角处自动生成了标有"监控画面"的按钮（见图 3-26）。选中该按钮，单击巡视窗口中的"属性"→"事件"→"单击"，可以看到在出现"单击"事件时，将调用自动生成的系统函数"激活屏幕"，画面名称为"监控画面"，对象号为"0"（见图 3-30）。对象号是画面切换后在指定画面中获得焦点的画面对象的编号。

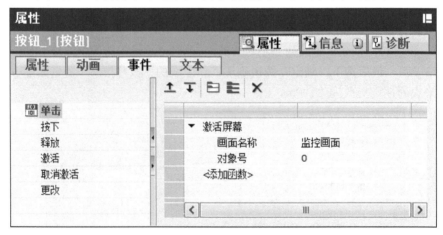

图 3-30　组态画面切换按钮

打开画面，将"项目树"中"画面"文件夹中的"欢迎画面"拖拽到工作区的监控画面的右下角，在"监控画面"的右下角处自动生成了标有"欢迎画面"的按钮（见图 3-27）。HMI在运行时若按下该按钮，则 HMI 画面立即切换到"欢迎画面"。

（3）定义项目起始画面

如果一个项目有多个画面，用户若想改变 HMI 启动后运行的初始画面，或在组态画面时误将"起始画面"删除，再添加新的画面时又不是"起始画面"，这时则需要重新定义"起始画面"。如果没有定义"起始画面"，则在编译画面时将报错，即 HMI 中必须有一个"起始画面"。

双击"项目树"中 HMI_1 文件夹中的"运行系统设置"，选中工作区窗口左边的"常规"，用窗口右边的参数设置启动运行系统时作为"起始画面"的画面（见图 3-31）。也可以右击"项目树"中的某个画面，或打开某个画面后右击画面工作区，然后用出现的快捷菜单的命令"定义为初始画面"，将它定义为"启动画面"，即"起始画面"。

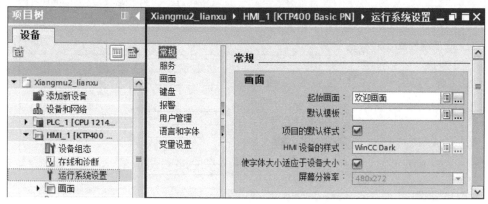

图 3-31　定义"起始画面"

（4）创建固定窗口

有时候在所有画面中都需要组态同一个对象，如项目名称、单位标志（LOGO）等，如果在每个窗口重复组态则费时费力，这时可使用"固定窗口"（也称冻结窗口，注意有些型号的 HMI 没有固定窗口）功能，即"固定窗口"占据了所有画面的相同区域，在"固定窗口"中组态的对象，将出现在"画面"文件夹的所有画面中。

手动生成"固定窗口"时，将鼠标的光标放到画面的上边沿，光标出现垂直方向的双向箭头时，按住鼠标左键，画面中光标处出现一根水平线，将它往下拖动至适合位置，水平线上面为"固定窗口"。画面中已经组态的对象会随着"固定窗口"的高度增加而向下移动，这时再通过鼠标将需要共享的对象拖动至"固定窗口"中。

"固定窗口"生成后，可以在任何一个画面中对"固定窗口"中的对象进行修改。HMI 在通电运行时不会显示分隔"固定窗口"的水平线。

（5）创建模板

在模板中组态的"功能键"和"对象"将在所有画面中起作用。对模板中的"对象"的更改，将应用于基于此模板的所有画面中的对象。可以创建多个模板，一个画面只能基于一个模板。双击打开"项目树"中"HMI_1\画面管理\模板"文件夹中名为"模板_1"（见图 3-32），可以看到画面上面的"固定窗

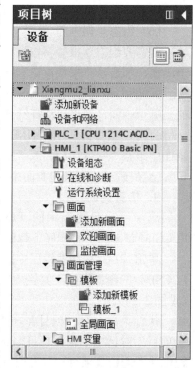

图 3-32　项目树

口"和生成的"功能键"。

模板中的对象在其他画面中用灰色显示,不能修改它们,只能在模板中修改对象的功能。

将"项目树"中的某个画面拖拽到模板工作区的某个位置,生成画面切换按钮。操作人员在基于该模板的所有画面(打开欲启用模板的画面,选中巡视窗口中的"属性"→"属性"→"常规",用"模板"选择框选择"模板_1",则启用模板功能,如图 3-33 所示)中单击此切换按钮,都会切换到该画面上。

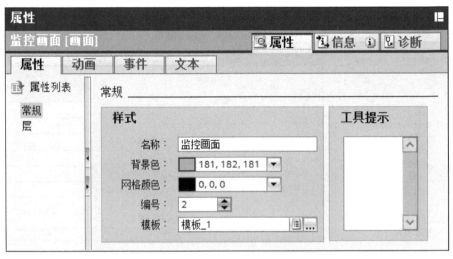

图 3-33　启用模板功能

如果不想在某个画面中显示画面模板中的画面切换按钮,则打开该画面,选中巡视窗口中的"属性"→"属性"→"常规",用"模板"选择框将默认的"模板_1"改为"无"。在仿真时切换画面,可以看到只有该画面,而没有模板下面所有的功能键。

(6)组态全局画面

若需要组态"报警窗口"或"报警指示器",希望在报警信息发生时,不管当前显示的是哪个画面,都显示"报警窗口"或"报警指示器",这时"报警窗口"或"报警指示器"则需要在"全局画面"中进行组态,即 HMI 在运行时,如果出现系统事件或报警信息时,不管当前显示的是哪个画面,都将自动打开全局画面,在前台显示"报警窗口"或"报警指示器"。

打开"项目树"中的"\HMI_1\画面管理"文件夹中的"全局画面"(见图 3-32),可以在此画面中组态"报警窗口"或"报警指示器"。在精智面板的全局画面中还可以组态"系统诊断窗口"。全局画面没有其他画面中的"固定窗口"和模板中的"功能键"。

9. 仿真调试

选中"项目树"中的 PLC_1 设备,单击工具栏上的"启动仿真"按钮，启动 S7-PLCSIM 仿真器,将程序下载到仿真 PLC 中。

单击 PLC 程序编辑区中的"启用/禁用监视"按钮，使程序处于监控状态下。单击 S7-PLCSIM 的精简视图工具栏上的"切换到项目视图"按钮，切换到 S7-PLCSIM 的项目视图(见图 3-34)。

执行菜单命令"项目"→"新建",或单击工具栏上的创新项目按钮，在弹出的"创建新项目"对话框中输入项目名称"Xiangmu2_lianxu"和保存路径"D:\项目",单击"创建"按钮创建新的仿真项目。双击项目视图中"项目树"的"SIM 表格"文件夹中的"SIM 表格_1",

打开该仿真表（见图 3-34）。单击表格的空白行"名称"列隐藏的按钮📖，再单击选中出现的变量列中的某个变量，该变量出现在仿真表中。在仿真表中生成 PLC 变量表中所有变量。

图 3-34　项目 2 的 S7-PLCSIM 仿真表

选中"项目树"中的 HMI_1 设备，单击工具栏上的"启动仿真"按钮🖳，启动 HMI 运行系统仿真。编译成功后，出现的仿真面板的"根画面"，即"欢迎画面"。

单击"欢迎画面"上的界面切换按钮"监控画面"，观察是否能切换到"监控画面"，再单击"监控画面"上的界面切换按钮"欢迎画面"，观察是否能切换到"欢迎画面"。

单击图 3-34 中"位"列的"起动按钮：P"变量行中小方框，此时小方框内出现勾，表示该位变量被修改为"1"，PLC 程序的"电动机"线圈 Q0.0 和"运行指示"线圈 M0.0 接通，此时仿真表的"监视/修改值"列均变为"TRUE"，观察仿真面板上监控画面中的"运行指示灯"是否变为"绿色"？再次单击"位"列的"起动按钮：P"变量行中小方框，使其小方框内的勾消失，模拟起动按钮的释放。

按照上述方法，按下"停止按钮"，电动机停止运行，此时"运行指示灯"是否变成白色？用与上述同样方法，使停止按钮释放。

单击图 3-34 中"位"列的"过载保护：P"变量行中小方框，此时小方框内出现勾，表示该位变量被修改为"1"，PLC 程序的"报警指示"线圈 M0.1 接通，观察仿真面板上"监控画面"中的"报警指示灯"是否变为"红色"且不断闪烁？用与上述同样方法，使过载保护小方框内的勾消失，模拟过载保护继电器复位。再次按下"停止按钮"，表示报警确认，此时"报警指示灯"是否变成白色？用与上述同样的方法，使停止按钮释放。

📑 【项目拓展】

两台电动机的连续运行控制。控制要求：使用 S7-1200 PLC 和精简系列面板 HMI 共同实现两台电动机的独立连续运行控制，在控制柜上分别设置两台电动机的起动和停止按钮，在 HMI 上设计两个界面，分别为"欢迎界面"和"监控界面"。其中"监控界面"上设置四个指示灯，分别用于指示两台电动机的"正常运行指示"和"过载报警指示"，电动机发生过载报警时，其相应指示灯不断闪烁，直至按下发生过载那台电动机的停止按钮为止。

3.5 习题与思考

1. 如何生成"文本域"?
2. 如何更改"文本域"中的文本内容?
3. 如何在"文本域"中输入跨行的文本内容?
4. 如何更改"文本域"中文本的字号?
5. 如何添加对象的"外观"动画?
6. 如何设置对象的"可见度"?
7. 对象的"移动"动画类型有哪些?
8. 如何显示"库对象"?
9. 如何打开"库视图"?
10. 库总览窗口中显示对象的方式有哪些?
11. 如何通过库对象组态指示灯?
12. 如何使用"基本对象"组态指示灯?
13. 多个图形对象的"对齐"方式有哪些?
14. 如何将多个对象组合成一个对象?
15. 在画面中如何同时选中多个对象?

第4章　元素的组态

在工程应用中，触摸屏中"元素"类对象使用最为广泛，既能为控制系统提供执行指令，也能实时动态显示控制系统中某些过程数据。本章节主要介绍"元素"窗格中的按钮、开关、I/O域、符号I/O域、图形I/O域、日期时间域、滚动条、棒图及量表等对象的生成及组态过程。

4.1　按钮的组态

4-1　文本按钮的组态

4.1.1　文本按钮的组态

按钮作为自动控制系统必不可少的元件之一，而在触摸屏上文本按钮也使用得最多。文本按钮在触摸屏上显现的样式是矩形，并以文本加以标注。

1．生成文本按钮

打开博途 V15.1 软件，创建一个名称为 YuansuDX_HMI 的项目，添加一个名称为 PLC_1 的 PLC 站点，再添加一个名称为 HMI_1 的 HMI 站点，并组态好连接，在 PLC 和 HMI 中分别创建两个变量"HMI 起动"和"HMI 停止"。在打开的画面编辑器的右侧工具箱的"元素"窗格中，将"按钮"拖拽到画面工作区中，伴随它一起移动的小方框中的"x/y"是按钮左上角这个点在画面中 x 轴、y 轴的坐标值，"w/h"是按钮的宽度和高度值，均以像素（px）为单位。放开鼠标左键，生成一个默认名称为"Text"、默认尺寸的按钮；或单击"元素"窗格中"按钮"图标▉▉，在画面工作区中某一处单击并按住鼠标，然后在画面工作区中朝任意方向拖拽，松开左键后生成一个按钮。

（1）用鼠标调节按钮的位置

单击新生成的"Text"按钮，按钮四周出现 8 个小正方形，当鼠标的光标移到按钮的边框上及内部时会变为十字箭头✛（见图 4-1a 左图），按住左键并移动鼠标，将选中的按钮拖到希望并允许放置的位置（图 4-1a 右边的浅色按钮所在位置）。同时出现的"x/y"是按钮新的位置的坐标值，"w/h"是按钮的宽度和高度值，松开左键后按钮被放在当前的位置。

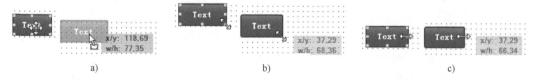

a)　　　　　　　　　　　　b)　　　　　　　　　　　　c)

图 4-1　"按钮"对象的移动与缩放

（2）用鼠标调节按钮的大小

单击图 4-1b 左边的"Text"按钮，按钮四周出现 8 个小正方形，用鼠标左键选中某个角的小正方形，鼠标的箭头变为 45°的双向箭头（选中左上角和右下角双向箭头为↖，选中右上角和左下角双向箭头为↗），按住左键并移动鼠标，可以同时改变按钮的长度和宽度。将选中的按钮拖拽到希望的大小后松开左键，按钮被整体扩大或缩小，如图 4-1b 右图所示的大小。

用鼠标左键选中按钮四条边上中点的某个小正方形，鼠标的光标会变为水平方向双向箭头⇔或垂直方向双向箭头↕（见图 4-1c 的左图），按住左键并移动鼠标，将选中的按钮沿水平或垂直方向拖动到希望的大小后松开左键，按钮被水平或垂直扩大或缩小，如图 4-1c 右图所示的大小。

2．组态文本按钮的属性

单击工作区中的"Text"按钮，在"Text"按钮的巡视窗口中的"属性"→"属性"中，可以组态（或称设置）按钮的诸多属性（见图 4-2），如常规、外观、填充样式、设计、布局、文本格式、样式设计、其它和安全等。如果画面处在"悬浮"状态，可选中"Text"按钮后右击选择"属性"选项，打开按钮属性对话框。

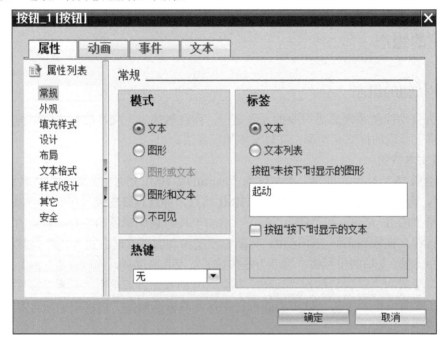

图 4-2　组态按钮"常规"属性

（1）更改文本按钮名称

在按钮的"属性"→"属性"→"常规"中，可以设置按钮的模式（如文本、图形和不可见等，见图 4-2），在此设置按钮的"模式"为"文本"。

在"标签"域有两个选项，同时只能选择其中的一个选项。单击单选框中的小圆圈或它右侧的文字，小圆圈中出现一个圆点，表示该选项被选中。单击单选框的另一个选项，原来被选中的选项左侧小圆圈中的圆点消失，新的选项被选中。在"按钮'未按下'时显示的图形"的框中输入"起动"，表示该按钮"未按下"时显示的文本为"起动"。

单击图 4-2 中"按钮'按下'时显示的文本"左侧的小方框，该方框变为☑，其中出现的"√"表示选中（即勾选）了该选项，或称该选项被激活。再次单击它，其中的"√"消失，表示未选中该选项（激活被取消）。因为可以同时选中多个这样的选项，所以将这样的小方框称为复选框或多选框。如果选中该复选框，可以分别设置"未按下"时和"按下"时显示的文本。未选中该复选框时，"按下"和"未按下"时按钮上显示的文本相同，一般采用默认的设置，即不勾选该复选框。

还可以通过以下方法更改按钮的名称（也称为按钮的"标签"）：双击要更改名称的"按钮"对象，鼠标的光标变成"I"形指针，同时按钮对象的原名称底色变为蓝色时，可直接输入按钮的新名称。

注意：按钮的名称与变量的名称不需要相同。

（2）设置文本按钮的热键功能

KTP 400 面板有 4 个功能键 F1～F4，单击图 4-2 中"热键"区域中的按钮 ，在打开的对话框中单击按钮 ，在打开的列表中选择其中一个功能键（见图 4-3），如 F1，按下确认按钮 确认，运行时标有"F1"的功能键具有和"起动"按钮相同的功能。如果想删除热键功能，则单击图 4-3 左下角的"删除设置并关闭对话框"按钮 。

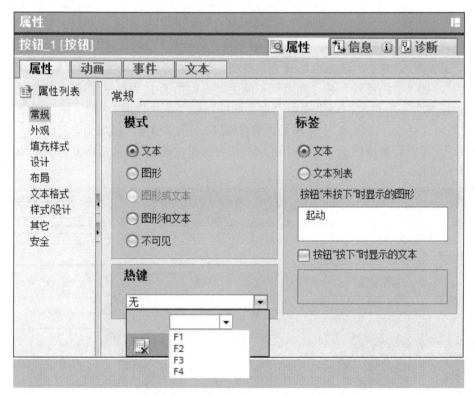

图 4-3　组态按钮的"热键"功能

（3）设置文本按钮的其他属性

选中巡视窗口中的"属性"→"属性"→"外观"（见图 4-4）。单击"文本"和"边框"区域的"颜色"选择列表的按钮 ，可以改变按钮的文本及边框颜色（按钮的背景色不能更改）；单击"背景"区域的"填充图案"选择列表的按钮 ，可以改变按钮的填充图案，如透明、实心、水平梯度和垂直梯度；可以单击"背景"区域的"角半径"输入框，通过直接输入角半径值或单击向上或向下三角形箭头改变角半径值（设置范围为 0～20，设为 0 时按钮的四角是直角）。在"边框"区域中的"样式"中可以选择"实心""双线"或"3D 样式"，设置为"双线"时，"背景色"为边框的两根线之间的区域颜色；边框的宽度以像素（px）为单位（设置范围为0～10）。

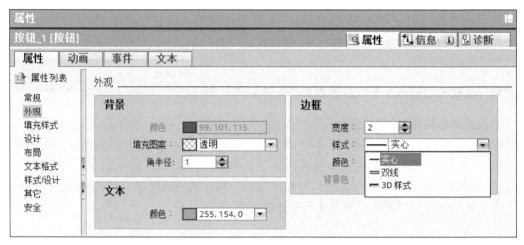

图 4-4 组态按钮的"外观"属性

选中巡视窗口中的"属性"→"属性"→"填充样式"(见图 4-5)。在窗口右边可以设置按钮的"背景设置",通过单选框可选择为"透明""实心""水平梯度"和"垂直梯度"。如果选中"透明",则"单色背景"和"梯度"不能更改;如果选中"实心",则"单色背景"可以更改,而"梯度"不能更改;如果选中"水平梯度"或"垂直梯度",则"单色背景"不能更改,"梯度"可以更改。图 4-5 中选择了"垂直梯度",在"梯度"区域勾选复选框"梯度 1"和"梯度 2",可以设置按钮上、下两个区域的梯度(即过渡色),包括梯度的颜色和宽度(设置范围为 0~30)。

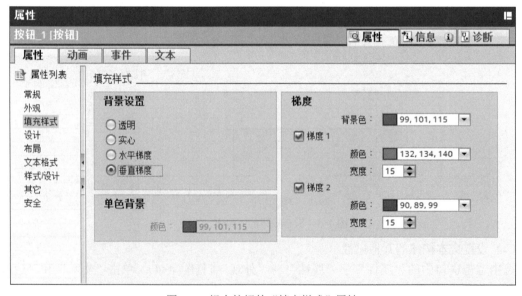

图 4-5 组态按钮的"填充样式"属性

选中巡视窗口中的"属性"→"属性"→"设计"(见图 4-6)。在此窗口右边可以设置"焦点"的颜色和以像素为单位的宽度(设置范围为 0~10,如果设置为"0",则焦点的颜色不能更改)。焦点的意思是当系统运行时,如果该按钮被按下,则它成为"焦点"。当按钮成为焦点时,它内部靠近边框的四周会出现一个方框。

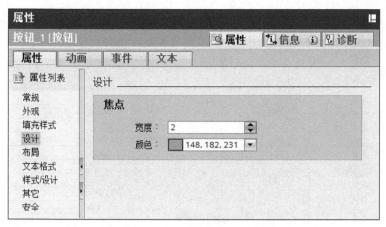

图 4-6　组态按钮的"设计"属性

选中巡视窗口中的"属性"→"属性"→"布局"（见图 4-7）。在此窗口右边可以设置按钮的"位置和大小""图形对齐""文本边距"和"图片边距"等。通过用"位置和大小"区域的输入框改变或微调按钮的位置和大小。如多个按钮要使它们在画面中水平对齐，则在多个按钮的"布局"属性中 Y 轴位置应保持一致；若使它们在画面中垂直对齐，则在多个按钮的"布局"属性中 X 轴位置应保持一致。如果选择"使对象适合内容"复选框，将根据按钮上的文本的字数和字体大小自动调整按钮的大小，此时按钮边框的左右距离和上下距离不能更改。只有按钮被设置为"图形"模式时，方能组态"调整图形以适合大小""图形对齐"和"图片边距"区域。

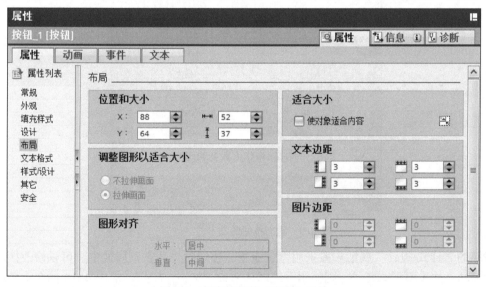

图 4-7　组态按钮的"布局"属性

选中巡视窗口中的"属性"→"属性"→"文本格式"（见图 4-8）。在此窗口右边可以设置文本的"格式"和"对齐"。单击"字体"选择框右边的按钮，打开"字体"对话框（见图 4-9），可以定义以像素（px）为单位的文字的大小（设置范围 8~96）。"字体"只能为"宋体"，不能更改。"字形"可以设置为"正常""粗体""斜体"和"粗斜体"，还可以设置"下划线""删除线""按垂直方向读取"等附加效果。一般文本设置水平方向为"居中"，垂直方向为"中间"，即采用默认设置。

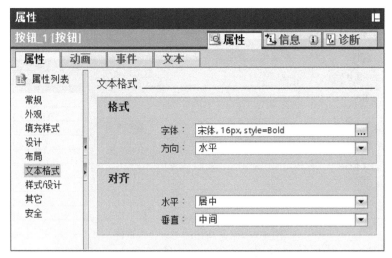

图 4-8　组态按钮的"文本格式"属性

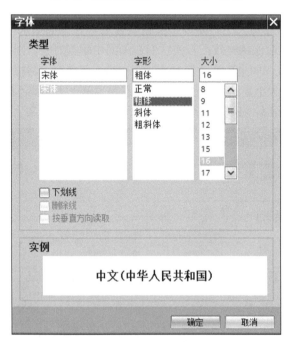

图 4-9　组态按钮的文本"字体"

按钮的"样式/设计"属性一般采用默认设置。按钮的"其它"属性中,可以修改按钮的名称,如起动(如果不更改名称,则使用系统默认名称"按钮_序号",从图 4-10 的左上角可以看到按钮的名称,按钮的名称可以与按钮的"标签"中文本不相同),设置按钮对象所在的"层",一般使用默认的第 0 层;按钮的"安全"属性主要设置按钮的"运行系统安全性",即设置操作权限,一般也采用默认设置,不对其进行限制。

3．组态文本按钮的事件功能

在画面中生成按钮对象后,除了组态按钮的基本属性外,若使得按钮起到操作的作用,必须组态按钮的"事件"功能,即按钮对象与相应"变量"相关联或操作时按钮对象与所对应的"系统函数"相关联。

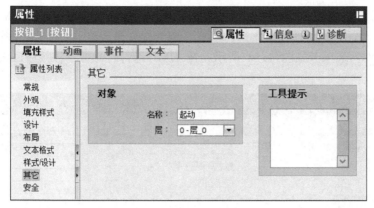

图 4-10　组态按钮的"其它"属性

选中按钮对象，选择巡视窗口中的"属性"→"事件"选项中，按钮对象相关操作的事件有：单击、按下、释放、激活、取消激活和更改等。如按钮被"按下"时有相应事件功能与之对应，而被"释放"后无相应事件功能，则选中组态"单击"事件功能便可（如每操作一次某外部变量的值增加或减少某一数值或复位等）；按钮被"按下"和"释放"时对应的事件功能不一致，则需要分别组态"按下"和"释放"事件功能等。

一般 HMI 画面中的"起动"按钮的功能是：当其被按下时起动某个执行机构，如电动机，即让某个变量为"ON"，如 M0.0，释放该按钮后，使得变量 M0.0 为"OFF"；"停止"按钮的功能是：当其被按下时某个机构（如电动机）停止运行，即让某个变量为"ON"，如 M0.1，释放该按钮后，使得变量 M0.1 为"OFF"。根据上述要求其"事件"功能组态如下：单击画面中的"起动"按钮，选中巡视窗口中的"属性"→"事件"→"按下"（见图 4-11），单击窗口右边的表格最上面一行，再单击它的右侧出现的按钮▾（在单击之前它是隐藏的），在出现的"系统函数"列表中选择"编辑位"文件夹中的"置位位"（见图 4-12）。上述操作表示当按钮按下时，与其关联的位变量将被置为"1"。

图 4-11　组态按钮的"系统函数"

单击图 4-12 的表中第 2 行,在出现的方框中单击右侧的 ... 按钮,弹出 HMI 中的默认变量表(见图 4-13),双击表中的变量"HMI 起动",或选中变量后单击"确认"按钮 ✓ 以确认,选择好变量后"事件"选项卡如图 4-14 所示。在 HMI 运行时,按下该按钮,将变量"HMI 起动"置位为 1。

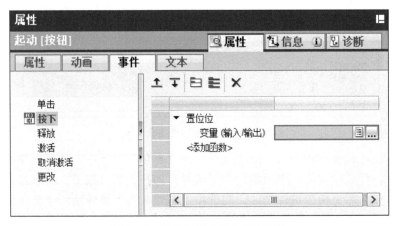

图 4-12 组态按钮"置位位"函数

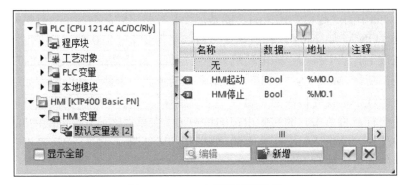

图 4-13 HMI 中的默认变量表

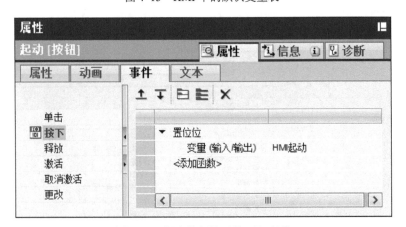

图 4-14 组态按钮的"按下"事件

用同样的方法,选中巡视窗口中的"属性"→"事件"→"释放",组态按钮的"释放"事件,而与按下事件组态的区别是选中"复位位"(见图 4-15)。在 HMI 运行时,释放该按钮,将变量"HMI 起动"复位为 0。

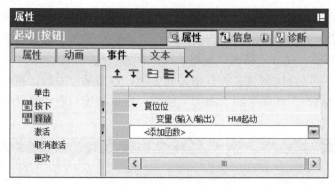

图 4-15　组态按钮的"释放"事件

通过以上操作"起动"按钮的"事件"功能已组态完成，用类似操作组态"停止"按钮的"事件"功能，与"起动"按钮组态的区别是应选择不同的位变量，其他操作相同。

4.编辑位中其他函数

在组态对象事件中系统函数时，最常用的是"置位位"和"复位位"。其他位函数还有：按下按键时置位位、对变量中的位取反、复位变量中的位、取反位、移位和掩码、置位变量中的位。置位位、复位位、取反位是针对位变量操作，而按下按键时置位位、对变量中的位取反、复位变量中的位、移位和掩码、置位变量中的位是针对非位变量（如字节型变量、字型变量、双字型变量等）操作。

读者可以通过"信息系统"查看上述位函数功能。可通过以下方法打开"信息系统"：执行菜单命令"帮助"→"显示帮助"；或选中某个对象后，按计算机上的〈F1〉键；或单击层叠工具提示框中层叠项的链接，可以直接转到信息系统中的对应位置。在此介绍第三种方法，这样能快速查找到所需要的帮助信息。

如在组态"停止"按钮的"复位位"函数时，将光标放在"复位位"上，如图 4-16 所示，出现的层叠工具提示框显示"▼将'Bool'类型的变量设置为值 0（FALSE）。"单击按钮▼或层叠工具提示框几秒钟后，提示框被打开。蓝色有下划线的"复位"是指向相应帮助主题的链接。单击该链接，将会打开"信息系统"（见图 4-17），并显示相应的主题信息。

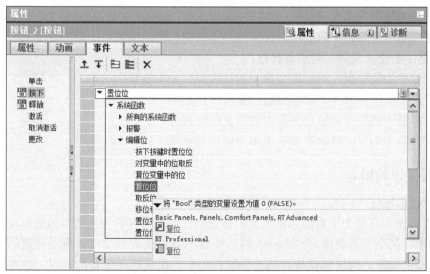

图 4-16　层叠工具显示框

单击"信息系统"工具栏上的"显示/隐藏"按钮◀和▶，可以显示或隐藏左边的导航区域。左边的"目录"选项卡列出了帮助文件的目录，可以借助目录浏览器寻找需要的帮助主题。单击图 4-17 最左侧按钮▶，展开"搜索"窗格，在"搜索关键字"输入栏中输入关键字，单击右面的"搜索"按钮，可以查找到与它所有相关的主题。双击某一主题，窗口右边将显示有关的帮助信息。单击"收藏夹"选项卡的"添加"按钮，可以将窗口右边打开的当前主题保存到收藏夹中。

图 4-17　信息系统

通过上述信息帮助的方法可以查看按下按键时置位位、对变量中的位取反、复位变量中的位、置位变量中的位等位函数的作用。以上几个位函数在改变了给定位之后，系统函数将整个变量传送回 PLC，但是并不检查变量中的其他位是否同时改变。在该变量被传回 PLC 之前，操作员和 PLC 对其仅有只读权限。

1）按下按键时置位位：只要用户按下已组态的键，给定变量中的位即设置为"1"，松开该键时给定变量中的位恢复到实时采集状态。

2）对变量中的位取反：对给定变量中的位取反，如果变量中的位为值"1"，它将被设置为"0"。如果变量中的位为值"0"，它将被设置为"1"。

3）复位变量中的位：将给定变量中的指定位设置为"0"。

4）置位变量中的位：将给定变量中的指定位设置为"1"。

4-2　图形按钮的组态

4.1.2　图形按钮的组态

1. 生成图形按钮

在 HMI 画面中有时为了更加形象地表示按钮的作用，常常将按钮组态为图形样式。在此通过图形按钮增减某个变量的值，单击一次将该变量的值增加或减少 1。将工具箱的"按钮"对象拖拽到画面工作区，用鼠标调节按钮的位置和大小。单击选中放置的按钮，选中巡视窗口中的"属性"→"属性"→"常规"，将按钮模式设置为"图形"（见图 4-18）。

图 4-18　图形按钮的"常规"属性组态

单击选中"图形"域中的"图形"单选按钮，单击"按钮'未按下'时显示的图形"选择框右侧按钮 🔽 ，选中出现的图形对象列表中的某个图形，如向下箭头（见图 4-18），列表的右侧是选中图形的预览。单击"确认"按钮 ✅ ，返回按钮的巡视窗口。在该按钮上会出现一个向下的三角形箭头的图形（见图 4-21）。如果未激活"按钮'按下'时显示的图形"复选框，按钮"按下"时与"未按下"时显示的图形相同。

2. 组态图形按钮

单击选中画面中的图形按钮，选中巡视窗口中的"属性"→"事件"→"单击"（见图 4-19），单击视图窗口右边表格的最上面一行，再单击它的右侧出现的按钮 🔽 ，在出现的"系统函数"列表中选择"计算脚本"文件夹中的函数"减少变量"。单击下面的"变量"行，再单击它的右侧出现的按钮 ⋯ ，在弹出的 HMI 的变量中选择变量，如温度。单击下面的"值"行，将默认值更改为需要的值，在此采用默认值"1"。

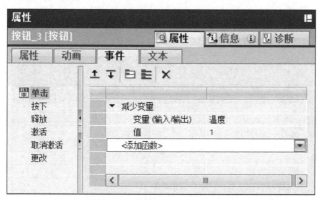

图 4-19　图形按钮的"事件"功能组态

用上述"生成图形按钮"类似的方法，生成一个向上的三角形箭头图形按钮，或选中向下的三角形图形按钮再复制一个，然后将其图形更改为向上三角形箭头。将"系统函数"更改为"增加变量"，每按一次增加值还设置为"1"。

读者可通过启动"使用变量仿真器"进行仿真，观察每按一次向上或向下的三角形图形按钮，温度值是否增加或减少数值 1。

可以使用图形按钮来设置某个变量的值。使用上述方法，组态一个图形按钮，当单击该按钮时，对某一个变量进行赋值，如 0（清零或复位）、100（恢复初始值）等。在组态事件时，在"系统函数"列表中选择"计算脚本"文件夹中的函数"设置变量"，在"值"行设置为某一个数值。

也可以使用图形按钮来更改触摸屏的显示亮度。在图形按钮事件组态时，在"系统函数"列表中选择"系统"文件夹中的函数"设置亮度"，在"值"行设置一个整数值，如 80，表示单击该按钮时屏的亮度值为80%。注意：设置触摸屏的亮度不能通过仿真来实现屏的亮度调节。

4.1.3　不可见按钮的组态

1．生成不可见按钮

4-3　不可见
按钮的组态

在工程项目中，触摸屏界面上有时需要按钮为隐藏状态，即不可见。不可见按钮可以与画面中其他对象重叠。

将工具箱的"按钮"对象拖拽到画面工作区，用鼠标调节按钮的位置和大小。单击选中放置的按钮，选中巡视窗口中的"属性"→"属性"→"常规"，将按钮模式设置为"不可见"，组态时该按钮以空心的方框形式显示，运行时看不到它。

2．组态不可见按钮

选中巡视窗口中的"属性"→"事件"→"单击"（见图 4-20），单击窗口右边的表格最上面一行，再单击它的右侧出现的按钮🔽，在出现的"系统函数"列表中选中"计算脚本"文件夹中的函数"设置变量"。被设置的是"WString"型的 HMI 内部变量"不可见变量"，设置的变量值为字符串"关闭通道 1"（必须将"值"行输入框后面的数值类型更改为"String"字符型，否则汉字无法输入），每个汉字占两个字节。

图 4-20　不可见按钮"事件"属性组态

用同样的方法组态另一个"不可见"模式的按钮,在出现的"单击"事件时,执行系统函数"设置变量",将 HMI 内部变量"不可见变量"赋值为字符串"关闭通道 2"。

在按钮的上方生成一个能显示 10 个字符或 5 个汉字的输出模式 I/O 域(I/O 域具体组态介绍见 4.3 节),连接内部变量"不可见变量",可以更改 I/O 域的"文本格式",并设置为读者喜爱的字体。

启动"使用变量仿真器",单击 I/O 域下方左边的不可见按钮(操作人员要了解不可见按钮的具体位置,方能准确操作。建议在组态界面不可见按钮的四周或正上方用相关文字指示),则 I/O 域上显示"关闭通道 1",单击 I/O 域下方右边的不可见按钮,则 I/O 域上显示"关闭通道 2"(见图 4-21)。

图 4-21 不可见按钮的"仿真面板"

4.1.4 列表按钮的组态

在很多工业应用中,常常使用文本列表按钮或图形列表按钮实现对设备中某些机构或电动机的控制,使用列表按钮既能节省界面空间,还能降低操作人员的误操作。

1. 使用文本列表的按钮组态

在 YuansuDX_HMI 的项目的 PLC 默认变量表中创建两个"Bool"型变量,分别为"文本按钮变量 0"(M4.0)和"图形按钮变量 1"(M4.1)。

双击"项目树"中"HMI_1"文件夹中的"文本和图形列表",打开"文本和图形列表"编辑器窗口,在"文本列表"编辑窗格中单击"名称"列下的"添加",创建一个名为"按钮文本"的文本列表(见图 4-22),在"选择"列的"按钮文本"行对应的列中选择"位(0,1)"。在"文本列表条目"窗格的"值"列分别双击第一行和第二行,分别生成两个默认的值"0"和"1"(也可以单击值右侧的三角形按钮进行值的更改),在"文本"列的两个值所对应的行中分别输入文本"起动"和"停止"(见图 4-22)。

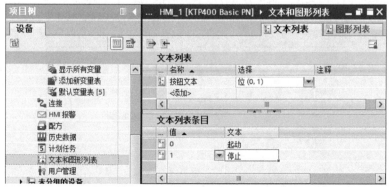

图 4-22 文本和图形列表编辑器

在 HMI 的"根画面"中生成一个按钮，用鼠标调节它的大小和位置（见图 4-23）。单击选中此按钮，然后选中巡视窗口中的"属性"→"属性"→"常规"，设置按钮的模式为"文本"，单击选中窗口右边"标签"中的"文本列表"选项，单击"文本列表"右侧的按钮 ，双击出现的文本列表中的"按钮文本"（见图 4-24），然后自动返回到巡视窗口。

图 4-23 文本和图形列表按钮的组态

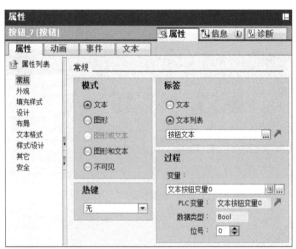

图 4-24 使用文本列表的按钮"常规"属性组态

在按钮属性窗口右边的"过程"选项中设置关联的变量，在此选择为"文本按钮变量 0"，即该按钮的文本由"Bool"型变量"文本按钮变量 0"来控制。该变量为"0"时，按钮上显示的文本为文本列表中值"0"所对应的文本，即"起动"；该变量为"1"时，按钮上显示的文本为文本列表中值"1"所对应的文本，即"停止"。

该按钮所关联的变量何时为"0"和"1"，即该按钮未按下时按钮上的文本显示为"起动"，被按下后该按钮上显示的文本为"停止"，再次被按下后应该再次显示"起动"，也就是说该按钮每被按下一次，其位变量的值要取反一次。具体"事件"组态如下：选中按钮巡视窗口中的"属性"→"事件"→"单击"（见图 4-25），单击视图窗口右边的表格最上面一行，再单击它的右侧出现的向下三角形按钮 ，在出现的"系统函数"列表中选择"编辑位"文件夹中的函数"取反位"，即按钮每被按下一次对 PLC 中位变量"文本按钮变量 0"的值就进行一次取反。

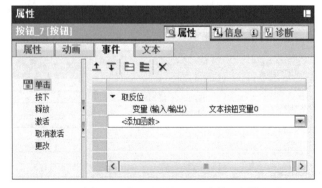

图 4-25 使用文本列表的按钮"事件"属性组态

92

启动变量仿真器，可以看到"根画面"中该按钮显示的文本是"起动"（PLC 中的变量"文本按钮变量 0"的值为"0"），按下该按钮后，该按钮上显示的文本为"停止"（PLC 中的变量"文本按钮变量 0"的值为"1"），再次按下该按钮后，该按钮上显示的文本又一次为"起动"，如此循环。"Bool"型文本列表按钮适用于单按钮控制电动机的起动和停止场合。

2．使用图形列表的按钮组态

使用 HMI 图形库中的图形或使用用户创建的图形都可以进行图形列表按钮的组态。下面介绍使用用户创建的图形进行列表按钮的组态。

在绘图软件中生成和编辑两个图形，用于显示推拉式开关的两种状态，将它们保存为两个图形文件，文件名分别为"ON 开"和"OFF 关"。

双击"项目树"中"HMI_1"文件夹中的"文本和图形列表"，打开"文本和图形列表"编辑器窗口，在"图形列表"选项卡中单击"名称"列下的"添加"，创建一个名为"起停按钮"的图形列表（见图 4-26），在"图形列表"的"选择"列的"起停按钮"行对应的列中选择"位（0，1）"。在"图形列表条目"窗格的"值"列分别双击第一行和第二行，分别生成两个默认的值"0"和"1"（也可以单击值右侧的三角形箭头进行值的更改）。单击"值"列中的"0"行"图形名称"列右侧的隐藏按钮▾，打开图形列表对话框（见图 4-26 右下方小图），单击该对话框左下角的"从文件创建新图形"按钮，在出现的"打开"对话框中，双击预先保存的图形文件"OFF 关"，会在图形对象列表中增加了名为"OFF 关"的图形对象，同时返回图形列表编辑器。这时在图形列表"起停按钮"的第一行中生成了值为"0"的条目（"OFF 关"），图形列表条目的"图形"列是该条目的图形预览。用同样的方法，在值"1"行生成条目"ON 开"。

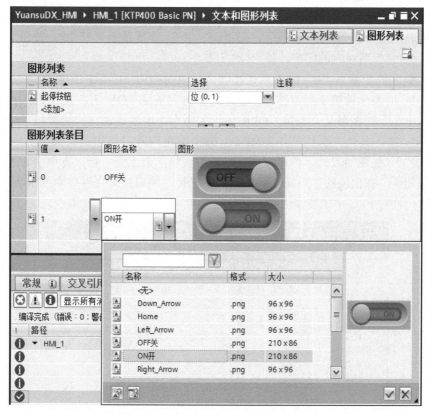

图 4-26　生成按钮的"图形列表条目"

在 HMI 的"根画面"中生成一个按钮,用鼠标调节它的大小和位置(见图 4-23)。单击选中此按钮,然后选中巡视窗口中的"属性"→"属性"→"常规",设置按钮的模式为"图形",单击选中窗口右边"图形"选项中的"图形列表",单击"图形列表"右侧的按钮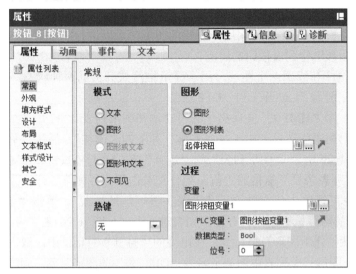,双击出现的图形列表中的"起停按钮"(见图 4-27),返回巡视窗口。

图 4-27　图形按钮的"常规"属性组态

在按钮属性窗口右边的"过程"域中设置关联的变量,在此选择为"图形按钮变量 1",即该按钮的图形由"Bool"型变量"图形按钮变量 1"来控制。该变量为"0"时,按钮上显示的图形为图形列表中值"0"所对应的图形,即"OFF 关";该变量为"1"时,按钮上显示的图形为图形列表中值"1"所对应的图形,即"ON 开"。

该按钮所关联的变量为"0"时表示该按钮未按下时按钮上显示的图形为条目"OFF 关"的图形,为"1"时表示被按下后该按钮上显示的图形为条目"ON 开"的图形。再次按下该按钮,则该按钮上显示的图形又为条目"OFF 关"的图形,也就是说该按钮被按下一次,其位变量的值要取反一次。具体"事件"组态如下:选中按钮巡视窗口中的"属性"→"事件"→"按下(或单击)"(见图 4-28),单击视图窗口右边表格的最上面一行,再单击它的右侧出现的向下三角形按钮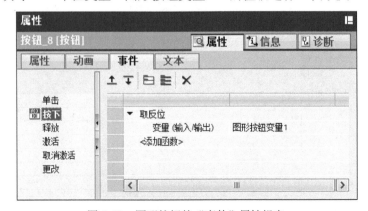,在出现的"系统函数"列表中选择"编辑位"文件夹中的函数"取反位",即按钮被按下一次对 PLC 中位变量"图形按钮变量 1"的值就进行一次取反。

图 4-28　图形按钮的"事件"属性组态

启动变量仿真器,可以看到"根画面"中该按钮显示的图形是条目"OFF 关"对应的图形
(PLC 中的变量"图形按钮变量 1"的值为"0"),按下(或单击)该按钮后,该按钮显示的图
形为条目"ON 开"对应的图形(PLC 中的变量"图形按钮变量 1"的值为"1"),再次按下该
按钮后,该按钮上显示的图形又一次为条目"OFF 关"对应的图形,如此循环。"Bool"型图形
列表按钮适用场所同文本列表按钮。

4.2 开关的组态

在触摸屏组态画面中开关是一种基于"Bool"型变量的输入/输出的对象,在触摸屏中常用
图形或文本显示位变量的值,或单击它时用来切换所连接的位变量的状态,如
控制系统操作模式的切换(如"手动"和"自动"状态的切换、"点动"和"连
续"状态的切换等)。

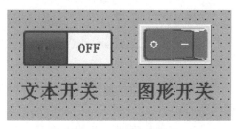

4-4 文本开
关的组态

4.2.1 文本开关的组态

将工具箱的"元素"窗格中的"开关"对象拖拽
到某个画面中,通过鼠标拖拽到适合位置及大小(见
图 4-29 左图),它的外形和按钮相似,开关上右侧显
示的默认文本为 OFF,当开关动作后,开关上左侧显
示的默认文本是 ON。

单击选中画面中开关,选中巡视窗口中的"属
性"→"属性"→"常规"(见图 4-30),"模式"中
"格式"设置为"通过文本切换"。将"过程"域中所连接的"变量"设置为 PLC 中变量,如
"文本开关变量 0"(M4.2)。在"文本"域中可以更改开关"ON"状态和"OFF"状态所对应
的文字标识。在此,将"ON"状态默认文本更改为"起动","OFF"状态默认文本更改为"停
止"。使用提示性标识文本不容易因误操作而引起事故的发生。

注意:开关的组态,不需要用户组态在发生"单击"事件时所执行的系统函数。

图 4-29 开关画面

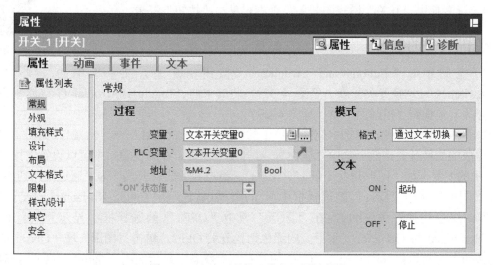

图 4-30 文本开关的"常规"属性组态

选中巡视窗口中的"属性"→"属性"→"布局"（见图 4-31），在"布局"窗口中可以设置开关的"位置和大小""文本边距"等属性。

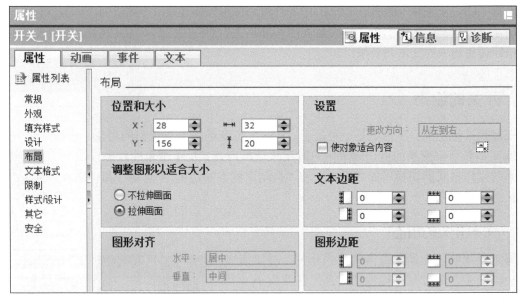

图 4-31   图形按钮的"布局"属性组态

可以参考按钮的属性组态，对开关的"外观""填充样式""设计""文本格式""安全"等属性进行组态。

启动变量仿真器，开关上面显示的文本是"停止"，开关所对应的变量是"0"状态。当第一次单击开关时，开关所对应的变量是"1"状态，显示的文本是"起动"。每单击一次开关，开关上面的文本在"起动"和"停止"之间切换一次，变量"文本开关变量 0"（M4.2）也在"1"状态和"0"状态之间切换。

通过文本切换的开关，其外形和文本按钮外形相同，操作后的状态和"文本列表按钮"操作后状态相同。如果在"常规"属性中将模式设置为"开关"，则显示的样式同图 4-29 中左图一样（可以在常规属性的标签栏中将"ON"和"OFF"状态对应的标签进行更改）。建议读者使用"开关"模式的开关，否则容易与"按钮"混淆。

4-5 图形开
关的组态

4.2.2   图形开关的组态

打开全局库中"Buttons and Switches"（按钮和开关）文件夹中的"ToggleSwitches"（切换开关）库（见图 4-32），将其中的"Toggle_Horizontal_G"（水平方向绿色切换开关）拖拽到"根画面"中（见图 4-29）。

选中生成的切换开关，再选中巡视窗口中的"属性"→"属性"→"常规"（见图 4-33），或右击生成的切换开关，然后选中"属性"，打开属性窗口。在属性窗口中可以设置连接的变量为 PLC 中的变量，如"图形开关变量 1"（M4.3），组态开关的"模式"为"通过图形切换"。

在"图形"域中"ON："的选择框中显示系统默认选项"Toggle_Horizontal_G_On_256c"（水平方向绿色切换开关 ON）；在"图形"域中"OFF："的选择框中显示系统默认选项 Toggle_Horizontal_G_Off_256c（水平方向绿色切换开关 OFF），单击"图形"域"ON："选择框右侧的按钮，可以打开图形开关"ON"和"OFF"状态下显示的图形选择框（见图 4-34）。

图 4-32　全局库

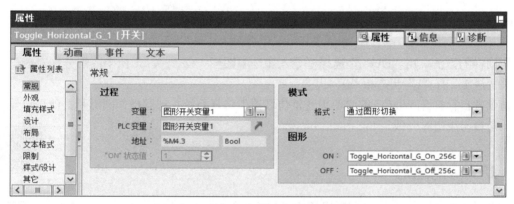

图 4-33　图形切换开关"常规"属性组态

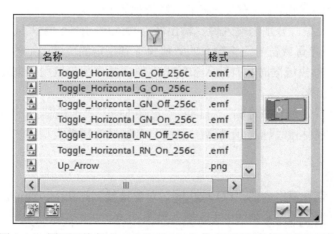

图 4-34　图形开关在"ON"和"OFF"状态下显示的图形的选择框

一般情况下图形开关在"ON"和"OFF"状态下显示的图形会采用系统默认图形，当然也可以更改为其他图形。单击"图形"域中"ON："选择框右侧的按钮▼，出现图形对象列表对话框（见图 4-35 右下角的小图），在该对话框中单击左下角的"从文件创建新图形"按钮▣，在出现的"打开"对话框中双击打开保存的图形文件"ON 开.png"，在图形对象列表中将增加该图形对象，同时关闭图形对象列表对话框，"ON："选择框出现"ON 开"。

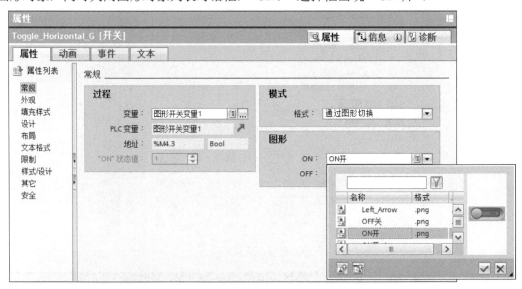

图 4-35　修改图形开关 ON 和 OFF 状态下显示的图形

用同样的方法，用"OFF："选择框导入和选中图形"OFF 关"，两个图形分别对应于"图形开关变量 1"的"1"状态和"0"状态。

请读者自行打开 WinCC 的"使用变量仿真器"仿真系统，观察操作图形开关前后所显示的图形，是否与组态时一致？

4.3　I/O 域的组态

4-6　I/O 域的组态

在触摸屏中 I/O 域作为过程数据的输入和输出窗口，I 是输入（Input）的缩写，O 是输出（Output）的缩写。输入域和输出域统称为 I/O 域。

I/O 域共有三个类型，分别为输入域、输出域、输入/输出域。输入域用于操作员输入要传送到 PLC 中的数字、字母或符号，将输入的数值保存到指定的变量中；输出域只能显示过程变量的实时数值；输入/输出域同时具有输入和输出功能，操作员可以用它来修改变量的数值，并将修改后的数值显示出来。

I/O 域的数据类型分为"二进制""日期""日期/时间""十进制""十六进制""时间"和"字符串"等。十六进制格式只能显示整数。注意：I/O 域的数据类型要与所连接的变量数据类型相匹配。

1. I/O 域的组态

将工具箱的"元素"窗格中的"I/O 域 0.12"对象拖拽到画面中，通过鼠标拖拽调整其大小和位置，然后通过复制方式再复制两个 I/O 域（见图 4-36）。

图 4-36　I/O 域画面

单击图 4-36 中最左边的 I/O 域，选中巡视窗口中的"属性"→"属性"→"常规"（见图 4-37），"类型"域的"模式"设置为"输入"；在"格式"域设置"显示格式"为"十进制"，"格式样式"为"999999"（因为输入域关联的变量类型是整数，因此组态"移动小数点"，即小数部分的位数为 0），将"过程"域中"变量"关联为"I/O 域变量"（见图 4-37）。

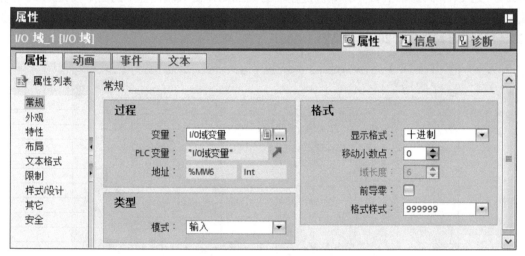

图 4-37　输入域的"常规"属性组态

选中巡视窗口中的"属性"→"属性"→"文本格式"（见图 4-38），将"对齐"域的"水平"方向设置为"居中"（系统默认为靠左），其他采用默认设置。

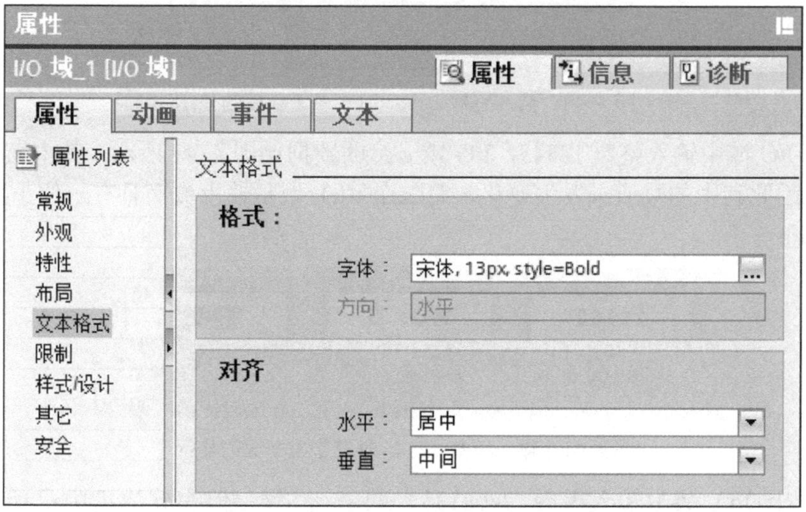

图 4-38　组态输入域的"文本格式"属性

按组态最左边 I/O 域的方法，将第二个和第三个 I/O 域的"模式"分别设置为"输出"和"输入/输出"；在"格式"域均设置"显示格式"为"十进制"，"格式样式"为"999999"，将

"过程"域中"变量"也均关联"I/O 域变量"。将"对齐"域的"水平"方向设置为"居中"。将第二个 I/O 域的"移动小数点"设置为 1（见图 4-36，输出域显示 4 位整数和 1 位小数，小数点也要占一个字符的位置）。"格式样式"若设置为"s999999"，则此 I/O 域可以输入或输出有符号的数值（s 表示有符号的数）。

2. I/O 域的仿真

启动 WinCC 的"使用变量仿真器"仿真系统，出现的仿真界面中，第一个输入域中显示 0，第二个输出域中显示 0.0，第三个输入/输出域显示 0。

单击第一个输入域，弹出输入软键盘，用计算机键盘或单击软键盘中数字输入整数"20103"（见图 4-39），然后按下计算机键盘上的〈Enter〉键或软键盘上的回车按钮↵，使输入的数字有效，并退出软键盘。第一个输入域中会显示 20103，第二个输出域中会显示 2010.3，第三个输入/输出域会显示 20103（见图 4-40）。

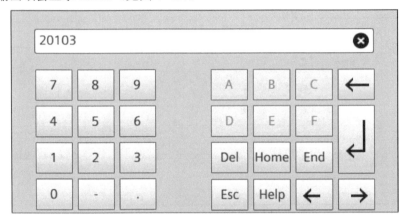

图 4-39　仿真系统输入软键盘

图 4-40　输入整数 20103 时三个 I/O 域的显示

在第三个 I/O 域中输入整数 12345，I/O 域显示的数据如图 4-41 所示，其中第一个 I/O 域因为是输入域，因此其中的数值未发生变化，第二个 I/O 域是输出域而且有一位小数，因此输出为 1234.5。

图 4-41　输入整数 12345 时三个 I/O 域的显示

若在第一个 I/O 域中输入整数 2468135，共 7 位数，但在软键盘中只能输入 6 位数 246813，因为在组态 I/O 域时"格式样式"为"999999"共 6 位数，因此只能输入 6 位整数。输入数据 246813 后按下计算机键盘上的〈Enter〉键时，发现三个 I/O 域中的数值均没有发生变化，因为 246813 不在整数 Int 的-32 678～+32 767 范围内。

单击第二个 I/O 域时，发现没有弹出软键盘，是因为第二个 I/O 域被组态为输出域，不能输入任何数值。

如果组态输入域或输入/输出域所关联的变量是"WString"型（字符型）变量，在"格式"域中"显示格式"系统默认为"字符串"，"域长度"系统默认为"10"（设置范围为 1～320）。在系统运行时，单击 I/O 域会弹出如图 4-42 所示的字符软键盘，按下计算机键盘上的〈Caps Lock〉键或软键盘上的⬇或⬆键进行字母大小写切换，或按住计算机键盘上的〈Shift〉键输入小写字母。按下软键盘上的⟨ABC⟩和⟨123⟩键可以进行字母和数字输入界面（见图 4-43）的切换。在键盘输入时按下计算机键盘上的〈Esc〉键或软键盘上的〈Esc〉键或按下软键盘上右上角的✕键，可以退出键盘输入状态。

注意：字符键盘不能输入汉字。

图 4-42　字符键盘——字母输入界面

图 4-43　字符键盘——数字输入界面

3．I/O 域的隐藏输入

在 HMI 设备的运行过程中，用户输入要传送 PLC 的数字、字母或符号时，可以选择带有显示的输入内容，也可以选择加密码的输入内容（如口令的隐藏输入）。在隐藏输入过程中，系统使用"*"显示每个字符。

选中 I/O 域，在 I/O 域的巡视窗口中选择"属性"→"属性"→"特性"，勾选"域"域的"隐藏输入"复选框（见图 4-44）。这样在软键盘的文本框中输入数字、字母或符号时，文本框中将显示相应个数的"*"。

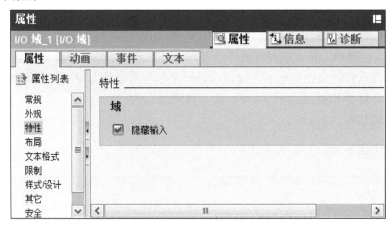

图 4-44 I/O 域的"特性"（隐藏输入）属性组态

4.4 符号 I/O 域的组态

4-7 符号 I/O 域的组态

符号 I/O 域用于组态一个下拉列表框来显示或输入运行时的文本。

1. 符号 I/O 域的组态

将工具箱的"元素"窗格中的"符号 I/O 域 **ID ▼**"对象拖拽到画面中，通过鼠标拖拽调整其大小和位置（见图 4-45a）。在符号 I/O 域属性视图的"常规"窗口中，可以选择符号 I/O 域的类型，共有 4 种模式，分别是"输入""输出""输入/输出"和"双状态"。通过选择，既能从 PLC 中控制文本的输出，也可以直接从 HMI 设备面板中进行文本的输入，还可以同时进行文本的输入和输出。另外，系统还支持两个状态的显示模式。在这 4 种模式中，"输出"模式和"双状态"模式不支持下拉列表操作。对于下拉列表，还可设置其可见项目数。

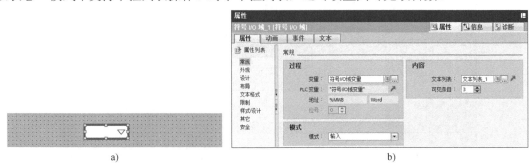

a)　　　　　　　　　　　b)

图 4-45 符号 I/O 域的"常规"属性组态

此外，如果将符号 I/O 域的"模式"设置为"输入""输出"和"输入/输出"，还需要设置索引过程变量，选择文本列表，使文本列表与索引过程变量相连接。如果文本列表未定义，可以单击"新建"按钮建立一个文本列表。

单击画面中的符号 I/O 域，选中巡视窗口中的"属性"→"属性"→"常规"（见图 4-45b），将"过程"域中的"变量"选择为"符号 I/O 域变量"（预先已定义），其地址和数据类型会自动添加到"过程"域中；将"模式"域设置为"输入"；单击"内容"域"文本列表"选项后面的按钮 ![...]，打开文本列表选择对话框（见图 4-46），选择"文本列表_1"，如果没有预先定义好，可以单击图 4-46 中的"添加新列表"按钮新建一个文本列表。

图 4-46　选择文本列表对话框

2．文本列表的组态

为了显示或输入不同的文本，还需要组态"文本列表"。在文本列表中，将索引过程变量的值分配给各个文本。由此可以确定符号 I/O 域对应输入/输出的文本。

双击"项目树"中"文本和图形列表"，打开"文本和图形列表"编辑器（见图 4-47）。

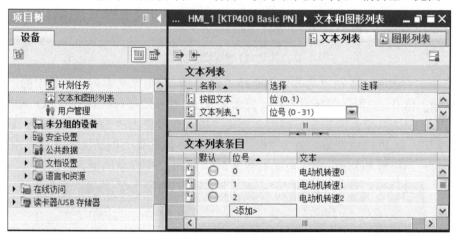

图 4-47　文本列表的组态

在该编辑器中，用户需要设置文本列表的"选择"，共 3 种方式，分别是"位（0，1）""位号（0-31）"和"值/范围"。在此选择"位号（0-31）"，可将索引过程变量的每个位分配不同的文本，列表条目最多为 32 个。双击"文本列表条目"中"位号"列，将自动生成位号 0、1 和 2 等（根据项目要求生成需要的条目数），在其"文本"列输入符号 I/O 域中各个条目显示的文本，如电动机转速 0、电动机转速 1、电动机转速 2（见图 4-47）。

当系统运行时，因组态"模式"为"输入"，因此当改变符号 I/O 域中显示的条目时，PLC 中变量 MW8 值会随之而改变，即当符号 I/O 域选择"电动机转速 0"，则变量 MW8 值为 1（变量中数值的大小与位号有关，每一时刻只能有一个位处于"1"状态）；当符号 I/O 域选择"电动机转速 1"，则变量 MW8 值为 2；当符号 I/O 域选择"电动机转速 2"，则变量 MW8 值为 4。

如果组态"模式"为"输入/输出"，则在符号 I/O 域中选择不同的条目文本，则 PLC 中的变量值随之改变，反之，若 PLC 中变量的值变化，则符号 I/O 域中也随之显示不同的条目文本。

如果组态"模式"为"输出"，则符号 I/O 域显示的条目内容只能随着 PLC 中相关变量值大小的变化而改变。

如果组态"模式"为"双状态"，还需要设置"'ON'状态值""'ON'状态文本"和"'OFF'状态文本"，符号 I/O 域"双状态"模式的组态如图 4-48 所示。这种模式的符号 I/O 域仅用于输出显示，并且最多具有两种状态。在图 4-48 中，"'ON'状态值"设置为"1"，即在系统运行时间，只有当变量 MW8 值为"1"时，符号 I/O 域中显示"设定值 1"，变量 MW8 值为非"1"时，符号 I/O 域中全部显示"设定值 0"。

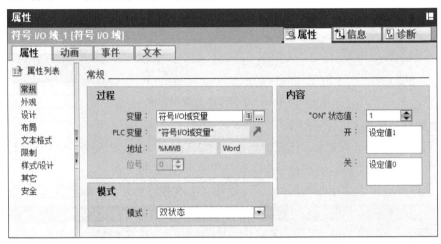

图 4-48　符号 I/O 域双状态模式的组态

在组态文本列表时，若在"选择"列选择"值/范围"，在"文本列表条目"的"值"列双击，并分别输入值 0、1 和 2 等条目文本（见图 4-49）。在系统运行时，符号 I/O 域中显示的文本内容与 PLC 中关联变量值的大小相关。如果"模式"设置为"输入"，当符号 I/O 域选择"电动机转速 0"，则 PLC 中变量的值为"0"；当符号 I/O 域选择"电动机转速 1"，则 PLC 中变量的值为"1"；当符号 I/O 域选择"电动机转速 2"，则 PLC 中变量的值为"2"。

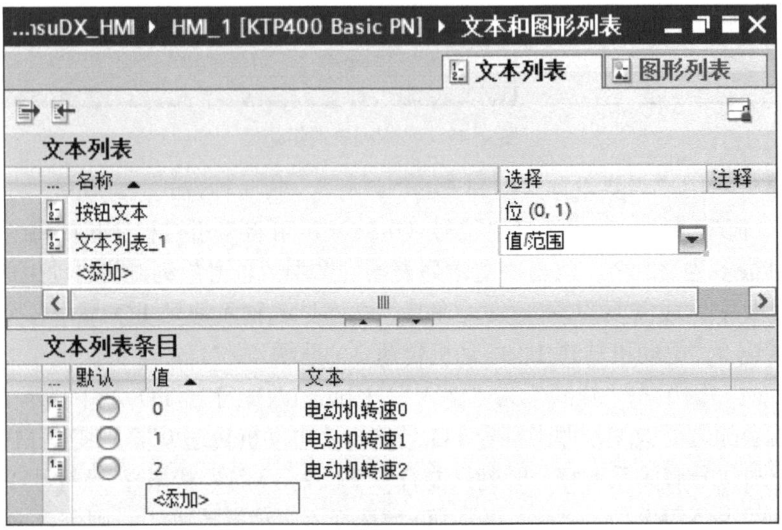

图 4-49　文本列表"值/范围"的组态

在组态文本列表时，若选择"位（0，1）"，可将过程关联 Bool 型变量的两种状态分配给列表条目中的两个不同的文本。

3．变量的指针化组态

在需要显示多个相同设备同类参数，或同一设备不同的参数时，为了减少参数显示所占用触摸屏上画面的面积，这时可采用符号 I/O 域和变量的间接寻址（变量的指针化）方式来切换显示不同参数，但是用这种方式显示参数也存在缺点，就是同时只能显示一个参数。在此，以三台电动机定子绕组温度为例，介绍变量指针化的应用。

在 PLC 的默认变量表中生成 3 个 Int 型的过程变量，分别为"机温 1"、"机温 2"和"机温3"，在 HMI 的默认变量表中生成 Int 型的内部变量"机温值"和"机温指针"（在 HMI 的默认变量中的"连接"列选择"内部变量"）。在触摸屏上添加 PLC 中默认变量表中的 3 个变量"机温 1"、"机温 2"和"机温 3"，并在 HMI 默认变量表中将 PLC 中的"机温 1"～"机温 3"变量进行同步。

单击选中 HMI 变量表中的"机温值"，打开"机温值"的"属性"窗口（见图 4-50），单击选中"属性"中的"指针化"选项，勾选右侧的"指针化"复选框，此时下方的"索引变量"变为可改写状态，单击"索引变量"框右侧的按钮▣，打开 HMI 的默认变量表，选择"机温指针"内部变量。在图 4-50 右侧"索引"列双击，出现的索引号为"0"，然后在索引号"0"的下方两次双击，分别出现索引号为"1"和"2"，此时索引号右侧的"变量"列出现"未定义"变量。通过双击"未定义"右侧框中的按钮▣，在打开的 HMI 默认变量表中分别选择相对应的"机温 1"～"机温 3"（见图 4-50）。

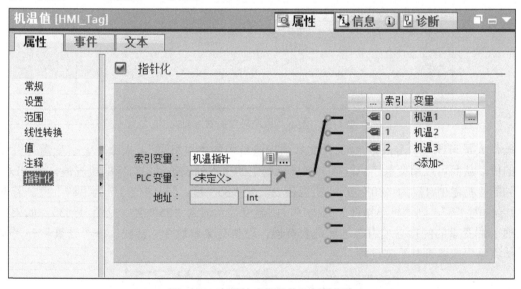

图 4-50　变量的"指针化"属性组态

变量"机温值"的取值是可变的，取决于"机温指针"（即索引号）的值。索引号为 0～2时，"机温值"分别取"机温 1"～"机温 3"的值。

在画面中生成一个符号 I/O 域，在其"属性"的"常规"窗口中，将索引变量赋值为"机温指针"，"模式"改为"输入"（见图 4-51），在其右侧的"内容"栏中新建一个"文本列表"，可将文本列表名称更改为"电机号"，在"选择"列选择"值/范围"，在"文本列表条目"中，将值 0～2 对应于文本电机 1～电机 3（见图 4-52）。

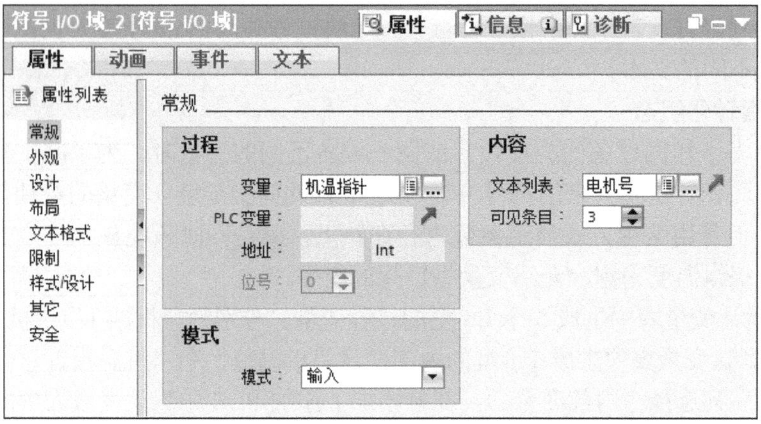

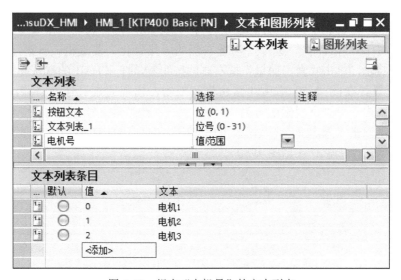

图 4-51　组态符号 I/O 域 "常规" 属性组态

图 4-52　组态 "电机号" 的文本列表

　　操作人员可通过符号 I/O 域选择文本列表条目中的 "电机号"，来改变索引变量 "机温指针" 的值，从而可以用变量 "机温值" 来显示选中的文本列表条目中对应的机温值。如 PLC 中检测到的 "机温值 1" 为 "80" 度，"机温值 2" 为 "85" 度，"机温值 3" 为 "89" 度。若选择 "电机号" 为 "2"，则 "机温指针" 为 "1"，则温度显示值为 "85" 度（见图 4-53）。如果读者想快速了解变量的间接寻址组态过程是否有误，可执行菜单命令 "在线"→"仿真"→"使用变量仿真器" 来验证其组态过程。

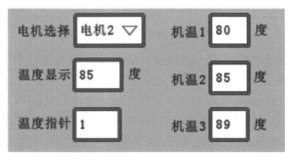

图 4-53　变量间接寻址仿真面板

在实际控制系统中，有时操作者需要观察三台电动机的定子绕组的温度，如果通过操作员手动改变需要显示定子绕组温度的电动机号则比较麻烦，这时可通过编写 PLC 程序使得符号 I/O 域中的变量值每隔一段时间在 0～2 之间循环变化，则可在"温度显示"栏中循环显示每台电动机的定子绕组温度。

4-8　图形 I/O 域的组态

4.5　图形 I/O 域的组态

通过图形 I/O 域可以显示生产过程的图形，也可以输入生产过程中所需要的图形。在生产过程中，也可以用 I/O 域和图形列表切换多幅图形，可以实现更为丰富多彩的动画效果。

1．一般图形 I/O 域的组态

将工具箱的"元素"窗格中的"图形 I/O 域🖼"对象拖拽到画面中，通过鼠标拖拽调整其大小和位置（见图 4-54a）。

图形 I/O 域有"输入""输出""输入/输出"和"双状态"4 种模式（见图 4-54b）。"双状态"模式下图形 I/O 域不需要图形列表，它在运行时仅用两个图形来显示位变量的两种状态，如电动机的运行与停止、指示灯的点亮与熄灭等。

如果将图形 I/O 域的"模式"设置为"输入""输出"和"输入/输出"，还需要设置过程变量，选择图形列表，使图形列表与过程变量相连接。如果图形列表未定义，可以通过单击"添加新列表"按钮建立一个图形列表。

单击画面中的图形 I/O 域，选中巡视窗口中的"属性"→"属性"→"常规"，将"过程"域中的"变量"通过 HMI 默认变量表中选择"图域"变量（预先已定义，变量类型可以为 Bool 型、Word 型和 Int 型等），其地址和数据类型会自动添加到"过程"域中。将"模式"域设置为"输入/输出"，单击"内容"域"图形列表"选项后面的按钮⬜，打开文本和图形列表窗口。

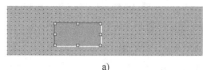

a)

b)

图 4-54　图形 I/O 域的"常规"属性组态

2．图形列表的组态

为了显示或输入不同的图形，还需要组态图形列表。在图形列表中，将过程变量的位或值分配给各个图形。由此可以确定图形 I/O 域对应输入/输出的图形。

双击"项目树"中"文本和图形列表"，打开"文本和图形列表"编辑器。单击选中图形列表，打开图形列表编辑器。在图形列表编辑器中，用户需要设置图形列表的选择，共 3 种方式，分别是"位（0，1）""位号（0-31）"和"值/范围"。如选择"位号（0-31）"，可将过程变量的每个位分配不同的图形，列表条目最多为 32 个。双击"图形列表条目"中"位号"列，自动生成位号 0、1、2 和 3 等（根据项目要求生成需要的条目数），在其"图形"列输入符号 I/O 域中各个条目显示的图形，如向上箭头、向下箭头、向左箭头和向右箭头等。

当系统运行时，因组态"模式"为"输入"，因此当改变图形 I/O 域中显示的条目时，PLC 中"图域"变量 MW16 中的值会随之而改变，即当图形 I/O 域选择"向上箭头"，则变量 MW16 值为"1"（变量中数值的大小与位号有关系，每一时刻只能有一个位处于 1 状态）；当符号 I/O 域选择"向下箭头"，则变量 MW16 值为"2"；当符号 I/O 域选择"向左箭头"，则变量 MW16 值为"4"；当符号 I/O 域选择"向右箭头"，则变量 MW16 值为"8"。

如果组态"模式"为"输入/输出"，若在图形 I/O 域中选择不同的条目图形，则 PLC 中的变量值随之改变；反之，若 PLC 中变量的值变化，则图形 I/O 域中也随之显示不同的条目图形。

如果组态"模式"为"输出"，则图形 I/O 域显示的条目图形只能随着 PLC 中相关变量值大小的变化而改变。

如果组态"模式"为"双状态"，还需要设置"ON"状态值、"开"和"关"状态的图形。这种模式的图形 I/O 域仅用于输出显示，并且最多具有两种状态。

3．电动机运行的动画显示

（1）生成图形 I/O 域

将工具箱的"元素"窗格中的"图形 I/O 域 🖼"对象拖拽到画面中，通过鼠标拖拽调整其大小和位置。

（2）组态图形 I/O 域的常规属性

单击画面中的图形 I/O 域，选中巡视窗口中的"属性"→"属性"→"常规"，将"过程"域中的"变量"通过 HMI 默认变量表中选择"电机旋转"变量（预先已定义，变量类型为 Int 型），其地址为 MW18，将"模式"设置为"输出"。

（3）创建图形列表

单击"内容"域"图形列表"选项后面的按钮⊡，单击"添加新列表"按钮，生成一个系统默认名称为"Graphic_list_1"的图形列表，单击图形列表名称右侧的绿色按钮 ↗（图 4-54），自动打开图形列表编辑器，在打开的图形列表编辑器中将其名称更改为"电机旋转动画"（通过双击使其处于更改状态，或右击执行"重命名"命令），如图 4-55 所示。

（4）编辑图形列表

在图 4-55 中，单击"图形列表条目"第一行的"值"列，出现的值为"0-1"，单击该列中右侧按钮▾，用出现的对话框将"类型"由"范围"改为"单个值"，条目的值变为 0。单击第一行的"图形名称"列右侧按钮▾，再单击出现的图形对象列表对话框左下角的"从文件创建新图形"按钮🖼，在出现"打开"的对话框中选择预先保存好的图形文件，单击"打开"按钮后返回到图形列表编辑器，第一行的"图形"列中出现该条目的图形预览。

用上述同样的方法，按顺序在图形列表中创建相应条目的图形。在此，从 HMI 的工具箱中选择系统自带的图形，它的 4 个条目来源于工具箱的"图形"窗格的"WinCC 图形文件夹\Equipment\Automation[EMF]\Blowers"文件夹中的 4 个蓝色的风扇图形（见图 4-55），这里以风扇旋转来模拟电动机的运行。可以直接将图库中的图形拖拽到图形列表新生成的条目的"图形"单元，可以通过"图形名称"列右侧按钮▾改变图形名称。

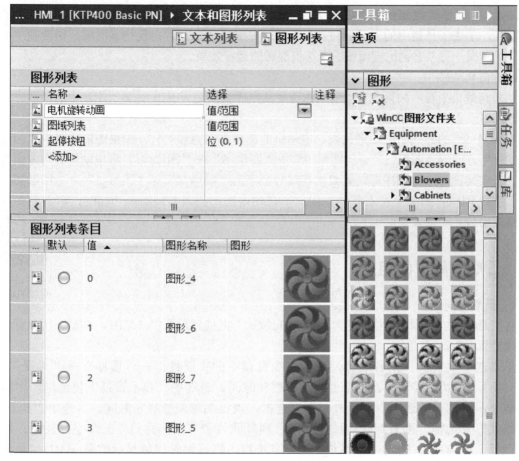

图 4-55 电动机运行"动画"显示的图形列表

（5）编写仿真程序

单击"项目树"中"\PLC_1\程序块"文件夹中的"添加新块"，添加调用周期为 250ms 的循环组织块 OB30（新的组织块名称可命名为"循环块"，组织块类型选择"Cyclic interrupt"，语言选择为"LAD"，编号为"手动"方式且为 OB30，循环时间定义为 250ms）。在打开的组织块 OB30 编辑窗口编写如图 4-56 所示的程序，每 250ms 将"电机旋转"变量 MW18 加 1，它的值为 4 时将它复位为 0，即 MW18 中的值将在 0~3 之间循环变化。

图 4-56 250ms 循环加 1 程序

（6）仿真调试

选中"项目树"中的"PLC_1"，单击工具栏中的"开始仿真"按钮，启动 S7-

PLCSIM，将程序下载到仿真 PLC，将 CPU 切换到"RUN-P"模式。选中"项目树"中的"HMI_1"，单击工具栏中的"开始仿真"按钮🔳，编译成功后，出现仿真面板，切换到"电机旋转"的画面，可以看到比较流畅的电动机旋转的运行效果。

（7）仿真结果

从仿真效果来看，如果改变电动机的速度，则需要改变 OB30 循环组织块中的循环时间，循环时间可设置 0～60000ms。

按图 4-55 的方式组态图形列表，电动机的旋转方向为顺时针，如果图形列表中"图形名称"的排序方向为"图形_5"→"图形_7"→"图形_6"→"图形_4"，则电动机旋转方向为逆时针。在安排图形名称顺序时，如果按钮编号顺序为"图形_4"→"图形_5"→"图形_6"→"图形_7"，则执行结果是左右摆动。因此，在使用图形列表实现动画功能时，则需要多次调试，组态出最佳动画效果。

4.6 日期时间域的组态

4-9 日期时间域的组态

1. 日期时间域

将工具箱中"元素"窗格中的"日期/时间域🕙"拖拽到画面中（见图 4-57a），用鼠标调节它的位置和大小。

单击选中放置的日期时间域，选中巡视窗口中的"属性"→"属性"→"常规"（见图 4-57b），可以用复选框设置是否显示日期和时间。若选中"显示日期"复选框，则日期时间域显示日期，若选中"显示时间"复选框，则日期时间域显示时间。若选中"长日期/时间格式"复选框，则日期时间域显示的日期时间将带有"年月日"三个字（注意：精简系列面板无此选项）；若选中"系统时间"复选框，则日期时间域显示的是 HMI 中系统时间，否则为 PLC 中时间。右下角的日期时间域的"类型"为"输入/输出"，可以用它来修改当前的日期和时间；单击该日期时间域，选中日期或时间的某个值，用计算机键盘或弹出的小键盘输入新的值，按〈Enter〉键后修改生效。可以发现计算机的系统时间未发生改变，而仿真界面上时间已更改。

用计算机仿真时，日期时间域中显示的日期时间为计算机系统中的时间。图 4-57b 中其日期时间域的"类型"为"输出"，因此，不能用于修改当前的日期和时间。

图 4-57 日期时间域的"常规"属性组态

选中巡视窗口中的"属性"→"属性"→"外观"（见图 4-58），在"背景"域中可以设置日期时间数值的文本色和背景色。"填充图案"为"透明"时没有背景色。左侧下面的日期时间域的"角半径"为"0"时，边框为直角。在"边框"域中可以设置日期时间域"边框"的宽度（范围为0～10，若选择"0"则没有边框）、样式（可选择实心、双线和3D样式等）、颜色及背景色。

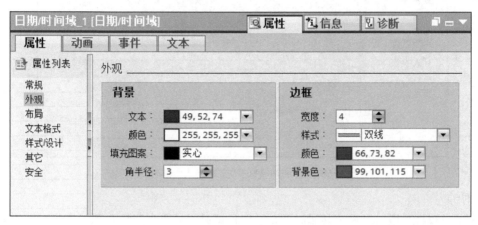

图4-58 日期时间域的"外观"属性组态

    选中巡视窗口中的"属性"→"属性"→"布局"（见图4-59），在"位置和大小"域中可以设置日期时间域在HMI的画面中的位置（即坐标点），如取消"适合大小"域下面"使对象适合内容"前面的复选框，则日期时间域的"大小"处于可编辑状态，可以通过鼠标拖动方式来调整日期时间域的边框大小，也可以在"位置和大小"域中直接更改左右边框和上下边框的距离值。在"边距"域中可以更改日期时间数值离左、右、上、下边框的距离。

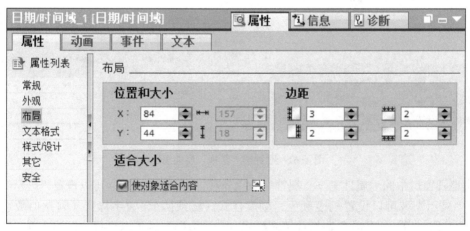

图4-59 日期时间域的"布局"属性组态

    选中巡视窗口中的"属性"→"属性"→"文本格式"（见图4-60），在"格式"域中可以设置日期时间数值的字体（字体只能为宋体，字形可以为正常、粗体、斜体和粗斜体，大小范围为8～96号，还可以设置是否带有下划线）和方向（垂直靠右、垂直靠左、水平）；在"对齐"域中可以设置日期时间数值的"对齐"方式，水平方向可以设置为左、右和居中，垂直方向上可以设置为顶部、中间和底部。

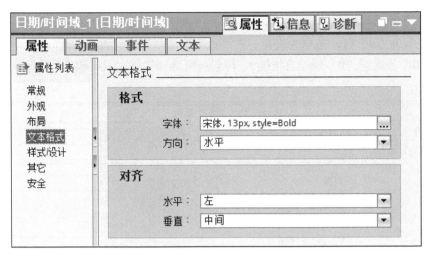

图 4-60 日期时间域的"文本格式"属性组态

2. 时钟

很多用户较喜欢通过时钟来显示时间,它比日期时间域更为形象直观。某些型号的 HMI 设备没有时钟,如精简系列面板。

将工具箱中"元素"窗格中的"时钟⏲"拖拽到画面中,用鼠标拖拽调节它的位置和大小(见图 4-61a)。

选中巡视窗口中的"属性"→"属性"→"常规"(见图 4-61b),如果没有选中"模拟"复选框,将采用与日期时间域相同的数字显示方式,但不显示时间中秒的值。如果选中"显示表盘"复选框,则显示表盘,否则时钟不显示表盘,但使用了用户指定的图形做钟面。"填充图案"有实心、透明、透明边框三种选择。

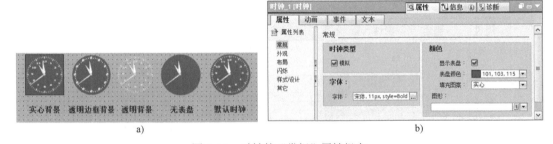

图 4-61 时钟的"常规"属性组态

选中巡视窗口中的"属性"→"属性"→"外观"(见图 4-62),可以设置"显示"和"边框"。在"显示"域可以设置刻度颜色、刻度样式(线或圆)、数字样式(阿拉伯数字或无数字)、指针颜色、指针线条颜色、指针填充样式;在"边框"域可以设置边框的宽度(范围 0~10)、样式(实心、双线和 3D 样式)、颜色、背景色和角半径(范围为 0~20)。

选中巡视窗口中的"属性"→"属性"→"布局"(见图 4-63),可以设置时钟在画面中的位置和大小、在改变时钟尺寸时是否保持正方形形状(即是否为正方形布局)、指针的宽度和长度、每个刻度之间的间距等。

选中巡视窗口中的"属性"→"属性"→"样式/设计"(见图 4-64),勾选复选框"样式/设计设置","样式项外观"选择框出现"时钟[默认]",采用默认的黑色圆形时钟表盘,"常规""外观"和"布局"等属性中很多选项都采用默认值不能更改。

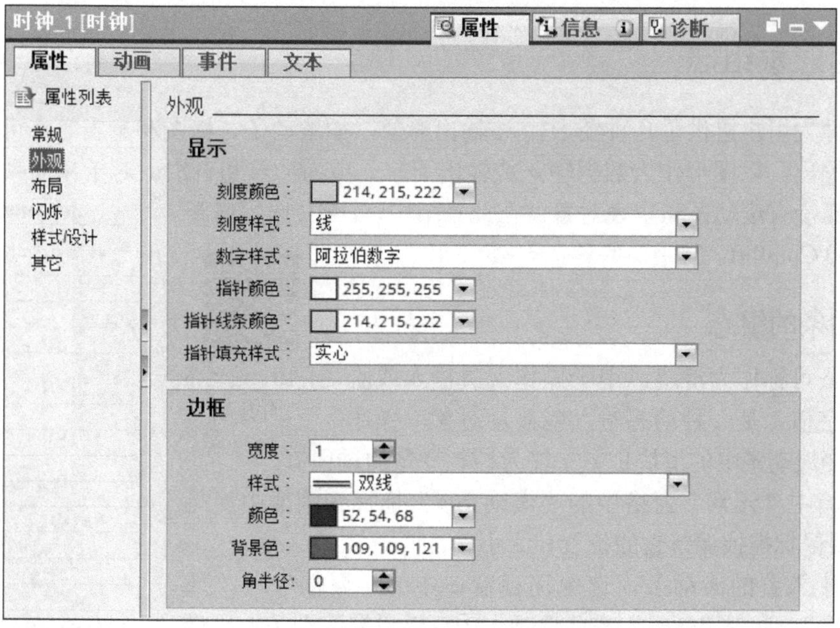

图 4-62　时钟的“外观”属性组态

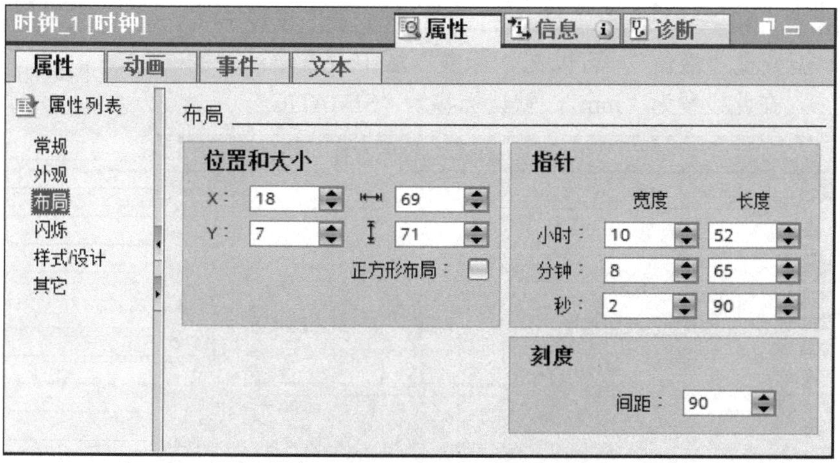

图 4-63　时钟的“布局”属性组态

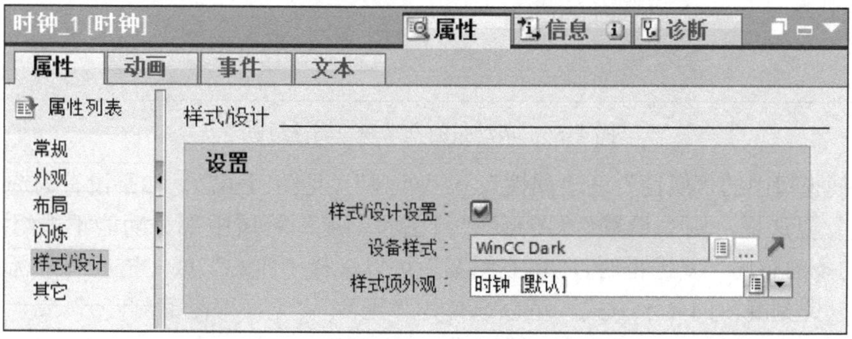

图 4-64　时钟的“样式/设计”属性组态

4.7 图形对象组态

博途软件为用户提供了几种图形输入/输出对象，如滚动条、棒图和量表等，可用于过程数据的输入或输出。以图形作为数据输入或输出而言，更为形象和直观。对于精简系列面板只有棒图对象，而没有滚动条和量表对象。在此章节中，HMI 选用精智面板 KTP 400 Comfort。

4.7.1 滚动条的组态

滚动条又可称作为滑块，用于操作人员输入或监控变量的数字值，是一种动态输入或显示对象。操作

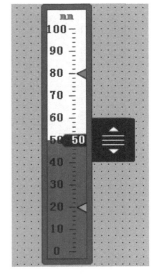

4-10 滚动条的组态

人员通过改变滚动条中的滑块位置来输入控制变量的过程值。

将工具箱中"元素"窗格中的"滚动条"拖拽到画面中（见图4-65），用鼠标拖拽调节它的位置和大小。

单击选中放置的滚动条，选中巡视窗口中的"属性"→"属性"→"常规"（见图 4-66），在此选项卡中可以设置滚动条上"最大刻度值""最小刻度值""用于最大值的变量""用于最小值的变量"（可以不设置）和"过程变量"等，在此"过程变量"设置 PLC 变量表中 Int 型变量"液位"。可以在"标签"域中设置滚动条的"标题"（单位），在此设置为"mm"，默认标签为"SIMATIC"。

图 4-65 滚动条

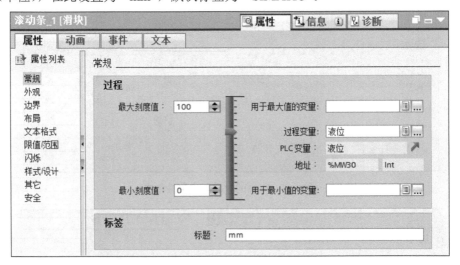

图 4-66 滚动条的"常规"属性组态

选中巡视窗口中的"属性"→"属性"→"外观"（见图 4-67），如果没有勾选"含内部滚动条的布局"复选框，则"设置""图形""棒图和刻度"等域中部分功能不能组态。在勾选"含内部滚动条的布局"复选框时，"填充图案"可以选择"实心"或"透明"。"标记显示"用来设置标记（即刻度）的显示方式，可以选择为"正常""无（即隐藏刻度）"或"效果"。"图形"域的选择框用来设置"背景"和"滚动条"（小滑块）使用的自选的图形。"焦点"是指在运行时滚动条顶端的单位和底端的当前值周围的虚线，组态时可以设置它的"颜色"和"宽度"（范围为1~10）。

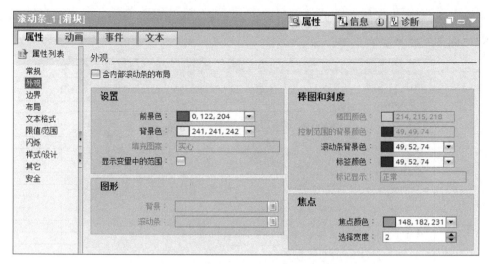

图 4-67　滚动条的"外观"属性组态

选中巡视窗口中的"属性"→"属性"→"边界"（见图 4-68），勾选或不勾选"含内部滚动条的布局"复选框时，"设置"和"边框"域中部分功能不能组态。"边框宽度"设置的范围为 0～10（0 为无边框）；"内边框宽度"或"外边框宽度"设置的范围为 0～30；"内侧样式"或"外侧样式"可设置为"彩色""内陷""凸起"或"无"。"样式"可设置为"实心""双线"或"3D 样式"；"角半径"设置范围为 0～10。对于滚动条的"边界"设置一般均采用默认的设置。

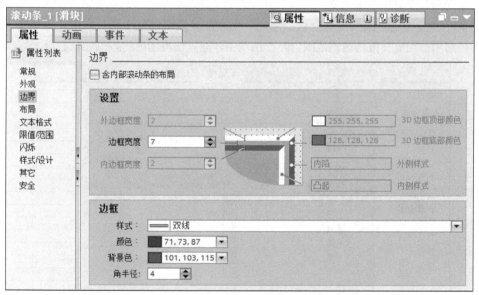

图 4-68　滚动条的"边界"属性组态

选中巡视窗口中的"属性"→"属性"→"布局"（见图 4-69），可以设置滚动条的"位置和大小""样式"和"选项"。在"样式"域可以设置是否以"线"的形式显示"上限"和"下限"。图 4-65 中在刻度"80"和"20"处分别为两种颜色的三角形，如勾选"线"复选框，则在刻度"80"和"20"处分别用与三角形相同的两种颜色标出"上限"和"下限"刻度线。"选择"是用来选择是否用两个三角形分别标出"上限"和"下限"的位置。"刻度"是用来选择滚动条上是否显示或隐藏刻度线。"刻度位置"是用来选择滚动条上刻度标注的位置，可以选择

"左/上"或"右/下"。"棒图方向"是用来选择滚动条刻度的方向,可以选择"居右""居左"
"上和下""向下"或"左/右"等。

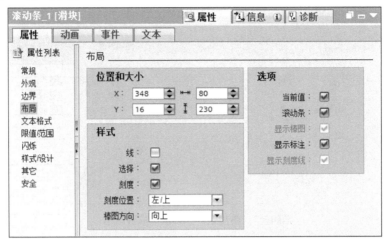

图 4-69　滚动条的"布局"属性组态

选中巡视窗口中的"属性"→"属性"→"限值/范围"(见图 4-70),可以为滚动条对象定义
5 个限值/范围,可以通过不同的颜色对工作状态进行区分。系统默认"5%"为危险范围下限、
"20%"为警告范围下限、"20～80%"为正常、"80%"为警告范围上限、"95%"为危险范围上
限。要在画面对象中显示变量定义的范围,必须先勾选此窗口中的"显示变量中的范围"复选框。
在勾选"显示变量中的范围"复选框后"启用"列才能被启用,至于是否启用还得勾选下方的选
项,这样被启用后当过程值到达该范围内时,滚动条才能以该范围内的颜色加以显示。

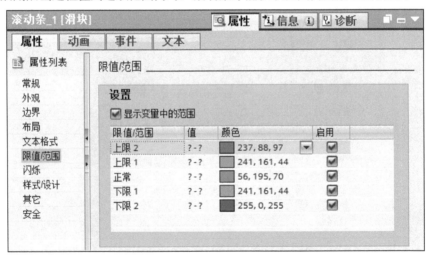

图 4-70　滚动条的"限值/范围"属性组态

4.7.2　棒图的组态

棒图类似于温度计,以带刻度的图形形式动态显示过程变量数值的大小。当
前值超出限制值或未达到限制值时,可以通过棒图颜色的变化发出相应的信号。
棒图只能于显示数据,不能对过程变量进行输入操作。

4-11　棒图的
组态

将工具箱中"元素"窗格中的"棒图▮▮"拖拽到画面中（见图 4-71），通过鼠标拖拽调节它的位置和大小。

单击选中放置的棒图，选中巡视窗口中的"属性"→"属性"→"常规"（见图 4-72），可以设置棒图上"最大刻度值""最小刻度值""用于最大值的变量""用于最小值的变量"（可以不设置）和"过程变量"等，在"过程变量"中设置 PLC 变量表中 Int 型变量"液位"。

选中巡视窗口中的"属性"→"属性"→"外观"（见图 4-73），如果没有勾选"含内部棒图的布局"复选框，则"棒图"和"背景"域中部分功能不能组态。在勾选"含内部棒图的布局"复选框后，可以组态棒图的"背景色"。"填充图案"用来设置棒图内部的显示方式，可以选择为"透明"或"实心"。若勾选"限制"域中

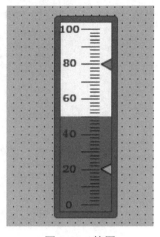

图 4-71　棒图

"线"，则在棒图上会分别出现了表示"上限"值和"下限"值的虚线；若勾选"限制"域中"刻度"，则在棒图上会分别出现表示"上限"值和"下限"值的三角形。若勾选"显示变量中的范围"复选框，则在棒图上会以不同颜色将棒图分成 5 段。

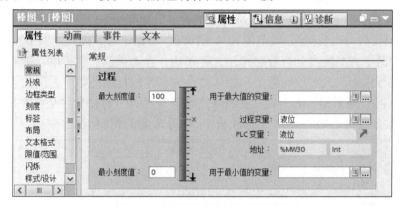

图 4-72　棒图的"常规"属性组态

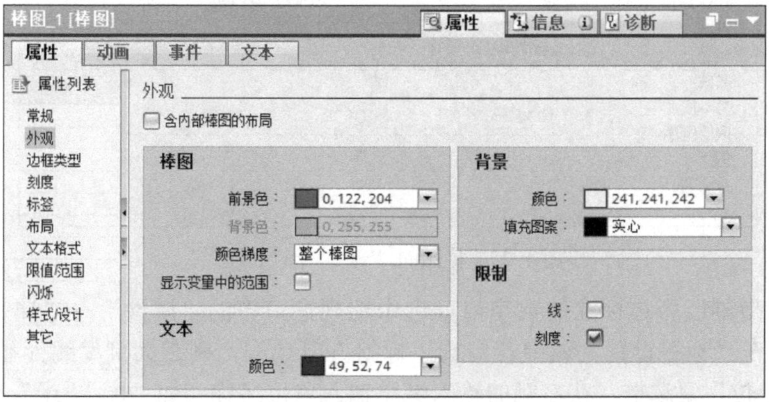

图 4-73　棒图的"外观"属性组态

选中巡视窗口中的"属性"→"属性"→"边框类型"（见图 4-74），如果没有勾选"含内部棒图的布局"复选框，则"边界"域中部分功能不能组态。这里可以设置"边界"的"宽度""颜色""背景色""样式""棒图样式""角半径"等。"宽度"的设置范围为 0～10；"样式"可

设置为"实心""双线"和"3D 样式";"角半径"设置范围为 0~20。

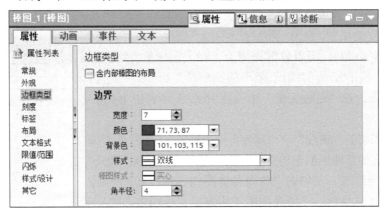

图 4-74　棒图的"边框类型"属性组态

　　选中巡视窗口中的"属性"→"属性"→"刻度"（见图 4-75），只有在勾选"显示刻度"复选框时，棒图上才能显示刻度线及数字标注。在"设置"域中可以设置棒图的"分区"数及"标记标签"，"分区"数若为 5，则表示两个数字标注线之间有 5 个间隔；"标记标签"数若为 2，则从棒图的最底面往上每隔 1 个（即第 2 个位置）大刻度线处进行刻度数字标注，中间几个大刻度线处不加标注，标记标签设置范围为 0~1000；当标记标签数设置为 0 时，棒图上只有最底面和最顶部两个大刻度线处有数字标注。若勾选"自动缩放"复选框，则右侧的"大刻度间距"将不能进行组态。大刻度间隔是指相邻两个大刻度线标注的数字之间的差，如下面大刻度线标注数字为 40，则紧邻的上一大刻度线标注数字则为 50（标注数字是否被显性标注取决于"标记标签"的数量设置，如图 4-71 中标注数字 50 则未能被显性标注出来）。

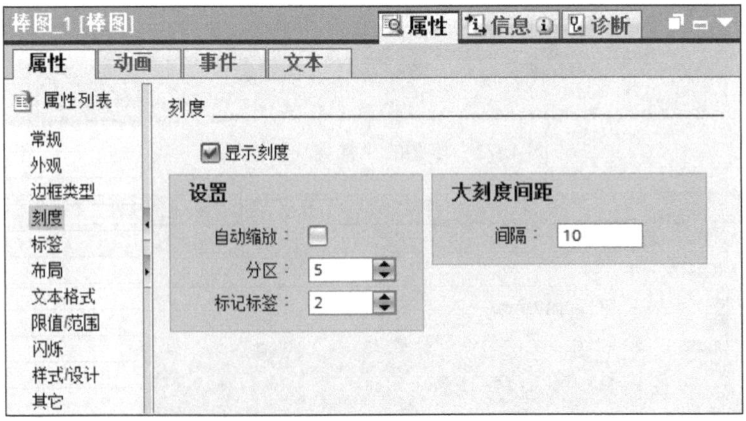

图 4-75　棒图的"刻度"属性组态

　　"标签"是指刻度旁边标注的数字值。选中巡视窗口中的"属性"→"属性"→"标签"（见图 4-76），在"标签设置"域中若勾选"标签"复选框，则在大刻度线处显示出标注的数字；若勾选"单位"复选框，在右侧的输入域里输入单位名称（如"度""米"等），则在棒图的最小和最大两个大刻度线标注的数字后面显示该单位。"标签长度"中的"整数位"是指大刻度线的标注数字的整数位数，在图 4-71 中，最大标注数字是 100，共 3 个整数位。"标签长度"中的"小数位数"是指大刻度线的标注数字的小数部分的位数，在图 4-71 中，最大标注数字是 100，无小数部分，故在图 4-76 中"小数位数"设置为 0。在"过程值"域中勾选"显示标记"复选框，则在棒图中过程值的实时值将会以一个带箭头的滑块及具体数字加以显示。

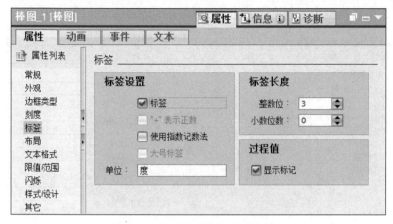

图 4-76　棒图的"标签"属性组态

选中巡视窗口中的"属性"→"属性"→"布局"（见图 4-77），可以改变棒图在界面中放置的方向、变化的方向和刻度的位置等。在"样式"域"刻度位置"可以设置"左/上"或"右/下"；"棒图方向"可以设置"居右""居左""上和下""向上""向下"或"左/右"。

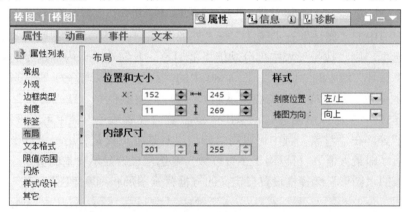

图 4-77　棒图的"布局"属性组态

棒图属性中的"限制/范围"属性与"滚动条"相类似。棒图属性中的"闪烁"属性，用来设置过程变量超出限制值时棒图是否闪烁。

4.7.3　量表的组态

量表是以指针仪表的方式来动态显示过程变量数值的大小，与棒图一样，量表只能用于显示数据，不能进行过程变量的输入操作。

将工具箱中"元素"窗格中的"量表 "拖拽到画面中（见图 4-78），用鼠标拖拽调节它的位置和大小。

单击选中放置的量表，选中巡视窗口中的"属性"→"属性"→"常规"（见图 4-79），可以设置量表上的"最大刻度值""最小刻度值""用于最大值的变量""用于最小值的变量"（可以不设置）和"过程变量"等，在此"过程变量"设置 PLC 变量表中 Int 型变量"速度"。在"标签"域中可以设置量表上的"标

4-12　量表的
组态

图 4-78　量表

题""单位"和"分度数",在此"标题"输入域中输入"速度",在"单位"输入域中输入"r/min"。"分度数"是指两个大刻度之间的数字差,在此采用默认设置"10"。

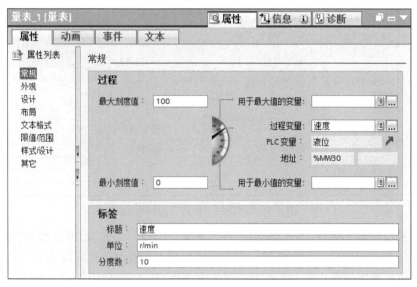

图 4-79 量表的"常规"属性组态

　　选中巡视窗口中的"属性"→"属性"→"外观"(见图 4-80),如果没有勾选"无内部刻度的布局"复选框,则"拨号"域中部分功能不能组态。若勾选"无内部刻度的布局"复选框时,可以组态"拨号"域中的"图形"。图 4-80 中的"拨号"可以理解为"刻度盘",在此可以设置"拨号"的颜色、填充样式(实心或透明)、内部刻度颜色等。在"背景"域中可以设置"颜色""填充样式"(实心或透明边框)"图形"等。在"文本颜色"域中可以设置"标签""单位""刻度标签"等。在"对象"域中可以用"峰值"复选框设置是否用一条沿半径方向的红线显示变量的峰值(即最大值);可以用"小数位数"复选框设置显示变量的值是否带有小数。可以用"背景"域的"图形"选择框设置自定义的方框背景图形和刻度盘图形。

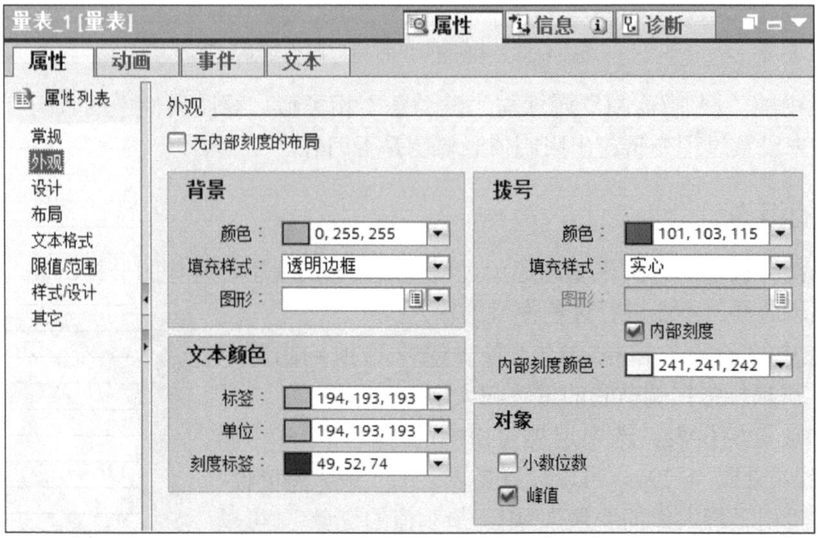

图 4-80 量表的"外观"属性组态

选中巡视窗口中的"属性"→"属性"→"设计"（见图 4-81），如果没有勾选"无内部刻度的布局"复选框，则可以设置"边框"域中"样式"和"角半径"。若勾选"无内部刻度的布局"复选框时，只能设置"边框"域中的"宽度"。边框的"宽度"设置范围为 0~10，"样式"可以设置为"实心""双线"或"3D 样式"，"角半径"的设置范围为 0~20。在"各种颜色"域中可以设置"指针颜色""颜色刻度线"和"中心点颜色"。

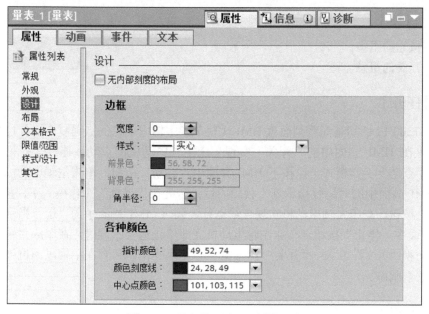

图 4-81　量表的"设计"属性组态

选中巡视窗口中的"属性"→"属性"→"布局"（见图 4-82），可以设置量表在界面中的"位置和大小"、"角"的最大值和最小值、"拨号"中表盘及刻度等参数。在"布局"组态中一般采用默认参数。

量表属性中的"限制/范围"属性与滚动条和棒图相类似。

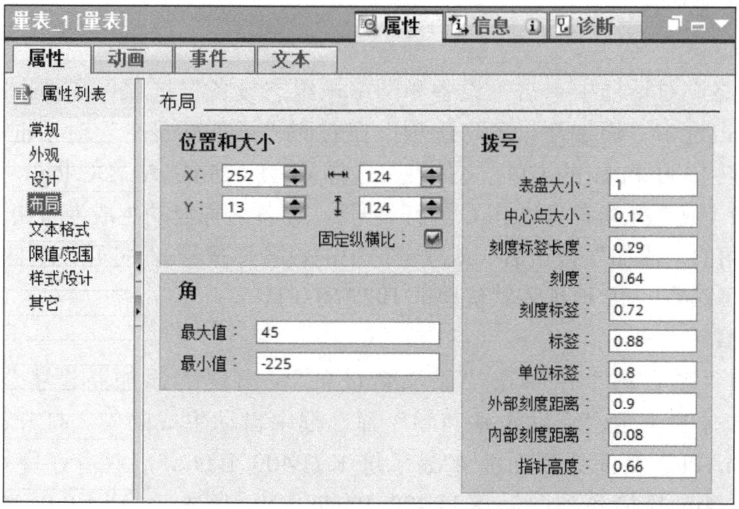

图 4-82　量表的"布局"属性组态

4.8 项目3：主轴电动机的点连复合运行控制

本项目使用 S7-1200 PLC 和精简系列面板 HMI 实现车床主轴电动机的点连复合运行控制，重点是使用博途 V15.1 训练和巩固按钮、开关、指示灯的组态，并对项目进行仿真调试。

 【项目目标】

1）掌握按钮的组态。
2）掌握开关的组态。

 【项目任务】

使用 S7-1200 PLC 和精简系列面板 HMI 实现车床主轴电动机的点连复合运行控制。控制要求：通过设置在 HMI 画面中的"开关"实现车床主轴电动机的点动或连续运行工作模式的切换，若处在"点动"工作模式下，按下 HMI 界面中"起动"按钮，车床主轴电动机实现点动运行，同时 HMI 画面中的"运行指示灯"秒级闪烁；若处在"连续"工作模式下，按下 HMI 画面中"起动"按钮，车床主轴电动机实现连续运行，同时 HMI 界面中的"运行指示灯"常亮，按下 HMI 画面中"停止"按钮，车床主轴电动机立即停止运行。同时，在车床主轴电动机连续运行时，若切换"开关"状态，"开关"状态也不会发生变化，只有在主轴电动机停止运行后方能切换"开关"状态。

 【项目实施】

1. 创建项目

双击桌面上博途 V15.1 图标 ，在 Portal 视图中选中"创建新项目"选项，在右侧"创建新项目"对话框中将项目名称修改为"Xiangmu3_dianlian"。单击"路径"输入框右边的按钮 ，将该项目保存在 D 盘"HMI_KTP400"文件夹中。"作者"栏采用默认名称。单击"创建"按钮，开始生成项目。

2. 添加 PLC

在"新手上路"对话框中单击"设备和网络—组态设备"选项，在弹出的"显示所有设备"对话框中单击选中"添加新设备"选项，在右侧"添加新设备"对话框中，选择"控制器"，逐级打开 S7-1200 PLC 的 CPU 文件夹，选择 CPU 1214C AC/DC/Rly，订货号为：6ES7 214-1BG40-0XB0（或选择读者身边 PLC 的订货号），设备名称自动生成为默认名称"PLC_1"。单击对话框右下角的"添加"按钮后（或双击选中的设备订货号），打开该项目的"项目视图"的编辑视窗。PLC 站点的 IP 地址为默认地址 192.168.0.1。

3. 添加 HMI

在项目视图"项目树"中单击"添加新设备"，出现"添加新设备"对话框。选中"HMI 设备"，去掉左下角"启动设备向导"筛选框中自动生成的勾。打开设备列表中的文件夹"\HMI\SIMATIC 精简系列面板\4"显示屏\KTP400 Basic"，双击订货号为 6AV2 123-2DB03-0AX0 的 4in 精简系列面板 KTP400 Basic PN，版本为 15.1.0.0，生成默认名称为"HMI_1"的面板，在工作区出现了 HMI 的画面"画面_1"。HMI 站点的 IP 地址为默认地址 192.168.0.2。

4．组态连接

添加 PLC 和 HMI 设备后，双击“项目树”中的“设备和网络”，打开网络视图，单击网络视图左上角的“连接”按钮，采用默认的“HMI 连接”，同时 PLC 和 HMI 会变成浅绿色。

单击 PLC 中的以太网接口（绿色小方框），按住鼠标左键并移动鼠标，拖出一条浅色的直线。将它拖到 HMI 的以太网接口，松开鼠标左键，生成“HMI_连接_1”和网络线。

5．生成 PLC 变量

双击“项目树”文件夹“PLC_1\PLC 变量”文件夹中的“默认变量表”，打开 PLC 的默认变量表（见图 4-83），生成的变量有：点连复合开关、起动按钮、停止按钮、运行指示灯、电动机，数据类型均为“Bool”（布尔型），地址分别为 M0.0、M0.1、M0.2、M0.3、Q0.0。图 4-83 中其他变量（中间变量及时钟存储器位变量）在编写 PLC 程序时自动添加到变量表中，然后在变量表中再对其重命名。

Xiangmu3_dianlian ▸ PLC_1 [CPU 1214C AC/DC/Rly] ▸ PLC 变量

变量 | 用户常量 | 系统常量

PLC 变量

	名称	变量表	数据类型	地址	保持	可从	从 H	在 H
1	点连复合开关	默认变量表	Bool	%M0.0	☐	☑	☑	☑
2	起动按钮	默认变量表	Bool	%M0.1	☐	☑	☑	☑
3	停止按钮	默认变量表	Bool	%M0.2	☐	☑	☑	☑
4	电动机	默认变量表	Bool	%Q0.0	☐	☑	☑	☑
5	点动中间变量	默认变量表	Bool	%M1.0	☐	☑	☑	☑
6	连续中间变量	默认变量表	Bool	%M1.1	☐	☑	☑	☑
7	热继电器	默认变量表	Bool	%I0.0	☐	☑	☑	☑
8	边沿变量	默认变量表	Bool	%M2.0	☐	☑	☑	☑
9	运行指示灯	默认变量表	Bool	%M0.3	☐	☑	☑	☑
10	Clock_Byte	默认变量表	Byte	%MB100	☐	☑	☑	☑
11	Clock_10Hz	默认变量表	Bool	%M100.0	☐	☑	☑	☑
12	Clock_5Hz	默认变量表	Bool	%M100.1	☐	☑	☑	☑
13	Clock_2.5Hz	默认变量表	Bool	%M100.2	☐	☑	☑	☑
14	Clock_2Hz	默认变量表	Bool	%M100.3	☐	☑	☑	☑
15	Clock_1.25Hz	默认变量表	Bool	%M100.4	☐	☑	☑	☑
16	Clock_1Hz	默认变量表	Bool	%M100.5	☐	☑	☑	☑
17	Clock_0.625Hz	默认变量表	Bool	%M100.6	☐	☑	☑	☑
18	Clock_0.5Hz	默认变量表	Bool	%M100.7	☐	☑	☑	☑

图 4-83　PLC 变量表

6．编写 PLC 程序

在编写控制程序之前，首先进行“时钟存储器位”设置，因为主轴电动机在点动运行时，其“运行指示灯”需要秒级闪烁，在此使用 PLC 系统中时钟存储器位。双击“项目树”中“设备与网络”，打开“设备与网络”对话框，单击选中 PLC_1 设备，打开“属性”窗口（见图 4-84），单击“常规”属性中“脉冲发生器”，选中“系统和时钟存储器”，在弹出来的窗口右侧的“时钟存储器位”区域勾选“启用时钟存储器字节”，在“时钟存储器字节的地址”栏中输入“100”，按下计算机键盘上的〈Enter〉键，此时 MB100 字节的各位将被分配为不同频率的时钟脉冲，如 M100.5 是频率为 1Hz 的时钟脉冲位。

双击“项目树”中“PLC_1\程序块”文件夹中的“Main[OB1]”，打开 PLC 的程序编辑窗口，编写 PLC 控制程序，如图 4-85 所示。

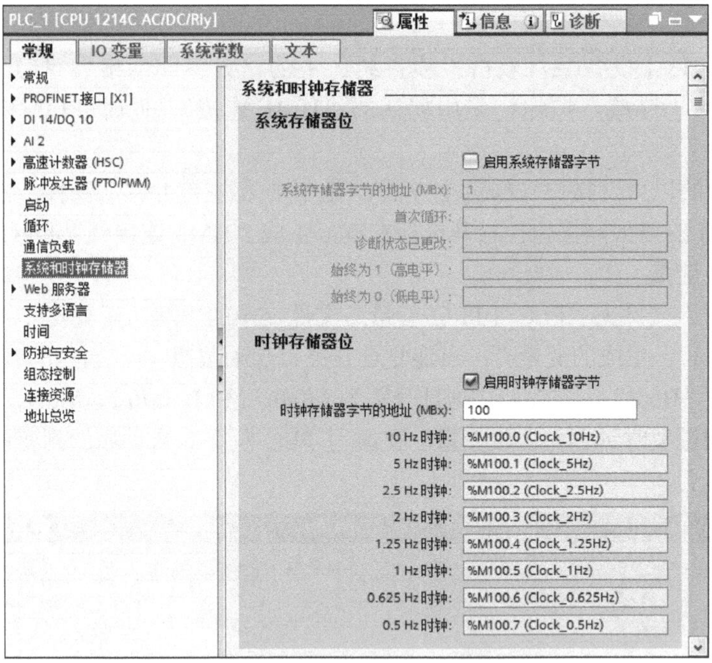

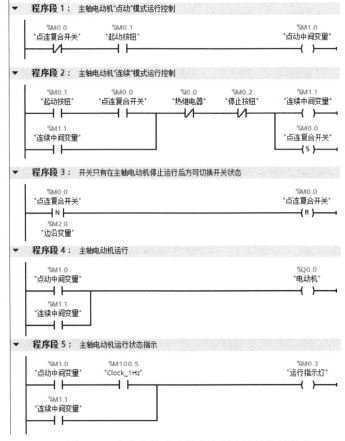

图 4-84 "时钟存储器位"的字节地址设置

图 4-85 车床主轴电动机点连复合运行控制程序

7. 生成 HMI 变量

双击"项目树"中"HMI_1\HMI 变量"文件夹中的"默认变量表[0]",打开变量编辑器（见图 4-86）。单击变量表的"连接"列单元中被隐藏的按钮![icon]，选择"HMI_连接_1"（HMI 设备与 PLC 的连接），并生成以下变量：

点连复合开关、起动按钮、停止按钮、电动机、运行指示灯。

	名称 ▲	连接	PLC 名称	PLC 变量	地址	访问模式	采集周期	
🔲	点连复合开关	HMI_连接_1	PLC_1	点连复合开关	%M0.0	<绝对访问>	100 ms	
🔲	起动按钮	HMI_连接_1	PLC_1	起动按钮	%M0.1	<绝对访问>	100 ms	
🔲	停止按钮	HMI_连接_1	PLC_1	停止按钮	%M0.2	<绝对访问>	100 ms	
🔲	电动机	HMI_连接_1	PLC_1	电动机	%Q0.0	<绝对访问>	100 ms	
🔲	运行指示灯	HMI_连接_1	PLC_1	运行指示灯	%M0.3	<绝对>	100 ms	

默认变量表

Xiangmu3_dianlian ▶ HMI_1 [KTP400 Basic PN] ▶ HMI 变量 ▶ 默认变量表 [5]

图 4-86 HMI 变量表

8. 组态 HMI 画面

在此项目中，只需要组态一个 HMI 画面。双击"项目树"中 "HMI_1\画面"文件夹中的"根画面"，打开"根画面"组态窗口。

（1）组态项目名称

单击并按住工具箱基本对象中的"文本域"按钮**A**，将其拖至"根画面"组态窗口的正中间，然后松开鼠标，生成默认名称为"Text"的文本，然后双击文本"Text"将其更改为"车床主轴电动机点连复合运行控制"。打开巡视窗口中的"属性"→"属性"→"文本格式"，将其字号改为"23 号""粗体"，"背景"颜色请读者自行设计，在此采用默认色（见图 4-87）。

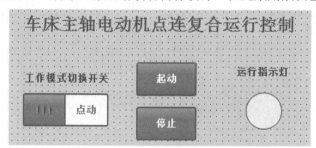

图 4-87 HMI 组态画面

（2）组态切换开关

在此项目中，点连复合工作模式切换开关采用文本开关。将工具箱的"元素"窗格中的"开关"对象拖拽到某个画面中，通过鼠标拖拽到适合位置及大小（见图 4-87），可参考 4.2.1 节进行切换开关的相关组态。

单击画面中生成的开关，选中巡视窗口中的"属性"→"属性"→"常规"（见图 4-88），设置"模式"为"通过文本切换"。将"过程"域中所连接的"变量"设置为 PLC 中变量（M0.0）。在"标签"域中更改开关"ON"状态和"OFF"状态所对应的文字标识分别为"连续"和"点动"。

在切换"开关"正上方，组态一个文本域，文本内容为"工作模式切换开关"。

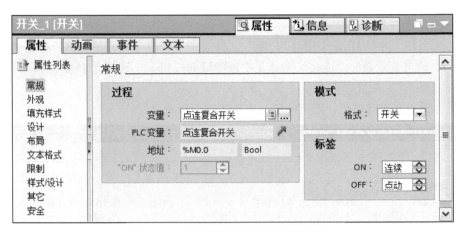

图 4-88　切换开关的"常规"属性组态

（3）组态按钮

在此项目中，按钮采用文本按钮。将工具箱的"元素"窗格中的"按钮"对象拖拽到画面工作区中，通过鼠标拖拽到适合位置及大小（见图 4-87），可参考 4.1.1 节进行相关组态。

单击选中生成的按钮，选中巡视窗口中的"属性"→"属性"→"常规"，勾选"模式"和"标签"域的"文本"，在"按钮'未按下'时显示的图形"栏中输入"起动"。

单击画面中的"起动"按钮，选中巡视窗口的"属性"→"事件"→"按下"（见图 4-89），单击窗口右边的表格最上面一行，再单击它的右侧出现的按钮▼，在出现的"系统函数"列表中选择"编辑位"文件夹中的函数"置位位"；直接单击表中第 2 行右侧隐藏的按钮…，选中 PLC 变量表，双击该表中的变量"起动按钮"，即将"起动"按钮与地址 M0.1 与之相关联。

图 4-89　起动按钮的按下"事件"属性组态

选中巡视窗口中的"属性"→"事件"→"释放"，单击窗口右边的表格最上面一行，再单击它的右侧出现的按钮▼，在出现的"系统函数"列表中选择"编辑位"文件夹中的函数"复位位"；直接单击表中第 2 行右侧隐藏的按钮…，选中 PLC 变量表，双击该表中的变量"起动按钮"。

用"起动"按钮组态同样的方法，生成和组态"停止"按钮，在此不再赘述。

（4）组态运行指示灯

在此项目中，运行指示灯采用基本对象中"圆"来模拟。将工具箱的"基本对象"窗格中的"圆"拖拽到画面中适合位置，松开鼠标后生成一个圆；或者单击工具箱"基本对象"窗格中的"圆"按钮⬤，然后将鼠标移到画面中适合位置单击，便可生成一个圆。通过鼠标将圆拖拽到适合位置及大小（见图4-87），可参考3.2.2节进行相关组态。

单击选中生成的"圆"，选中巡视窗口中的"属性"→"动画"→"显示"（见图4-90）。单击"显示"文件夹下的"添加新动画"，选择"外观"，将外观关联的变量名称组态为"运行指示灯"，地址 M0.3 自动添加到地址栏。将"类型"选择为"范围"，组态颜色为："0"状态的"背景色"和"边框颜色"采用默认颜色，"1"状态的"背景色"选择为"绿色"。

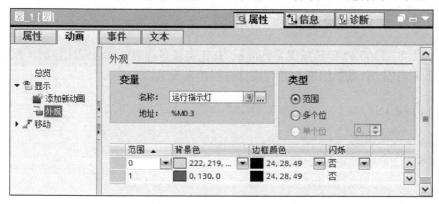

图4-90 运行指示灯的"动画"属性组态

9. 仿真调试

选中"项目树"中的 PLC_1 设备，单击工具栏上的"启动仿真"按钮，启动 S7-PLCSIM 仿真器，将程序下载到仿真 PLC 中。单击仿真器窗口的"RUN"按钮，使仿真器处于运行状态。单击 PLC 程序编辑区中的"启用/禁用监视"按钮，使程序处于监控状态下，以便于在仿真调试过程中观察 PLC 中的程序执行情况。

选中"项目树"中的 HMI_1 设备，单击工具栏上的"启动仿真"按钮，启动 HMI 运行系统仿真。编译成功后，出现的仿真面板的"根画面"，即运行界面。

单击运行界面上的切换"开关"，使其处于"点动"工作模式（切换"开关"的右侧"点动"处于高亮状态，左侧的"连续"处于灰暗状态），单击并按住 HMI 仿真界面上的"起动"按钮，观察"运行指示灯"是否处于"绿色"和"白色"的交替闪烁状态？释放"起动"按钮，观察"运行指示灯"是否处于"白色"的停止状态？如果"运行指示灯"的运行状态与控制要求一致，说明此部分控制程序及组态正确。

单击运行界面上的切换"开关"，使其处于"连续"工作模式（切换"开关"的左侧"连续"处于高亮状态，右侧的"点动"处于灰暗状态），单击 HMI 仿真界面上的"起动"按钮，观察"运行指示灯"是否处于"绿色"常亮状态？在电动机连续运行状态下，单击运行界面上的切换"开关"，观察切换"开关"的状态是否未发生变化？单击运行界面上的"停止"按钮，观察"运行指示灯"是否变为"白色"的停止状态？如果"运行指示灯"的运行状态与控制要求一致，说明此部分控制程序及组态正确。

在车床主轴电动机停止运行时，即"运行指示灯"变为"白色"时，多次单击切换"开关"，观察切换"开关"是否可以正常切换车床主轴电动机的工作模式？如果切换"开关"状态可以切换，说明此部分控制程序正确。

【项目拓展】

两台电动机的有序起停控制。控制要求：使用 S7-1200 PLC 和精简系列面板 HMI 共同实现两台电动机的有序起停控制。在 HMI 上设计一个界面，在界面上组态一个切换开关（开关处于左侧表示"顺起顺停"工作模式，开关处于右侧表示"顺起逆停"工作模式），一个起动按钮、一个停止按钮、四个指示灯（分别为两台电动机的运行指示灯、"顺起顺停"和"顺起逆停"工作模式指示灯）。

4.9 项目4：多种液体混合配比控制

本项目使用 S7-1200 PLC 和精简系列面板 HMI 实现多种液体混合配比控制，重点是使用博途 V15.1 训练和巩固 I/O 域的组态，并对项目进行仿真调试。

【项目目标】

1）掌握 I/O 域的组态。
2）掌握 S7-1200 PLC 中模拟量的使用。

【项目任务】

使用 S7-1200 PLC 和精简系列面板 HMI 实现多种液体混合配比控制。控制要求：按下 HMI 画面中的"起动"按钮后，打开进料阀 A 放入液体 A 至配比罐，待液体 A 加至 HMI 画面 A 液体输入域中设置值后自动关闭进料阀 A，同时打开进料阀 B 放入液体 B 至配比罐，待液体 B 加至 HMI 画面 B 液体输入域中设置值后自动关闭进料阀 B。当液体 A 和 B 投放完成后起动搅拌机，搅拌一段时间（搅拌时间可以在 HMI 画面中设置）后，通过放料阀 C 放出混合液体。待混合液体放完后关闭放料阀 C，同时打开进料阀 A 循环上述过程，直至按下 HMI 画面中的"停止"按钮，系统工作示意图如 4-91 所示。

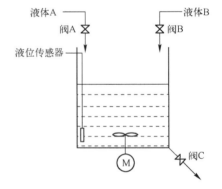

图 4-91　液体混合配比控制系统工作示意图

【项目实施】

1. 创建项目

双击桌面上博途 V15.1 图标，在 Portal 视图中选中"创建新项目"选项，在右侧"创建新项目"对话框中将项目名称修改为"Xiangmu4_peibi"。单击"路径"输入框右边的按钮，将该项目保存在 D 盘"HMI_KTP400"文件夹中。"作者"栏采用默认名称。单击"创建"按钮，开始生成项目。

2. 添加 PLC

在"新手上路"对话框中单击"设备和网络—组态设备"选项，在弹出的"显示所有设备"对话框中单击选中"添加新设备"选项，在右侧"添加新设备"对话框中，选择"控制器"，逐级打开 S7-1200 PLC 的 CPU 文件夹，选择 CPU 1214C AC/DC/Rly，订货号为：6ES7 214-1BG40-0XB0（或选择读者身边 PLC 的订货号），设备名称自动生成为默认名称"PLC_1"。单击对话框右下角的"添加"按钮后（或双击选中的设备订货号），打开该项目的"项目视图"的编辑视窗。PLC 站点的 IP 地址为默认地址 192.168.0.1。

3．添加 HMI

在项目视图“项目树”中单击“添加新设备”，出现“添加新设备”对话框。选中“HMI 设备”，去掉左下角“启动设备向导”筛选框中自动生成的勾。打开设备列表中的文件夹“\HMI\SIMATIC 精简系列面板\4"显示屏\KTP400 Basic”，双击订货号为 6AV2 123-2DB03-0 AX0 的 4in 精简系列面板 KTP400 Basic PN，版本为 15.1.0.0，生成默认名称为“HMI_1”的面板，在工作区出现了 HMI 的画面“根画面”。HMI 站点的 IP 地址为默认地址 192.168.0.2。

4．组态连接

添加 PLC 和 HMI 设备后，双击“项目树”中的“设备和网络”，打开网络视图，单击网络视图左上角的“连接”按钮，采用默认的“HMI 连接”，同时 PLC 和 HMI 会变成浅绿色。

单击 PLC 中的以太网接口（绿色小方框），按住鼠标左键并移动鼠标，拖出一条浅色的直线。将它拖到 HMI 的以太网接口，松开鼠标左键，生成“HMI_连接_1”和网络线。

5．生成 PLC 变量

双击“项目树”文件夹“PLC_1\PLC 变量”文件夹中的“默认变量表”，打开 PLC 的默认变量表，并生成如图 4-92 所示的变量（时钟存储器位变量在设置时钟时会自动添加在变量表中）。在生成变量时，请读者务必注意各变量的数据类型，否则很容易发生错误。

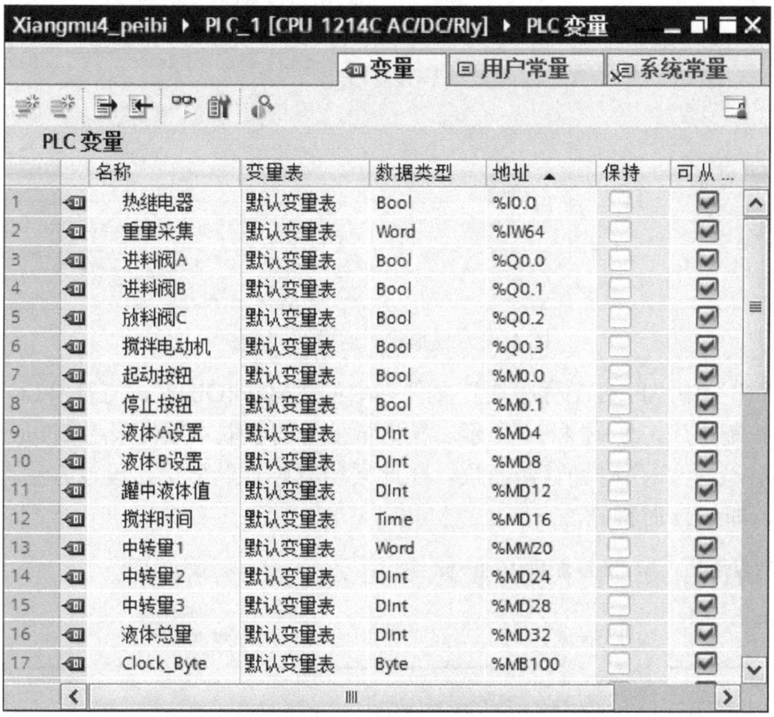

	名称	变量表	数据类型	地址	保持	可从...
1	热继电器	默认变量表	Bool	%I0.0		☑
2	重量采集	默认变量表	Word	%IW64		☑
3	进料阀A	默认变量表	Bool	%Q0.0		☑
4	进料阀B	默认变量表	Bool	%Q0.1		☑
5	放料阀C	默认变量表	Bool	%Q0.2		☑
6	搅拌电动机	默认变量表	Bool	%Q0.3		☑
7	起动按钮	默认变量表	Bool	%M0.0		☑
8	停止按钮	默认变量表	Bool	%M0.1		☑
9	液体A设置	默认变量表	DInt	%MD4		☑
10	液体B设置	默认变量表	DInt	%MD8		☑
11	罐中液体值	默认变量表	DInt	%MD12		☑
12	搅拌时间	默认变量表	Time	%MD16		☑
13	中转量1	默认变量表	Word	%MW20		☑
14	中转量2	默认变量表	DInt	%MD24		☑
15	中转量3	默认变量表	DInt	%MD28		☑
16	液体总量	默认变量表	DInt	%MD32		☑
17	Clock_Byte	默认变量表	Byte	%MB100		☑

图 4-92　PLC 变量表

6．编写 PLC 程序

在编写控制程序之前，首先要了解 S7-1200 PLC 中模拟量的使用。因为液体 A 和液体 B 的投放量需要液位传感器进行检测，液位传感器输出为模拟量，因此需要掌握 S7-1200 PLC 中模拟量的使用。

本项目采用 CPU 1214C，系统集成有两路模拟量输入通道，都是输入电压（0～10V）通道，并且无法对其进行更改。

双击"项目树"中"设备与网络",打开"设备与网络"对话框,单击选中"PLC_1"设备,打开"属性"窗口(见图4-93),单击"常规"属性中的"AI 2",选中"模拟量输入",后在窗口右侧中可以看到系统默认设置。将"降低噪音"域的"积分时间"设置为"20ms",即过滤50Hz的干扰信号;通道0的"滤波"设置"弱(4个周期)",即采集信号值取采集4次的平均值。编程时需要记住:模拟量"通道0"地址为IW64,模拟量0~10V对应于数字量0~27648。

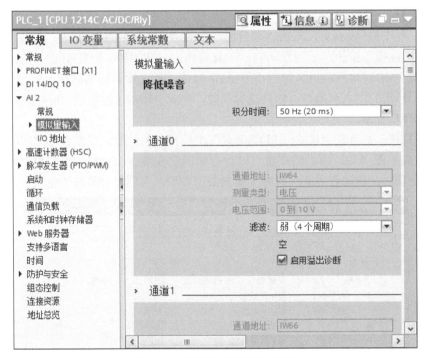

图4-93 模拟量"通道0"组态

双击"项目树"中"PLC_1\程序块"文件夹中的"Main[OB1]",打开 PLC 的程序编辑窗口,编写 PLC 控制程序,如图 4-94 所示。模拟量信号的获取本项目采用 200ms 采集一次,即可使用循环中断,也可采用时钟存储器位,在此采用时钟存储器位,设置方法可参考项目 3,使用位 M100.1,即 5Hz 时钟脉冲。

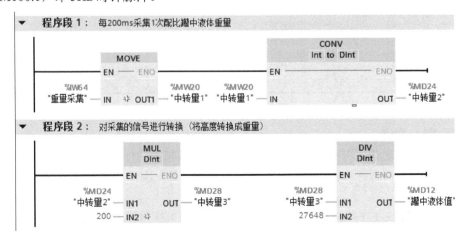

图4-94 多种液体混合配比控制程序

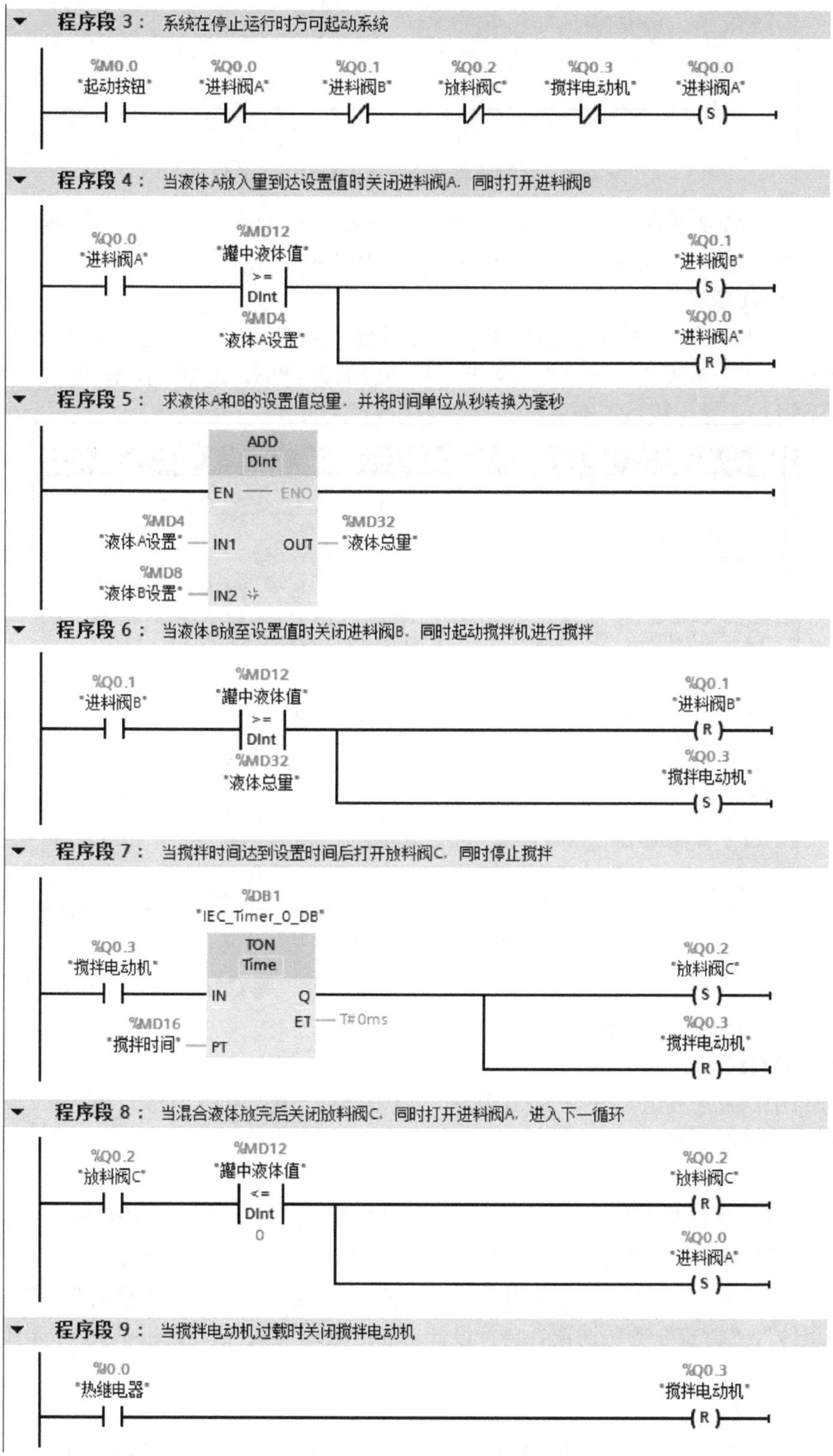

图 4-94　多种液体混合配比控制程序（续）

图 4-94　多种液体混合配比控制程序（续）

本项目采用的传感器为液位传感器，其检测范围为 0～1.0m，设配比罐中液体高度 0.1m 对应重量为 20.0kg。液体 A 或液体 B 的输入值上限为 100.0kg。

7. 生成 HMI 变量

双击"项目树"中　"HMI_1\HMI 变量"文件夹中的"默认变量表[0]"，打开变量编辑器（见图 4-95）。单击变量表的"连接"列单元中被隐藏的按钮▦，选择"HMI_连接_1"（HMI 设备与 PLC 的连接），并生成以下变量：

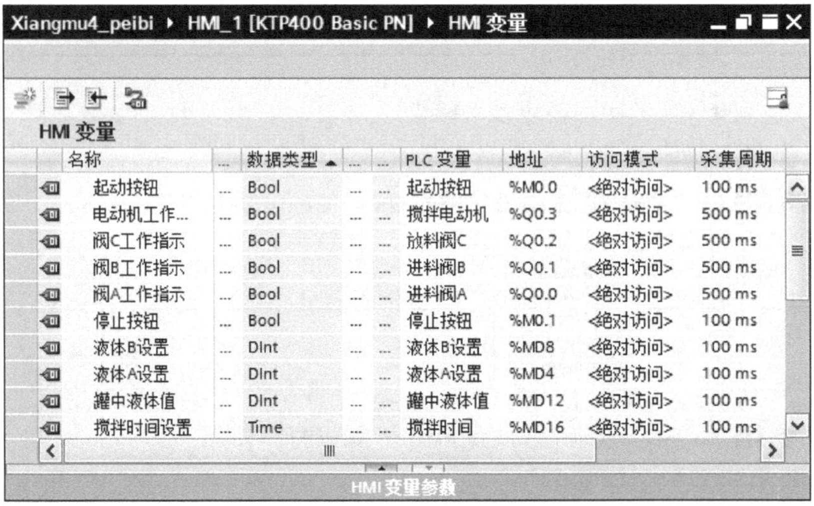

图 4-95　HMI 变量表

起动按钮、停止按钮、阀 A 工作指示、阀 B 工作指示、阀 C 工作指示、电动机工作指示、液体 A 设置、液体 B 设置、罐中液体值、搅拌时间设置。

8. 组态 HMI 画面

在此项目中，只需要组态一个 HMI 画面。双击"项目树"中　"HMI_1\画面"文件夹中的"根画面"，打开"根画面"组态窗口。

（1）组态项目名称

单击并按住工具箱基本对象中的"文本域"按钮 A，将其拖拽至"根画面"组态窗口的正中间，然后松开鼠标，生成默认名称为"Text"的文本，然后双击文本"Text"将其更改为"多种液体混合配比控制"。打开巡视窗口中的"属性"→"属性"→"文本格式"，将其字号改为"23 号""粗体"，"背景"颜色请读者自行设计，在此采用默认色。按图 4-96 所示组态所有相关"文本域"。

（2）组态 I/O 域

将工具箱的"元素"窗格中的"I/O 域▣▣"对象拖拽到画面中，通过鼠标拖拽调整其大小和位置，然后通过复制方式再复制三个同样大小的 I/O 域（见图 4-96）。

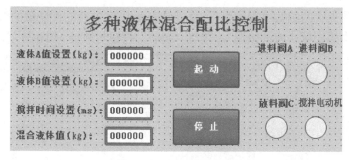

图 4-96　HMI 组态界面

单击图 4-96 中最上边的 I/O 域，选中巡视窗口中的"属性"→"属性"→"常规"（见图 4-97），设置 I/O 域的模式为"输入"；在"格式"域设置"显示格式"为"十进制"，"格式样式"为"999999"（因为输入域关联的变量类型是双整数，因此组态"移动小数点"即小数部分的位数为 0），将"过程"域中"变量"关联为"液体 A 设置"（见图 4-97）。

图 4-97　液体 A 设置值输入域组态

按照组态"液体 A 设置"输入域的组态，依次对其他三个 I/O 域（分别是液体 B 设置输入域、罐中液体值输出域、搅拌时间设置输入域）进行组态。

由于配比罐的容积及液位传感器的检测量程等原因，液体 A 和 B 的设置值只能在 0～100kg 之间，因此需要对变量"液体 A 设置"和"液体 B 设置"进行输入范围进行限制。选中HMI 变量表中的变量"液体 A 设置"，选中巡视窗口中的"属性"→"属性"→"范围"（见图 4-98），单击"上限 2"和"下限 2"输入栏右侧的按钮▼，选择"常量"，然后在输入栏中分别输入上限"100"和下限"0"。按照组态变量"液体 A 设置"范围的方法组态变量"液体 B 设置"范围。

（3）组态按钮

将工具箱的"元素"窗格中的"按钮"拖拽到画面工作区中，通过鼠标拖拽到适合位置及大小（见图 4-96），然后再复制一个同样大小的按钮。

单击选中画面中按钮，选中巡视窗口中的"属性"→"属性"→"常规"，勾选"模式"和"标签"域的"文本"，在"按钮'未按下'时显示的图形"栏中输入"起动"。

单击画面中的"起动"按钮，选中巡视窗口中的"属性"→"事件"→"按下"（见图 4-99），单击窗口右边的表格最上面一行，再单击它的右侧出现的按钮▼，在出现的"系统函数"列表中选择"编辑位"文件夹中的函数"置位位";直接单击表中第 2 行右侧隐藏的按钮 ，选中 PLC 变量表，双击该表中的变量"起动按钮"，即将"起动"按钮与地址 M0.0 与之相关联。

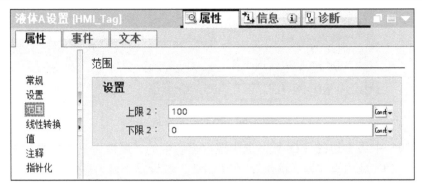

图 4-98   变量"液体 A 设置"的"范围"属性组态

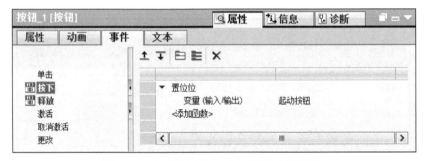

图 4-99   起动按钮的按下"事件"属性组态

选中巡视窗口中的"属性"→"事件"→"释放"，单击窗口右边的表格最上面一行，再单击它的右侧出现的按钮 ，在出现的"系统函数"列表中选择"编辑位"文件夹中的函数"复位位";直接单击表中第 2 行右侧隐藏的按钮 ，选中 PLC 变量表，双击该表中的变量"起动按钮"。

按照"起动"按钮组态同样的方法组态"停止"按钮，关联地址为 M0.1。

（4）组态指示灯

将工具箱的"基本对象"窗格中的"圆"拖拽到画面中适合位置，松开鼠标后生成一个圆，通过鼠标将圆拖拽到适合位置及大小（见图 4-96），然后再复制三个同样大小的圆。

单击选中左上角生成的"圆"，选中巡视窗口中的"属性"→"动画"→"显示"（见图 4-100）。单击"显示"文件夹下"添加新动画"，选择"外观"，将外观关联的变量组态为"阀 A 工作指示"，地址 Q0.0 自动添加到地址栏。将"类型"选择为"范围"，组态颜色为："0"状态的"背景色"和"边框颜色"采用默认颜色，"1"状态的"背景色"选择为"绿色"。

9. 仿真调试

选中"项目树"中的 PLC_1 设备，单击工具栏上的"启动仿真"按钮 ，启动 S7-PLCSIM 仿真器，将程序下载到仿真 PLC 中。单击仿真器窗口的"RUN"按钮，使仿真器处于运行状态。单击 PLC 程序编辑区中的"启用/禁用监视"按钮 ，使程序处于监控状态下，以便于在仿真调试过程中观察 PLC 中的程序执行情况。

选中"项目树"中的 HMI_1 设备，单击工具栏上的"启动仿真"按钮 ，启动 HMI 运行系统仿真。编译成功后，出现的仿真面板的"根画面"，即运行界面。

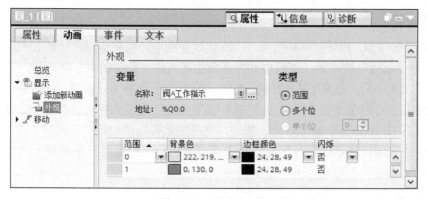

图 4-100　组态指示灯

首先在 HMI 的界面中输入待配比的液体 A 和液体 B 的重量（0～100kg）、混合液体的搅拌时间（注意单位为 ms），然后按下 HMI 界面上的"起动"按钮，观察进料阀 A 指示灯是否点亮？如果已点亮，说明系统已经开始投入液体 A，因为是仿真，无模拟量实时采集值，此时可将程序中的 IW64 的地址改变为 MW64，然后下载到 PLC 仿真器中，在监控状态下，系统启动后，右击地址 MW64，选中"修改"，再选中"修改操作"，将操作数中的数据"格式"修改为"无符号十进制"，然后在左侧的"修改值"栏中输入某一值（范围为 0～27648，对应于配比罐中液体重量的实时值，范围为 0～200kg，注意数字量与模拟量的对应关系），然后按下"确定"按钮。

当修改值大于等于"液体 A 设置"值时，观察进料阀 A 指示灯是否熄灭，同时进料阀 B 指示灯是否点亮？如果符合控制要求，再将 MW64 中的值修改为大于等于液体 A 和液体 B 设置值的和，观察进料阀 B 指示灯是否熄灭，同时搅拌电机指示灯是否亮起？如果符合控制要求，再观察搅拌时间定时器是否启动运行？若定时器正常运行，当搅拌时间到达设置值时，观察搅拌电机指示灯是否熄灭，同时放料阀 C 指示灯是否点亮？如果符合控制要求，过一段时间后，将 MW64 中的值修改为 0，即混合液体已放完，观察放料阀 C 指示灯是否熄灭，同时进料阀 A 指示灯是否点亮？若上述调试现象均能符合控制要求，此时再按下 HMI 界面上的"停止"按钮，若所有指示灯均熄灭，说明控制系统程序编写和 HMI 的界面组态均正确。

【项目拓展】

三种液体混合配比控制。控制要求：使用 S7-1200 PLC 和精简系列面板 HMI 共同实现三种液体混合配比的控制。控制要求同项目 4 类似，即投放完液体 A 后，投放液体 B，进而投放液体 C，然后经过一段时间搅拌后放出，并且自动进行下一轮循环。如果在系统工作过程中，按下停止按钮时，系统必须完成当前循环后方可停止，除非按下系统急停按钮。

4.10　项目 5：变频电动机有级调速控制

本项目使用 S7-1200 PLC 和精简系列面板 HMI 实现变频电动机有级调速控制，重点是使用博途 V15.1 训练和巩固符号 I/O 域的组态，并对项目进行仿真调试。

【项目目标】

1）掌握符号 I/O 域的组态。
2）掌握 PLC 与变频器的数字量连接方法。

【项目任务】

使用 S7-1200 PLC 和精简系列面板 HMI 实现变频电动机有级调速控制。控制要求：按下 HMI 画面中的"起动"按钮后，变频电动机驱动生产机构（如传输链）按照生产工艺要求的速度运行，根据工艺不同，生产机构的运行速度可实现三档调速（分别为 200r/min、300r/min、500r/min），此三档对应速度的改变可通过 HMI 画面上的"速度选择"的符号 I/O 域进行设置。无论何时按钮下 HMI 画面中的"停止"按钮，变频电动机均停止运行。同时，在 HMI 画面上设置三档对应速度运行指示灯，分别对应于变频电动机的三种速度，在变频电动机运行时，指示灯分别按相应的频率 0.5Hz、1Hz、2Hz 闪烁。

【项目实施】

1. 创建项目

双击桌面上博途 V15.1 图标 ，在 Portal 视图中选中"创建新项目"选项，在右侧"创建新项目"对话框中将项目名称修改为"Xiangmu5_youji"。单击"路径"输入框右边的按钮 ，将该项目保存在 D 盘"HMI_KTP400"文件夹中。"作者"栏采用默认名称。单击"创建"按钮，开始生成项目。

2. 添加 PLC

在"新手上路"对话框中单击"设备和网络—组态设备"选项，在弹出的"显示所有设备"对话框中单击选中"添加新设备"选项，在右侧"添加新设备"对话框中，选择"控制器"，逐级打开 S7-1200 PLC 的 CPU 文件夹，选择 CPU 1214C AC/DC/Rly，订货号为：6ES7 214-1BG40-0XB0（或选择读者身边 PLC 的订货号），设备名称自动生成为默认名称"PLC_1"。单击对话框右下角的"添加"按钮后（或双击选中的设备订货号），打开该项目的"项目视图"的编辑视窗。PLC 站点的 IP 地址为默认地址 192.168.0.1。

在 PLC 控制系统中，若含有变频器，一般情况下都是通过 PLC 控制变频器的方式驱动变频电动机运行，而 PLC 可以通过数字量、模拟量或通信等方式与变频器相连接，在本项目中 PLC 与变频器采用数字量相连接方式。

3. 添加 HMI

在项目视图"项目树"中单击"添加新设备"，出现"添加新设备"对话框。选中"HMI 设备"，去掉左下角 "启动设备向导"筛选框中自动生成的勾。打开设备列表中的文件夹"\HMI\SIMATIC 精简系列面板\4"显示屏\KTP400 Basic"，双击订货号为 6AV2 123-2DB03-0AX0 的 4in 精简系列面板 KTP400 Basic PN，版本为 15.1.0.0，生成默认名称为"HMI_1"的面板，在工作区出现了 HMI 的画面"根画面"。HMI 站点的 IP 地址为默认地址 192.168.0.2。

4. 组态连接

添加 PLC 和 HMI 设备后，双击"项目树"中的"设备和网络"，打开网络视图，单击网络视图左上角的"连接"按钮，采用默认的"HMI 连接"，同时 PLC 和 HMI 会变成浅绿色。

单击 PLC 中的以太网接口（绿色小方框），按住鼠标左键并移动鼠标，拖出一条浅色的直线。将它拖到 HMI 的以太网接口，松开鼠标左键，生成"HMI_连接_1"和网络线。

5. 生成 PLC 变量

双击"项目树"中"PLC_1\PLC 变量"文件夹中的"默认变量表"，打开 PLC 的默认变量表，并生成如图 4-101 所示的变量，MB100 为时钟存储器字节。在生成变量时，请读者务必注意各变量的数据类型，否则很容易发生错误。

	名称	变量表	数据类型	地址
1	起动按钮	默认变量表	Bool	%M0.0
2	停止按钮	默认变量表	Bool	%M0.1
3	速度选择	默认变量表	Word	%MW2
4	低速指示	默认变量表	Bool	%M4.0
5	中速指示	默认变量表	Bool	%M4.1
6	高速指示	默认变量表	Bool	%M4.2
7	起停信号	默认变量表	Bool	%Q0.0
8	低转速	默认变量表	Bool	%Q0.1
9	中转速	默认变量表	Bool	%Q0.2
10	高转速	默认变量表	Bool	%Q0.3
11	Clock_Byte	默认变量表	Byte	%MB100
12	Clock_10Hz	默认变量表	Bool	%M100.0
13	Clock_5Hz	默认变量表	Bool	%M100.1
14	Clock_2.5Hz	默认变量表	Bool	%M100.2
15	Clock_2Hz	默认变量表	Bool	%M100.3
16	Clock_1.25Hz	默认变量表	Bool	%M100.4
17	Clock_1Hz	默认变量表	Bool	%M100.5
18	Clock_0.625Hz	默认变量表	Bool	%M100.6
19	Clock_0.5Hz	默认变量表	Bool	%M100.7
20	Tag_1	默认变量表	Bool	%M3.0
21	Tag_2	默认变量表	Bool	%M3.1
22	Tag_3	默认变量表	Bool	%M3.2

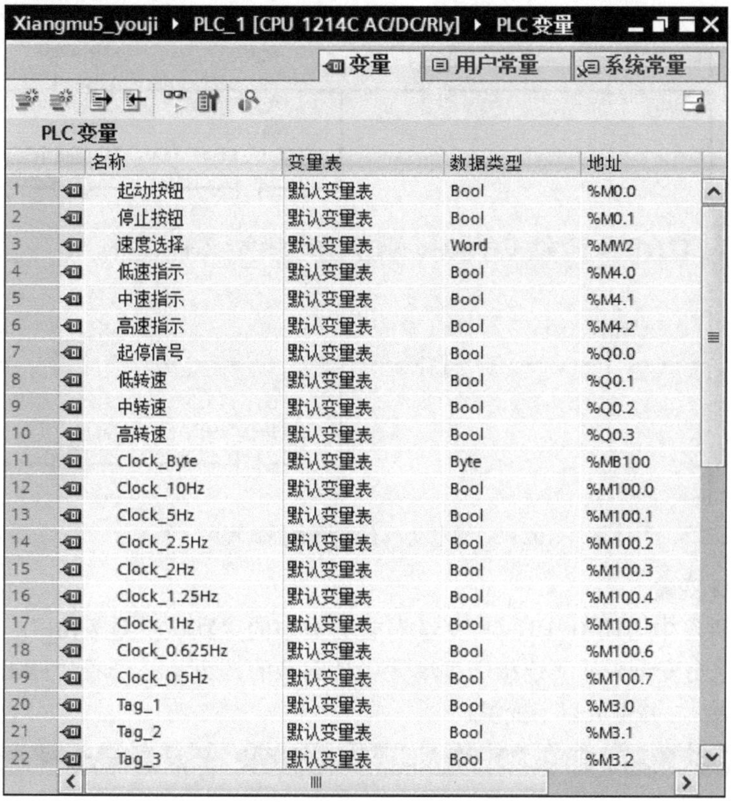

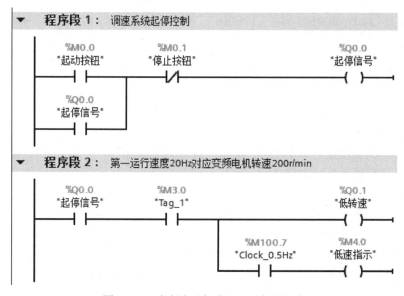

图 4-101　PLC 变量表

6．编写 PLC 程序

双击“项目树”中“PLC_1\程序块”文件夹中的“Main[OB1]”，打开 PLC 的程序编辑窗口，编写 PLC 控制程序，如图 4-102 所示。

图 4-102　变频电动机有级调速控制程序

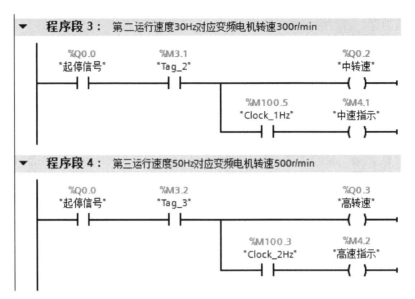

程序段 3: 第二运行速度30Hz对应变频电机转速300r/min

程序段 4: 第三运行速度50Hz对应变频电机转速500r/min

图 4-102　变频电动机有级调速控制程序（续）

7. 生成 HMI 变量

双击"项目树"中"HMI_1\HMI 变量"文件夹中的"默认变量表[0]"，打开变量编辑器（见图 4-103）。单击变量表的"连接"列单元中被隐藏的按钮，选择"HMI_连接_1"（HMI 设备与 PLC 的连接），并生成以下变量：

	名称 ▼	变量表	数据类型	连接	PLC 名称	PLC 变量	地址	访问模式	采集…
	起动按钮	默认变量表	Bool	HMI_连接_1	PLC_1	起动按钮	%M0.0	<绝对访问>	100 ms
	停止按钮	默认变量表	Bool	HMI_连接_1	PLC_1	停止按钮	%M0.1	<绝对访问>	100 ms
	速度选择	默认变量表	Word	HMI_连接_1	PLC_1	速度选择	%MW2	<绝对访问>	100 ms
	低速指示	默认变量表	Bool	HMI_连接_1	PLC_1	低速指示	%M4.0	<绝对访问>	100 ms
	中速指示	默认变量表	Bool	HMI_连接_1	PLC_1	中速指示	%M4.1	<绝对访问>	100 ms
	高速指示	默认变量表	Bool	HMI_连接_1	PLC_1	高速指示	%M4.2	<绝对访问>	100 ms

图 4-103　HMI 变量表

起动按钮、停止按钮、速度选择、低速指示、中速指示和高速指示。

8. 组态 HMI 画面

在此项目中，只需要组态一个 HMI 画面。双击"项目树"中 "HMI_1\画面"文件夹中的"根画面"，打开"根画面"组态窗口。

（1）组态项目名称

单击并按住工具箱基本对象中的"文本域"按钮 A，将其拖拽至"根画面"组态窗口的正中间，然后松开鼠标，生成默认名称为"Text"的文本，然后双击文本"Text"将其更改为"变频电动机有级调速控制"。打开巡视窗口中的"属性"→"属性"→"文本格式"，将其字号改为"23 号""粗体"，"背景"颜色请读者自行设计，在此采用默认色。按图 4-104 所示组态所有相关文本域。

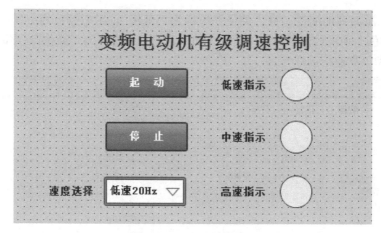

图 4-104　HMI 组态画面

（2）组态按钮

将工具箱的"元素"窗格中的"按钮"拖拽到画面工作区中，通过鼠标拖拽到适合位置及大小（见图 4-104），然后再复制一个同样大小的按钮。

单击选中画面中"按钮"，选中巡视窗口中的"属性"→"属性"→"常规"，勾选"模式"和"标签"域的"文本"，在"按钮'未按下'时显示的图形"栏中输入"起动"。

单击画面中的"起动"按钮，选中巡视窗口中的"属性"→"事件"→"按下"（见图 4-105），单击窗口右边的表格最上面一行，再单击它的右侧出现的按钮▼，在出现的"系统函数"列表中选择"编辑位"文件夹中的函数"置位位"；直接单击表中第 2 行右侧隐藏的按钮…，选中PLC 变量表，双击该表中的变量"起动按钮"，即将"起动"按钮与地址 M0.0 与之相关联。

图 4-105　起动按钮的按下"事件"

选中巡视窗口中的"属性"→"事件"→"释放"，单击窗口右边的表格最上面一行，再单击它的右侧出现的按钮▼，在出现的"系统函数"列表中选择"编辑位"文件夹中的函数"复位位"；直接单击表中第 2 行右侧隐藏的按钮…，选中 PLC 变量表，双击该表中的变量"起动按钮"。

按照"起动"按钮组态同样的方法组态"停止"按钮，关联地址为 M0.1。

（3）组态指示灯

将工具箱的"基本对象"窗格中的"圆"拖拽到画面中适合位置，松开鼠标后生成一个圆，通过鼠标将圆拖拽到适合位置及大小（见图 4-104），然后再复制两个同样大小的圆。

单击选中左上角生成的"圆"，选中巡视窗口中的"属性"→"动画"→"显示"（见图 4-106）。单击"显示"文件夹下"添加新动画"，选择"外观"，将外观关联的变量组态为"低速指示"，地址 M4.0 自动添加到地址栏。将"类型"选择为"范围",组态颜色为:"0"状态的"背景色"和"边框颜色"采用默认颜色,"1"状态的"背景色"选择为"绿色"。用同样的方法组态"中速指示灯"和"高速指示灯"。

图 4-106 低速运行指示灯的"动画"

(4) 组态符号 I/O 域

将工具箱的"元素"窗格中的"符号 I/O 域 ⅠⅠ ▼"对象拖拽到画面中,通过鼠标拖拽调整其大小和位置(见图 4-104)。单击画面中的符号 I/O 域,选中巡视窗口中的"属性"→"属性"→"常规"(见图 4-107),将"过程"域中的"变量"设置为"速度选择",其地址和数据类型会自动添加到"过程"域中;将"模式"设置为"输入";单击"内容"域"文本列表"选项后面的按钮 ... ,打开文本列表选择对话框,单击"添加新列表"按钮新建一个文本列表,然后打开新建的文本列表,将其名称更改为"速度选择列表"(见图 4-108)。

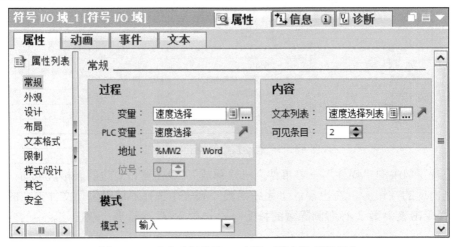

图 4-107 速度选择符号 I/O 域的"常规"属性组态

在文本列表编辑器中选择"位号(0-31)",然后双击"文本列表条目"中"位号"列,自动生成位号 0、1、2,在其"文本"列输入符号 I/O 域中各个条目显示的文本分别为:低速 20Hz、中速 30Hz 和高速 50Hz。即当选择"低速 20Hz"选项时,位 M3.0 为"1";当选择"中速 30Hz"选项时,位 M3.1 为"1";当选择"高速 50Hz"选项时,位 M3.2 为"1"。

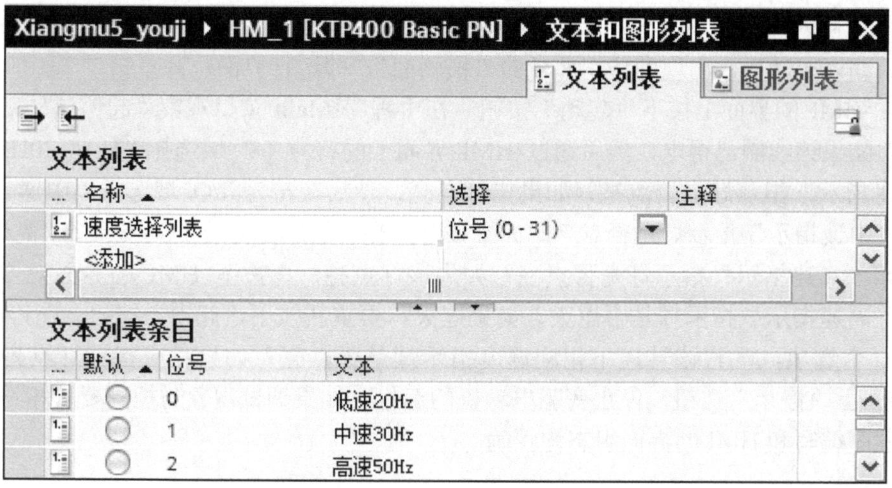

图 4-108 速度选择"文本列表条目"的组态

9. 硬件连接

PLC 与 HMI 通过以太网相连接,而 PLC 与变频器之间连接是通过数字量相连接方式,即 PLC 的输出端直接与变频器的数字量输入端相连接,由于本项目要求变频器有三种输出速度,因此本项目采用 PLC 的输出端 Q0.0 与变频器(本项目中变频器使用的是西门子公司的 MM440 型号)输入端 5 相连接;PLC 的输出端 Q0.1 与变频器输入端 6 相连接;PLC 的输出端 Q0.2 与变频器输入端 7 相连接;PLC 的输出端 Q0.3 与变频器输入端 8 相连接;PLC 的第一组输出端公共端 1L 变频器输入公共端 9 相连接。由于 PLC 与变频器之间的连接比较简单,在此省略其电气连接原理图。

10. 变频器的参数设置

变频器的参数设置如表 4-1 所示(变频电动机的额定参数请参照电动机的铭牌数据设置),在此假设变频器输出 50Hz 变频电动机运行速度为 500r/min。最好根据运行情况设置 P1002~P1004 这三个参数值,直到满足生产工艺对变频电动机输出转速的要求。

表 4-1 变频器的参数设置

参数号	参数值	参数号	参数值
P0003	2	P1002	20
P0700	2	P1003	30
P1000	3	P1004	50
P0701	15	P1080	0
P0702	15	P1082	50
P0703	15	P1120	5
P0704	15	P1121	5

11. 仿真调试

选中"项目树"中的 PLC_1 设备,单击工具栏上的"启动仿真"按钮，启动 S7-PLCSIM 仿真器,将程序下载到仿真 PLC 中。单击仿真器窗口的"RUN"按钮,使仿真器处于运行状态。单击 PLC 程序编辑区中的"启用/禁用监视"按钮，使程序处于监控状态,以便于在仿真调试过程中观察 PLC 中的程序执行情况。

选中"项目树"中的 HMI_1 设备，单击工具栏上的"启动仿真"按钮 ，启动 HMI 运行系统仿真。编译成功后，出现的仿真面板的"根画面"，即运行界面。

首先在 HMI 的界面上按下"起动"按钮，在主程序 Main 窗口观察"起停信号"输出线圈是否得电？如果该线圈已得电，然后通过 HMI 界面上的符号 I/O 域选择"低速 20Hz"选项，观察"低速指示"指示灯是否点亮？如果该灯点亮，然后在符号 I/O 域选择"中速 30Hz"选项，观察"中速指示"指示灯是否点亮？如果该灯点亮，然后在符号 I/O 域选择"高速 50Hz"选项，观察"高速指示"指示灯是否点亮？如果该灯点亮，再按下 HMI 的界面上"停止"按钮，观察"高速指示"指示灯是否熄灭？如果熄灭，再重新按下"起动"按钮，在符号 I/O 域任意选择一个选项，观察该转速下相应速度指示灯是否点亮？如果相应指示灯点亮，再按下 HMI 的界面上"停止"按钮，停止变驱电动机的运行。如果调试现象与控制要求相符，则说明控制系统程序编写和 HMI 的界面组态均正确。

【项目拓展】

变频电动机五级调速控制。控制要求：使用 S7-1200 PLC 和精简系列面板 HMI 共同实现变频电动机五级调速控制。控制要求与项目 5 类似，同时增加两级速度选择。如果在 HMI 的符号 I/O 域组态文本列表时选择"值/范围"，控制程序又该如何编写。

4.11 项目 6：变频电动机无级调速控制

本项目使用 S7-1200 PLC 和精智面板 HMI 实现变频电动机无级调速控制，重点是使用博途 V15.1 训练和巩固图形对象的组态，并对项目进行仿真调试。

【项目目标】

1）掌握符号 I/O 域的组态。
2）掌握模拟量输出模块的使用。
3）掌握 PLC 与变频器的模拟量连接方法。
4）掌握变量的线性变换方法。

【项目任务】

使用 S7-1200 PLC 和精智面板 HMI 实现变频电动机无级调速控制。控制要求：按下 HMI 画面中的"起动"按钮后，变频电动机驱动生产机构（如传输链）按照操作人员设置的速度（0～50Hz）运行，速度通过 HMI 画面上"滚动条"进行设置，变频电动机的实际运行速度通过 HMI 画面上的"量表"加以显示。无论何时按钮下 HMI 画面中的"停止"按钮，变频电动机立即停止运行。同时，在 HMI 画面上设置一个系统运行指示灯。

【项目实施】

1. 创建项目

双击桌面上博途 V15.1 图标 ，在 Portal 视图中选中"创建新项目"选项，在右侧"创建新项目"对话框中将项目名称修改为"Xiangmu6_wuji"。单击"路径"输入框右边的按钮 ，将该项目保存在 D 盘"HMI_KTP400"文件夹中。"作者"栏采用默认名称。单击"创建"按钮，开始生成项目。

2．添加 PLC

在"新手上路"对话框中单击"设备和网络—组态设备"选项，在弹出的"显示所有设备"对话框中单击选中"添加新设备"选项，在右侧"添加新设备"对话框中，选择"控制器"，逐级打开 S7-1200 PLC 的 CPU 文件夹，选择 CPU 1214C AC/DC/Rly，订货号为：6ES7 214-1BG40-0XB0（或选择读者身边 PLC 的订货号），设备名称自动生成为默认名称"PLC_1"。单击对话框右下角的"添加"按钮后（或双击选中的设备订货号），打开该项目的"设备视图"的编辑视窗。PLC 站点的 IP 地址为默认地址 192.168.0.1。

3．添加扩展模块

由于本项目需要实现变频电动机的无级调速，即需要 PLC 通过模拟量输出模块输出一个直流电压（或电流）信号驱动变频器，因此在本项目中需要一个 S7-1200 PLC 的模拟量输出扩展模块。

在"设备视图"编辑窗口中，选中 CPU，在右侧的"硬件目录"窗口中单击选中"AQ\AQ 2×14 BIT\6ES7 232-4HB30-0XB0"模拟量输出模块，此时 S7-1200 PLC 右侧的扩展槽位 2～9 四周均变为蓝色，表示该模块可以插入的位置，此时按住鼠标左键将此模块拖拽到扩展插槽的 2 号槽位后松开，此模块被添加到 2 号槽位。

单击选中"模拟量输出模块"，打开巡视窗口中的"属性"→"常规"，选中"AQ2\模拟量输出\通道 0"，在窗口右侧可以组态该模拟量输出的类型"电压"或"电流"，如果选择"电压"输出，则可以输出的范围为-10～+10V；如果选择"电流"输出，则可以输出的范围为 0～20mA，在此选择"电压"输出类型。同时，在此窗口中还可以看到该通道的输出地址为QW96，该输出地址不需要记忆，在编程时只要打开该巡视窗口一看便知，当然该输出地址也可以更改，只需选中该巡视窗口中的"I/O 地址"，在其窗口右侧更改便可，更改范围为 0～1020，注意不能更改为 PLC 的物理输出地址相同的地址。

本项目中模拟量输出模块的其他组态均采用系统默认设置。

4．添加 HMI

在项目视图"项目树"中单击"添加新设备"，出现"添加新设备"对话框。选中"HMI 设备"，去掉左下角 "启动设备向导"筛选框中自动生成的勾。打开设备列表中的文件夹"\HMI\SIMATIC 精智面板\4"显示屏\KTP400 Comfort"，双击订货号为 6AV2 124-2DC01-0AX0 的 4in 精智面板 KTP400，版本为 15.1.0.0，生成默认名称为"HMI_1"的面板，在工作区出现了 HMI 的画面"根画面"。HMI 站点的 IP 地址为默认地址 192.168.0.2。

5．组态连接

添加 PLC 和 HMI 设备后，双击"项目树"中的"设备和网络"，打开网络视图，单击网络视图左上角的"连接"按钮，采用默认的"HMI 连接"，同时 PLC 和 HMI 会变成浅绿色。

单击 PLC 中的以太网接口（绿色小方框），按住鼠标左键并移动鼠标，拖出一条浅色的直线。将它拖到 HMI 的以太网接口[X1]，松开鼠标左键，生成"HMI_连接_1"和网络线。

6．生成 PLC 变量

双击"项目树"文件夹"PLC_1\PLC 变量"文件夹中的"默认变量表"，打开 PLC 的默认变量表，并生成如图 4-109 所示的变量。

	名称	变量表	数据类型	地址	保持
1	起动按钮	默认变量表	Bool	%M0.0	
2	停止按钮	默认变量表	Bool	%M0.1	
3	系统起停	默认变量表	Bool	%Q0.0	
4	速度设置	默认变量表	Word	%MW2	
5	速度显示	默认变量表	Word	%MW4	
6	模拟量输出	默认变量表	Word	%QW96	
7	模拟量输入	默认变量表	Word	%IW64	

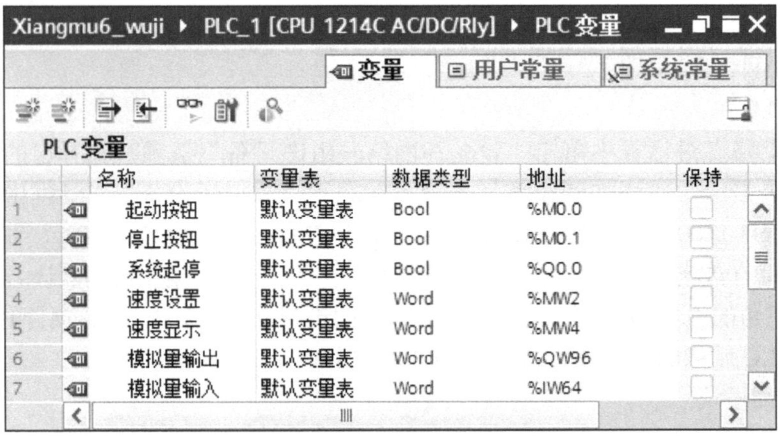

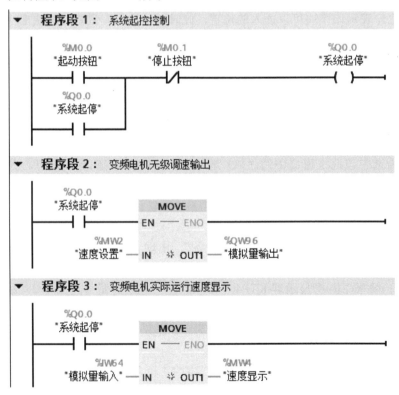

图 4-109　PLC 变量表

7．编写 PLC 程序

双击“项目树”中“PLC_1\程序块”文件夹中的“Main[OB1]”，打开 PLC 的程序编辑窗口，编写 PLC 控制程序，如图 4-110 所示。

图 4-110　变频电机无级调速控制程序

8．生成 HMI 变量

双击“项目树”文件夹“HMI_1\HMI 变量”中的“默认变量表[0]”，打开变量编辑器（见图 4-111）。单击变量表的“连接”列单元中被隐藏的按钮...，选择“HMI_连接_1”（HMI 设备与 PLC 的连接），并生成以下变量：

起动按钮、停止按钮、速度设置、速度显示和运行指示。

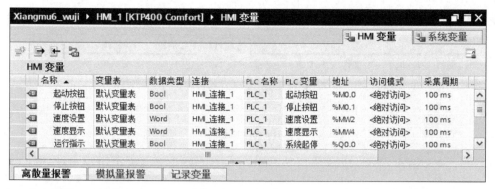

图 4-111 HMI 变量表

9. 组态 HMI 画面

在此项目中，只需要组态一个 HMI 画面。双击"项目树"中"HMI_1\画面"文件夹中的"根画面"，打开"根画面"组态窗口。

（1）组态项目名称

单击并按住工具箱基本对象中的"文本域"按钮A，将其拖拽至"根画面"组态窗口的正中间，然后松开鼠标，生成默认名称为"Text"的文本，然后双击文本"Text"将其更改为"变频电动机无级调速控制"。打开巡视窗口中的"属性"→"属性"→"文本格式"，将其字号改为"23 号""粗体"，"背景"颜色请读者自行设计，在此采用默认色。按图 4-112 所示组态所有相关文本域。

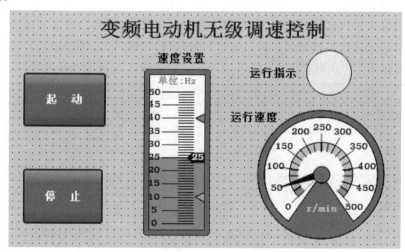

图 4-112 HMI 组态画面

（2）组态按钮

将工具箱的"元素"窗格中的"按钮"拖拽到画面工作区中，通过鼠标拖拽到适合位置及大小（见图 4-112），然后再复制一个同样大小的按钮。

单击选中画面中"按钮"，选中巡视窗口中的"属性"→"属性"→"常规"，勾选"模式"和"标签"域的"文本"，在"按钮'未按下'时显示的图形"栏中输入"起动"。

单击画面中的"起动"按钮，选中巡视窗口中的"属性"→"事件"→"按下"（见图 4-113），单击窗口右边的表格最上面一行，再单击它的右侧出现的按钮▼，在出现的"系统函数"列表中选择"编辑位"文件夹中的函数"置位位"；直接单击表中第 2 行右侧隐藏的按钮⋯，选中

PLC 变量表，双击该表中的变量"起动按钮"，即将"起动"按钮与地址 M0.0 与之相关联。

图 4-113 起动按钮的按下"事件"属性组态

选中巡视窗口中的"属性"→"事件"→"释放"，单击窗口右边的表格最上面一行，再单击它的右侧出现的按钮 ▼，在出现的"系统函数"列表中选择"编辑位"文件夹中的函数"复位位"；直接单击表中第 2 行右侧隐藏的按钮 ...，选中 PLC 变量表，双击该表中的变量"起动按钮"。

按照"起动"按钮组态同样的方法组态"停止"按钮，关联地址为 M0.1。

（3）组态指示灯

将工具箱的"基本对象"窗格中的"圆"拖拽到画面中适合位置，松开鼠标后生成一个圆，通过鼠标将圆拖拽到适合位置及大小（见图 4-112）。

单击选中左上角生成的"圆"，选中巡视窗口中的"属性"→"动画"→"显示"（见图 4-114）。单击"显示"文件夹下"添加新动画"，选择"外观"，将外观关联的变量名称组态为"运行指示"，地址 Q0.0 自动添加到地址栏。将"类型"选择为"范围"，组态颜色为："0"状态的"背景色"和"边框颜色"采用默认颜色，"1"状态的"背景色"选择为"绿色"。

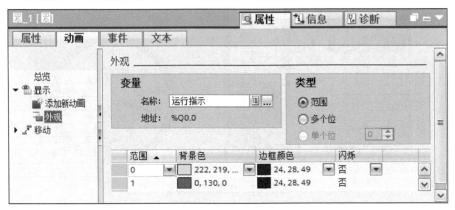

图 4-114 运行指示灯的"动画"属性组态

（4）组态滚动条

将工具箱中"元素"窗格中的"滚动条" 拖拽到画面中（见图 4-112），通过鼠标拖拽调节它的位置和大小。

单击选中放置的"滚动条"，选中巡视窗口中的"属性"→"属性"→"常规"（见图 4-115），将"过程"域的"最大刻度值"和"最小刻度值"分别设置为"50"和"0"；将"过程变量"关联为"速度设置"；在"标签"域中设置滚动条的"标题"为"单位：Hz"。

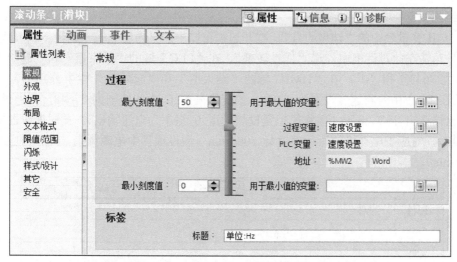

图 4-115 滚动条的"常规"属性组态

选中巡视窗口中的"属性"→"属性"→"布局",将"选项"域中的"滚动条"前的勾选符号去掉,即不显示滚动条中那个滑块。本项目中"滚动条"的其他组态均采用系统默认设置。

注意:"滚动条"中的限制值可以在其变量属性对话框中的"范围"选项中设置。

(5)组态量表

将工具箱的"元素"窗格中的"量表🕐"拖拽到画面中(见图 4-112),通过鼠标拖拽调节它的位置和大小。

单击放置的"量表",选中巡视窗口中的"属性"→"属性"→"常规"(见图 4-116),"过程"域的"最大刻度值"和"最小刻度值"分别设置为"500"和"0";将"过程变量"关联为"速度显示";去掉"标题"输入域中默认文本;在"单位"输入域中输入"r/min";在分度数输入域中输入"50"。本项目中"量表"的其他组态均采用系统默认设置。注意:"量表"中的限制值可以在其变量属性对话框中的"范围"选项中设置。

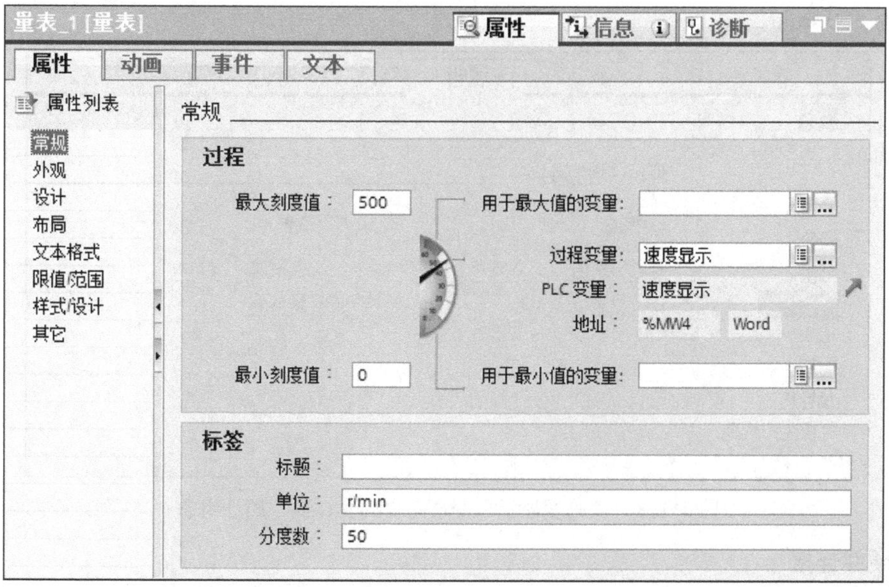

图 4-116 量表的"常规"属性组态

（6）组态变量

选中 HMI 变量表中的"速度设置"，打开巡视窗口中的"属性"→"属性"→"线性转换"（见图 4-117），在此对话框中勾选"线性转换"，在"PLC"域的"结束值"和"起始值"栏中分别输入"27648"和"0"；在"HMI"域的"结束值"和"起始值"栏中分别输入"50"和"0"，表示在 HMI 中若将速度设置为 50Hz，该变量在 PLC 中的值则为 27648，再通过 PLC 的模拟量输出端输出 10V 电压（需将模拟量模块通道 0 组态为电压输出），此时变频器输出电源频率为 50Hz，对应于电动机的运行速度为 500r/min（假设项目中电源频率 50Hz 对应于电动机转速 500r/min）。

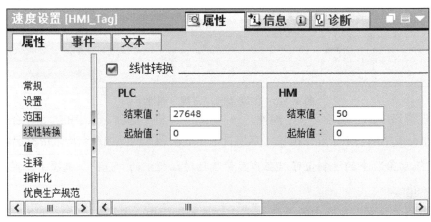

图 4-117　"速度设置"变量的"线性转换"属性

选中 HMI 变量表中的"速度显示"，打开巡视窗口中的"属性"→"属性"→"线性转换"（见图 4-118），在此对话框中勾选"线性转换"，在"PLC"域的"结束值"和"起始值"栏中分别输入"27648"和"0"；在"HMI"域的"结束值"和"起始值"中分别输入"500"和"0"，表示该变量在 PLC 中的值若为 27648，则该变量在 HMI 中的值为 500，即变频器输出 10V（需将变频器设置为模拟量电压输出），PLC 将读取到的数字量为 27648，从而使得 HMI 中量表显示为 500r/min。

图 4-118　"速度显示"变量的"线性转换"属性组态

10. 硬件连接

PLC 与 HMI 通过以太网相连接，而 PLC 与变频器通过数字量信号和模拟量信号相连接，具体连接示意图如图 4-119 所示。

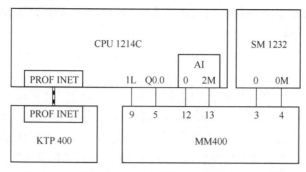

图 4-119 变频电动机无级调速控制系统电气原理图

11. 变频器的参数设置

变频器的参数设置如表 4-2 所示（变频电动机的额定参数请参照电动机的铭牌数据设置），在此假设变频器输出 50Hz 变频电动机对应运行速度为 500r/min。

请读者注意：变频器使用的默认输出是 0～20mA 的电流输出，而本项目采用的模拟量输入模块是 S7-1200 PLC 系统集成的模拟量输入模块，只能为"电压"类型输入，因此，要在 MM440 的模拟量输出端 12 和输出端 13 之间并联一个 500Ω 的电阻，才能输出 0～10V 的电压信号。

表 4-2　变频器的参数设置

参数号	参数值	参数号	参数值
P0003	3	P0771	21
P0700	2	P0776	0
P1000	2	P0577	0
P0701	15	P0778	0
P0756	0	P0779	100
P0757	0	P0780	20
P0758	0	P781	0
P0759	10	P1082	50
P0760	100	P1120	5
P0761	0	P1121	5

12. 仿真调试

选中"项目树"中的 PLC_1 设备，单击工具栏上的"启动仿真"按钮，启动 S7-PLCSIM 仿真器，将程序下载到仿真 PLC 中。单击仿真器窗口的"RUN"按钮，使仿真器处于运行状态。单击 PLC 程序编辑区中的"启用/禁用监视"按钮，使程序处于监控状态，以便于在仿真调试过程中观察 PLC 中的程序执行情况。

选中"项目树"中的 HMI_1 设备，单击工具栏上的"启动仿真"按钮，启动 HMI 运行系统仿真。编译成功后，出现的仿真面板为"根画面"。

首先在 HMI 的界面中按下"起动"按钮，在主程序 Main 窗口观察"系统起停"输出线圈是否得电？如果该线圈已得电，观察 HMI 中的运行指示灯是否点亮？如果点亮，通过"滚动条"改变速度设置值（0～50Hz），观察 PLC 中的 MW2 变量值是否在 0～27648 之间变化？由于没有实际的模拟量输入和输出，因此只能人为改变 MW4 中的值（0～27648），观察"量表"指针是否在 0～500r/min 之间变化？如果调试现象与控制要求相符，则说明控制系统程序编写和 HMI 的界面组态均正确。

【项目拓展】

储水箱水位高度控制。控制要求：使用 S7-1200 PLC 和精智面板 HMI 共同实现储水箱水位高度控制。在 HMI 画面中设置控制系统的起停按钮、运行指示、水位高度值设置 I/O 域、储水箱水位高度实时值显示棒图。当系统起动后，若储水箱实际水位低于设置值 50%时起动水泵电动机往储水箱进行输水；若储水箱水位实际高度达到系统设置值的 120%后，水泵电动机停止运行。无论何时按下停止按钮，水泵电动机立即停止运行。

4.12　习题与思考

1．如何生成文本按钮和图形按钮？

2．生成一个按钮，当未被按下时按钮上文本显示为"起动"，当按下后按钮上文本为"停止"，通过该按钮控制一个电动机的起动和停止。

3．生成两个按钮，每次按下其中一个按钮使某一"变量"值加 2，每次按下另一个按钮使该"变量"值减 2。

4．如何组态触摸屏的热键？

5．生成一个开关，当开关处于"OFF"位置时系统处于"单周期"工作模式，当开关处于"ON"位置时系统处于"连续周期"工作模式。

6．如何生成一个"I/O 域"？

7．"I/O 域"的有几种模式？

8．如何生成一个"符号 I/O 域"，一个"符号 I/O 域"最多能显示多少条目？

9．组态"文本列表"时，有几种"选择"方式？"位号"和"值/范围"有何区别？

10．如何组态"日期时间域"？

11．如何组态一个"滚动条"？

12．如何组态一个"棒图"？

13．如何组态一个"量表"？

14．如何使用图形列表组态一个动画？

15．变量"指针化"有何作用？

16．如何组态一个变量的"限制值"？

17．如何组态一个变量的"范围"？

18．如何组态一个变量的"线性转换"？

第5章 控件的组态

在工程应用中，触摸屏中控件使用也较为广泛。通过 HMI 系统中提供的控件（如报警视图、趋势视图、用户视图、配方视图和系统诊断视图等）能实时了解和掌握生产设备或控制系统运行情况，如设备工作状态及发生过的故障、系统可访问设备的当前状态和详细的诊断数据等。本章节主要介绍报警、数据记录、趋势视图、系统诊断和用户管理等控件对象的生成及组态过程。

5.1 报警的组态

5.1.1 报警的概念

当设备运行异常时由某一设备发生警示，以便操作或维护人员及时掌握设备运行过程中发生的异常状态并能及时进行干预和维护。HMI 中报警系统可用来在 HMI 设备上显示、记录运行时出现或发生的故障，并将报警事件保存在报警记录中，记录下来的报警事件既可在 HMI 设备上显示，也可以报表的形式打印输出。设备操作或维护人员可以通过报警消息迅速地定位和排除故障，减少不必要的停机。每条报警消息由编号、时间、日期、报警文本、状态和报警类别等组成。

1. 报警的分类

WinCC 中报警系统可处理多种报警类型，报警过程可分为系统定义的报警和用户定义的报警。

（1）系统定义的报警

系统定义的报警用于监视 HMI 设备。系统报警指示系统状态、HMI 设备与系统之间的通信错误。

系统事件：系统事件是 HMI 设备产生的事件，如"已建立或断开与 PLC 的在线连接"。双击"项目树"中的"运行系统设置"，选中窗口左边的"报警"，可以指定系统报警在 HMI 设备上持续显示的时间（见图 5-1）。

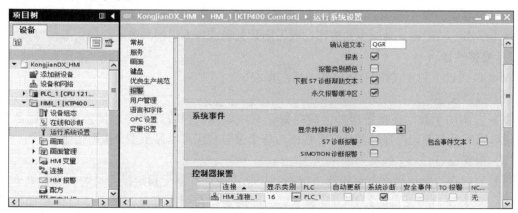

图 5-1 指定系统报警在 HMI 设备上持续显示的时间

系统定义的控制器报警：用于监视控制器 PLC，由诊断报警 （SIMATIC S7）和系统错误（SFM）组成。S7 诊断报警显示 S7 控制器中的状态和事件，不需要确认或报告时，它们仅用于发出信号。注意：并非所有 HMI 设备都支持系统定义的控制器报警。

（2）用户定义的报警

用户定义的报警用于监视工厂设备生产过程，通过 HMI 显示设备生产过程状态，或显示从 PLC 控制器中接收到过程数据，分为下面 3 种。

离散量报警：离散量又称数字量或开关量，对应于二进制数"0"或"1"，即通过两种相反的状态来表示系统的运行状态。如电动机的温度超过或未达到限制值，故障信号的产生或消除，线圈的通电或断电等可以用来触发离散量报警。

模拟量报警：用于监视是否超出限制值（上限或下限），当超出限制值时将触发模拟量报警。例如报警的文本可以定义为"压力过高"或"压力过低"等。

控制器报警：用户在 STEP 7 中创建自定义控制器报警（如 CPU 的运行模式切换到"STOP"状态时报警）。PLC 的状态值和过程值被映射到控制器报警。如果在 STEP 7 中组态控制器报警，则系统在与 PLC 建立连接后立即将其加入到集成的 WinCC 操作中。注意：并非所有的 HMI 设备都支持控制器报警。

2．报警的状态

离散量和模拟量的报警状态主要有：到达、离去、确认。HMI 设备将显示和记录各种状态的出现，也可以对其进行打印输出。

（1）到达

当满足触发报警的条件时（如锅炉压力太高），该报警的状态为"到达"，HMI 设备将显示报警信息。当操作员确认报警后，该报警状态为"（到达）确认"。

（2）离去

当不再满足报警条件时（如锅炉压力恢复正常值），即触发报警的条件消失，该报警的状态为"（到达）离去确认"。

（3）确认

系统报警的目的就是警示设备已处于严重或危险的运行状态，为了确保操作员能够获得报警信息，在组态时可以将其组态为"一直显示到操作人员对报警信息进行确认为止"。"确认"表明操作员已经知道触发报警的事件。确认后可能的状态有"（到达）确认""（到达离去）确认"和"（到达确认）离去"。

确认报警的方法主要有：使用 HMI 设备上的确认键〈ACK〉、使用报警视图中的确认按钮、使用组态的功能键或画面中的按钮、通过函数列表或脚本中的系统函数确认等。

3．报警的显示

WinCC 通过下列方式在 HMI 设备上显示报警。

（1）报警视图

报警视图用于显示在报警缓冲区或报警记录中选择的报警或事件。报警视图在画面中组态，可以组态具有不同内容的多个报警视图，每个报警视图可以显示多个报警信息。

（2）报警窗口

报警窗口在"全局画面"编辑器中组态。根据组态，在属于指定报警类别的报警处于激活状态时，报警窗口将会自动打开。报警窗口关闭的条件与组态有关。报警窗口保存在自己层上，在组态其他画面时自动被隐藏。

（3）报警指示器

报警指示器是一个图形符号，在"全局画面"中组态。在指定报警类别的报警被激活时，该符号便会出现在屏幕上，可以用拖拽的方式改变它的位置。

（4）电子邮件通知

带有特定报警类别的报警到达时，若要通知除操作员之外的人员，某些 HMI 设备可以将该报警类别发送给指定的电子邮件地址。

（5）系统函数

可以为报警有关的事件组态一个函数列表。当事件发生时，在运行系统中执行这些函数。

4. 运行系统报警属性的设置

双击"项目树"中的"运行系统设置"，选中窗口左边的"报警"（见图 5-1），可以进行与报警有关的设置。一般使用系统默认设置。读者注意：不同类型的 HMI 设备，系统运行设置窗口显示内容会所有差异，图 5-1 中选择的 HMI 设备是 KTP 400 Comfort。

如果用户需要在运行系统中以各种颜色显示报警类别，必须激活图 5-1 中的"报警类别颜色"复选框。

如果 PLC 连接到多个 HMI 设备，用户应为这些控制器报警分配相应的显示类别。只有来自指定的显示类别的控制器报警才会在 HMI 设备上显示。在图 5-1 中的"控制器报警"域，可以激活要在 HMI 设备上显示的显示类别。最多允许 17 个显示类别（0~16），图 5-1 中只勾选显示类别"16"。

5. HMI 报警属性的设置

双击"项目树"中"HMI_1"文件夹中的"HMI 报警"，在弹出的"HMI 报警"编辑窗口中选中"报警类别"（见图 5-2），在此可以创建和编辑设备的报警类别，并可以将报警分配到报警编辑器中的某一报警类别。一共可以创建 16 个报警类别。系统自动生成的常用的 6 种报警类别如下：

1）Errors（错误或事故）。指示紧急的或危险的操作和过程状态，这类报警必须确认。

2）Warnings（警告）。指示不太紧急或不太危险的操作和设备状态，不需要确认。

3）System（系统）。提示操作员有关 HMI 设备和 PLC 的操作错误或通信故障等信息。

4）Diagnosis events（诊断事件）。包含 PLC 中的状态和事件，这类报警不需要确认。

5）Acknowledgement（单次确认的报警）。指示操作员对这类报警需要进行确认。

6）No Acknowledgement（不需要确认的报警）。发生这类报警可以不需要进行确认。

在图 5-2 中，可以修改报警类别的"显示名称"，设置是否需要确认和是否需要生成数据记录，还可以设置每个报警类别不同状态的背景色。

系统运行时若发生报警事件，报警消息中使用的报警类别是"显示名称"。系统默认的 Errors 和 System 类别的"显示名称"分别为字符"！"和"$"，大多数操作员对此不太熟悉，显示这些字符也不太直观，建议将其更改为"错误"（或"事故"）和"系统"；在 Warnings 的"显示名称"中系统无默认字符，用户可以更改为"警告"。用户根据需要将"到达""到达/离去""到达/离去/已确认"的背景色更改为"色能达义"的背景色。

选中"Errors"报警类别，再选中巡视窗口中的"属性"→"常规"→"状态"（见图 5-3）。若未发现巡视窗口，是因为该窗口目前处于"浮动"状态，选中"Errors"后右击并选择"属性"，打开其属性窗口。"到达""离开"和"已确认"这三种状态系统分别用默认字母"I""O"和"A"作为报警时报警消息中显示的文本，可以将其更改为"到达""离开"和"已确认"。同样，也可以对"警告"和"系统"类别进行类似更改，在"警告"类别中"已确认"文本框为灰色，表示不能更改，因此"警告"不需要确认。

图 5-2　"报警类别"组态

图 5-3　报警的"状态"组态

5.1.2　报警的组态步骤

在 WinCC 中组态报警包括的步骤有：编辑和创建报警类别、在"HMI 变量"编辑器中创建变量、在"HMI 报警"编辑器中创建变量、输出组态的报警。

1．组态离散量报警

在 PLC 的默认变量表中创建变量"锅炉事故"和"报警确认"，数据类型为"Word"（字），绝对地址分别为 MW20 和 MW0。在 HMI 的默认变量表中（见图 5-4），将"采集周期"更改为"100ms"。

选中 HMI 变量表中的变量"锅炉事故"，在其变量表的下方就可以组态报警（见图 5-4），也可以通过双击"项目树"中的"HMI_1"文件夹中的"HMI 报警"，在 HMI 报警编辑器中组态报警（见图 5-7）。

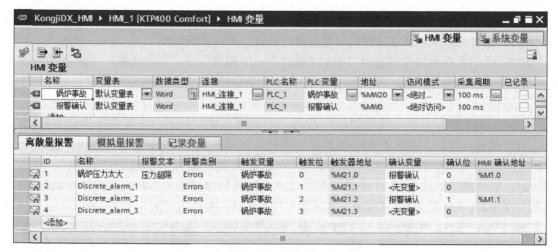

图 5-4 在 HMI 变量表中组态离散量报警

在图 5-4 中，双击"离散量报警"选项卡的第一行的 ID 列，生成 ID 号为"1"的报警条，默认名称为"Discrete_alarm_1"，报警类别为"Errors"，触发变量为"锅炉事故"，触发位为"0"，触发地址为"M21.0"，确认变量为"无变量"（需要手动添加上去）。

双击图 5-4 中的"名称"列（见图 5-5），将其默认名称更改为"锅炉压力太大"；在"报警文本"栏输入"压力超限"；单击"Errors"后面按钮 ▦（单击前被自动隐藏），可以更改其"报警类别"；单击"确认变量"列"无变量"后面按钮 ▦（单击前被自动隐藏），打开 HMI 变量表，选中"报警确认"变量，则"HMI 确认地址"列自动添加"M1.0"。

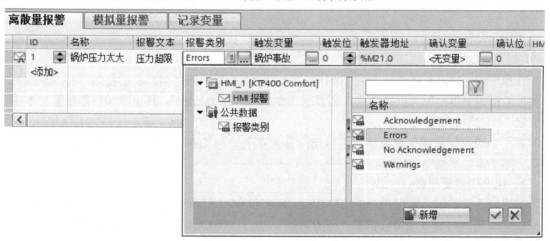

图 5-5 组态"报警类型"

双击"离散量报警"选项卡的第二行"添加"，自动生成第二条报警消息，除"名称"和"报警文本"列为默认设置外，该行的其他列均顺延前一行参数，用户可以更改其中参数（如将"确认变量"更改为"无变量"，通过单击"触发位"后面的增、减箭头改变报警在字变量中的位号，更改报警的 ID 等）。

一个字包含 16 位，即可以组态 16 个离散量报警。在图 5-4 中，分别使用"锅炉事故"MW20 的第 0 位～第 3 位（即 M21.0～M21.3）触发锅炉压力太大、Discrete_alarm_1～Discrete_alarm_3（图 5-4 中"名称"列未更改）等 4 种报警事故。

可以通过激活"离散量报警"表格右边的"报表"复选框，启用该报警的记录功能。报警事件保存在报警记录中，记录文件的容量受限于存储介质和系统限制。

选中某条报警，再选中巡视窗口中的"属性"→"属性"→"信息文本"，将与报警有关的信息写入窗口右边的文本框。系统运行时选中报警视图中的该报警消息后，操作员单击"工具提示"按钮 ⊞（图 5-9a 的左下角），信息文本将在弹出的窗口中显示。

可以在报警文本中插入变量的值。双击"项目树"中"HMI_1"文件夹中的"HMI 报警"，打开报警编辑器（见图 5-6），两次单击选中 1 号离散量报警的报警文本"压力超限"，右击后执行快捷菜单中的命令"插入变量域"，指定要显示的过程变量为"压力"，地址为"MW2"，输出域的长度为 5 个字符，报警文本中变量值输出的显示格式为"十进制"。确认"过程"变量后，"报警文本"列显示"<变量：5，#未解决#>压力超限"。

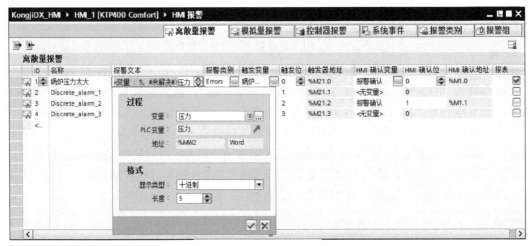

图 5-6　在报警文本中插入变量的值

在系统运行中，若锅炉压力为 20MPa，若"锅炉事故"中的 M21.0 的值为"1"，在报警窗口和报警视图中将出现"报警文本"列显示"到达 20 压力超限"，其中"20"是报警文本中插入变量"压力"的值。

参照"插入变量域"的方法，可以在报警文本中插入文本列表域，也可以更改报警文本的格式，如字体、下划线和闪烁等。

2. 组态模拟量报警

某锅炉正常的压力范围为 12～18MPa，18～20MPa 之间时应发出警告信息"压力超限"，10～12MPa 之间时应发出警告信息"压力降低"，大于 20MPa 或小于 10MPa 应发生故障信息，即压力过大或压力过小。

打开"HMI 报警"编辑器的"模拟量报警"选项卡，单击模拟量报警器的第一行，生成系统默认的报警消息，"名称"为"Analog_alarm_1"（见图 5-7a），"报警文本"为空，"报警类别"为"Errors"，无触发变量，"限制"为空，"限制模式"为"大于"，未激活"报表"功能。

输入报警文本"压力达大"（见图 5-7a），报警类别为"Errors"（事故）。报警编号 ID 为"1"，是自动生成的，用户可以更改它。选中巡视窗口中的"属性"→"属性"→"触发器"（若未出现巡视窗口，可选中报警名称后右击，在弹出的快捷菜单中选中"属性"打开其巡视窗口）。如图 5-7b 设置触发器变量为"压力"，在设置的延时 10ms 之后若触发条件仍然存在时才触发报警。限制模式为"大于"，限制值为"20"。单击"限制"下的按钮 Const▾，可以选择限制值为常数或由变量（HMI_Tag）提供。

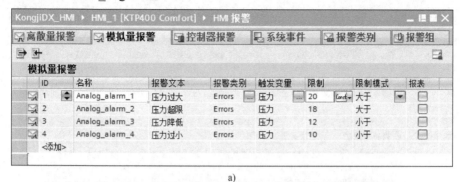

图 5-7　在编辑器中组态模拟量报警

　　如果过程值"压力"经常在"限制值（如 20）"附近波动，则会多次触发"压力过大"报警，为了防止这种情况发生，应组态死区来避免。死区的模式可以选择"关闭（不设死区）""到达时""离去时""到达/离去时"。图 5-7b 中"压力过大"报警的死区模式设置为"到达时"，死区值为 5%，如果没有勾选"百分数"复选框，则 5 表示十进制的数，即压力达到 25（20+5）时才触发报警，若勾选"百分数"复选框，则 5 表示 5%，即压力达到 21（20×105%）时才触发报警。

　　如果需要连续记录运行系统报警，可以勾选图 5-8"模拟量报警"选项卡右边 "报表"下的复选框（见图 5-8）。也可以在 HMI 的默认变量表中组态模拟量报警，在选中变量"压力"后，在其下方的巡视窗口中进行报警相关信息的组态。无论在哪个窗口中进行模拟量组态，另一窗口自动会映射过去，其组态信息相同。

5.1.3　报警视图的组态

　　报警视图用于直观地显示报警消息。将工具箱的"控件"窗格中的"报警视图 "拖拽到"根画面"中，用鼠标拖拽调节它的位置和大小（见图 5-9a）。

　　选中巡视窗口中的"属性"→"属性"→"常规"，设置要启用哪些报警（见图 5-9b）。报警事件存储在内部缓冲区中。一般选中"报警缓冲区"（系统默认选中"当前报警状态"），报警视图将显示所选报警类别当前和过去的报警消息。

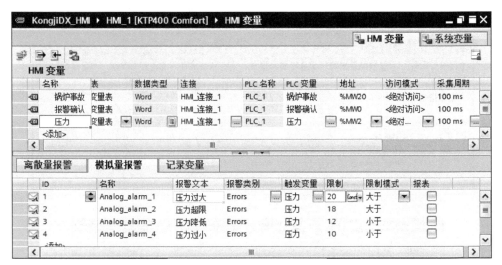

图 5-8　在变量表中组态模拟量报警

如果选中"当前报警状态"，只能显示所选的报警类别中当前被激活的报警消息。

如果选中"报警记录"，并且选中一个已有的报警记录，在运行系统中，已记录的报警将用报警视图输出。为此需要创建一个报警记录，并在报警编辑器中勾选要记录的报警的"报表"复选框。

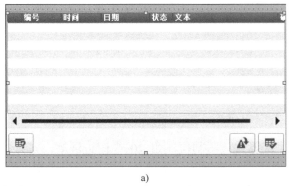

a)

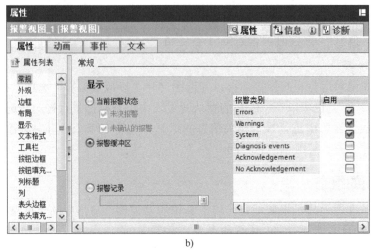

b)

图 5-9　报警视图的"常规"属性组态

选中巡视窗口中的"属性"→"属性"→"外观"，在此窗口中可以设置报警消息的外观

（见图 5-10），如报警的背景色、前景色、所选内容的前景和背景色，显示内容的背景色、按钮焦点的颜色、标题的前景色和网格线的颜色等。

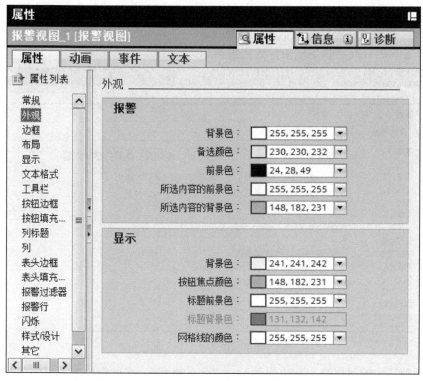

图 5-10　报警视图的"外观"属性组态

选中巡视窗口中的"属性"→"属性"→"边框"，在此窗口中可以设置报警消息的边框，如边框的条件宽度（设置范围 0～10）、样式（实心、3D 样式或双线）、颜色、角半径（设置范围 0～20）等，一般采用系统默认设置。

选中巡视窗口中的"属性"→"属性"→"布局"（见图 5-11），在此窗口中可以设置报警消息的布局，可以设置报警消息显示的位置和大小、在整个画面中适合大小进行显示，设置每个报警的行数（范围为 1～10）和可见报警数量（只有勾选"使对象适合内容"才能更改可见报警数量，范围为1～31）、报警显示类型（高级或报警行）等。

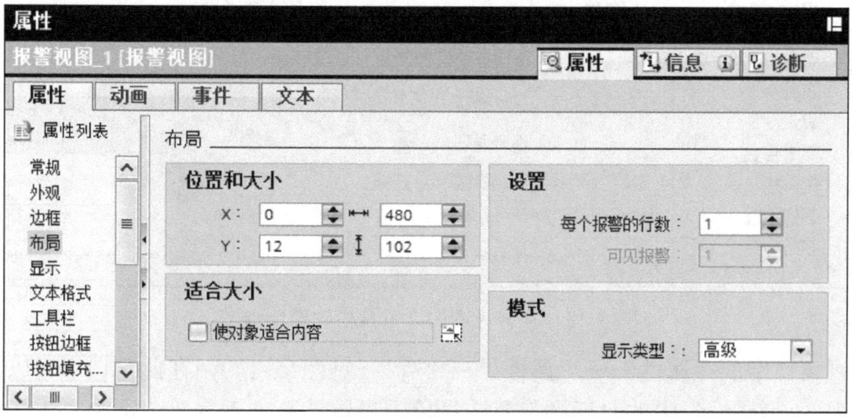

图 5-11　报警视图的"布局"属性组态

选中巡视窗口中的"属性"→"属性"→"显示"（见图 5-12），在此窗口中可以设置报警消息的显示，可以设置报警消息是否用滚动条显示、网络和焦点的宽度。如果在"用于显示区的控制变量"域定义了一个用于指定时间的变量，报警视图只显示存储在该变量中的时间值之后的报警消息。如果在"条件分析视图的控制变量"域定义一个用于条件满足情况下才显示的控制变量，报警视图只显示满足该条件的报警消息。

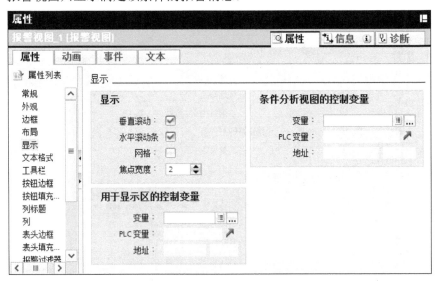

图 5-12　报警视图的"显示"属性组态

选中巡视窗口中的"属性"→"属性"→"文本格式"，在此窗口中可以设置报警消息的文本格式。如报警消息表格中的字体和字号，表格标题的字体和字号等。

选中巡视窗口中的"属性"→"属性"→"工具栏"（见图 5-13），在此窗口中可以设置报警消息的工具栏上有哪些按钮。

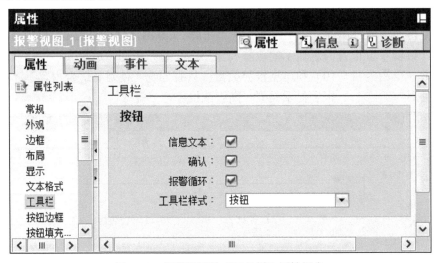

图 5-13　报警视图的"工具栏"属性组态

选中巡视窗口中的"属性"→"属性"→"列"（见图 5-14），在此窗口中可以设置报警消息所显示的列。"列属性"中的"标题"复选框用于设置是否显示表头，选中"重新排序列"复选框后，可以改变显示的列的顺序。"时间（毫秒）"用于指定显示的事件是否精确到毫秒。如果选中"跨列文本"复选框，运行时所在列的第二行将显示报警文本。如果选中"排序"方式为"降序"，最后出现的报警消息在报警视图的最上面显示。

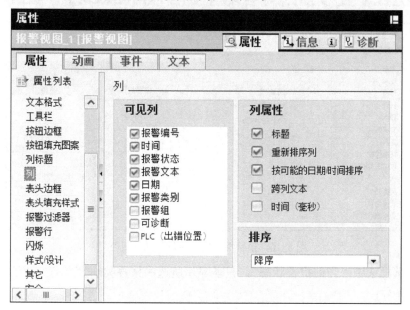

图 5-14 报警视图的"列"属性组态

5.1.4 报警窗口的组态

报警窗口用于显示当前报警。报警窗口在"全局画面"编辑器中组态。不能将报警窗口分配给其他任何画面。根据组态，当属于特定报警类别的报警处于激活状态时，报警窗口将打开。根据组态，确认前报警窗口不会关闭。即使报警处于未决状态且已显示，仍然可以使用 HMI 设备。

双击"项目树"中的"HMI_1"文件夹中"画面管理"文件夹中的"全局画面"，打开"全局画面"编辑器，报警窗口自动显示在全局画面中（见图 5-15），当然也可以通过将工具箱的"控件"窗格中的报警窗口按钮 拖拽到全局画面中，并通过鼠标拖拽调节它的位置和大小。

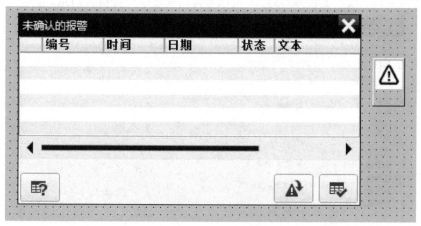

图 5-15 报警窗口和报警指示器

报警窗口的显示和组态与报警视图类似。单击全局画面中的报警窗口，选中巡视窗口中的"属性"→"属性"→"常规"（见图 5-16），单击选中"当前报警状态"，用复选框选中"未决报警"。

显示的报警类别为 Errors（事故），即在 Errors 行激活"启用"复选框，也可以启用其他复选框。

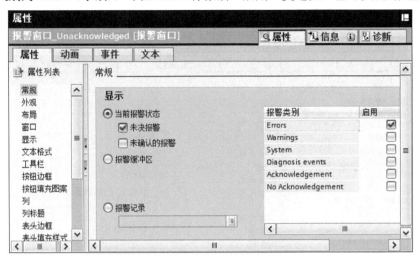

图 5-16 报警窗口的"常规"属性组态

如果用单选框选中"当前报警状态"，只能显示所选的报警类别为当前被激活的报警。下面是报警消息的条件：

1）只选中"未决报警"复选框，不管该报警是否被确认，只要处于"离去"（已决）状态时该报警消息就会消失。

2）只选中"未确认的报警"复选框，不管该报警是否离去，只要该报警被确认，它的报警消息就会消失，如果该报警未被确认，它的报警消息就不会消失。

3）同时选中或都不选中"未决报警"和"未确认的报警"复选框时，同时处于被确认和"离去"状态时报警消息才会消失。

选中报警窗口，再选中巡视窗口中的"属性"→"属性"→"布局"（见图 5-17），可以设置报警消息的行数（范围 1～10）和可见报警消息的个数（首先勾选"使对象合适内容"后才能设置其可见报警个数，范围为 1～31）；"模式"可设置为"高级"或"报警行"，如果选择"报警行"（精简系列面板不支持报警行），则报警窗口只显示一行报警消息。

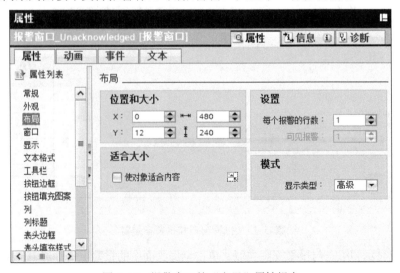

图 5-17 报警窗口的"布局"属性组态

选中巡视窗口中的"属性"→"属性"→"窗口"（见图 5-18）。若选中"设置"域中的"自动显示"复选框，表示当发生系统事件时自动显示报警窗口；若选中"按模式对话框"复选框，表示指定操作员必须先确认报警窗口才能继续工作，如果为报警窗口启用了"模式"选项，则只有在对显示的报警进行了所需的确认后该选项才会消失；若选中"可调整大小"复选框，表示当发生系统事件时用户可以更改运行系统中报警窗口的大小。若选中"标题"域中的"启用"复选框，则在报警窗口左上方将会显示"标题"栏中的内容（如系统默认内容"未确认的报警"）；若选中的"'关闭'按钮"复选框，则在报警窗口右上方将会显示关闭按钮的符号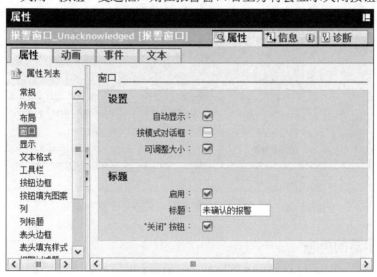。

图 5-18　报警窗口的"窗口"属性组态

选中巡视窗口中的"属性"→"属性"→"显示"，可以通过复选框设置在报警窗口是否有"水平滚动条"和"垂直滚动"。

选中巡视窗口中的"属性"→"属性"→"工具栏"（见图 5-19），可以通过复选框设置在报警窗口是否有"信息文本""确认"和"报警回路"等按钮。"信息文本"按钮为图 5-15 左下角的按钮，"确认"按钮为图 5-15 右下角的按钮。若选中"报警循环"复选框，将在报警窗口的右下角"确认"按钮左侧显示"报警回路"按钮。"工具栏样式"可以选择"按钮"或"无"，如果选中"按钮"，则"信息文本"和"确认"将以按钮形式出现；若选中"无"，则在报警窗口中将不显示任何按钮。

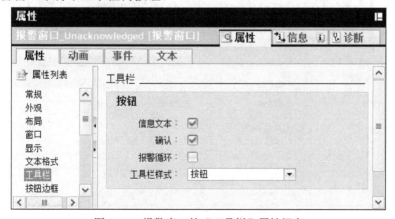

图 5-19　报警窗口的"工具栏"属性组态

可以在"运行系统设置"窗口中编辑（见图 5-20），设置显示系统事件的持续时间和诊断报警等。

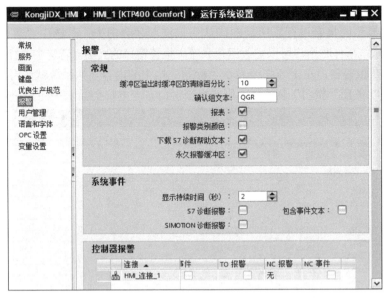

图 5-20　在"运行系统设置"中组态"报警"属性

5.1.5　报警指示器的组态

报警指示器是根据组态显示当前错误或显示需要进行确认的错误的图形符号（见图 5-15 的右侧）。报警指示器使用警告三角形来表示报警处于未决状态或要求确认。如果产生组态的报警类别中的报警，则显示报警指示器。

报警指示器在"全局画面"编辑器中组态。双击"项目树"中的"HMI_1"下"画面管理"文件夹中的"全局画面"，打开全局画面，报警窗口自动显示在全局画面中（见图 5-15），当然也可以通过将工具箱的"控件"窗格中的"报警指示器"按钮 ![警告三角] 拖拽到全局画面中。通过鼠标拖拽调节它的位置和大小。

单击"全局画面"中的报警指示器，选中巡视窗口中的"属性"→"属性"→"常规"（见图 5-21），用复选框选中需要使用报警指示器显示哪些报警类别，如"Errors""Warnings"等。

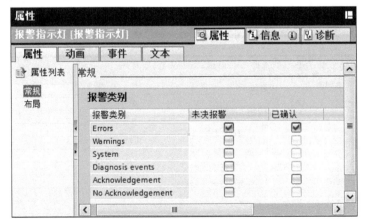

图 5-21　报警指示器的"常规"属性组态

选中巡视窗口中的"属性"→"事件"→"单击"（见图 5-22），单击"添加函数"行后出现的按钮▼，打开系统函数中的"所有的系统函数"或"报警"，添加"显示报警窗口"。"显示模式"可选择"切换""开"和"关"。

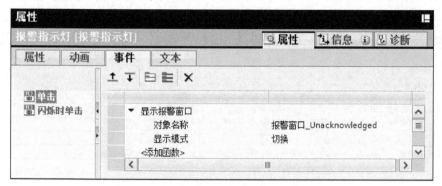

图 5-22　报警窗口的"事件"属性组态

5.2　历史数据与趋势视图的组态

历史数据也称为归档系统，通过记录来自工业现场中自动化系统的历史数据，从而方便用户对故障和运行状况进行分析和处理，对系统设备进行检测和控制，提取必要的信息，从而优化维护周期和提高产品质量。

历史数据分为两种类型，即数据记录（过程值归档）和报警记录（消息归档）。

5.2.1　数据记录的组态

数据记录顾名思义是用来收集、处理和记录来自现场设备的过程数据，也被称为数据日志。数据是指在生产过程中实时采集的、保存在某一设备存储器中的过程变量，这些数据反映了设备的运行状态，如设备的起动和停止、电动机的温度和反应罐的压力等。这些数据供技术员、管理员或维护员分析设备运行状态，对故障进行迅速判断和排除。

1．变量的记录属性

生成一个名称为 KongjiDX_HMI 项目，PLC 为 CPU 1214C，HMI 为 KTP 400 Comfort，在网络视图中建立它们的以太网连接。KTP 400 Comfort 最多可以组态 10 个数据记录，每个数据记录的最大条目数为 10000。

在 PLC 和 HMI 中生成两个变量：电动机、温度（见图 5-23），在 HMI 默认变量表中"已记录"列有复选框，刚生成变量时此复选框为灰，即不能勾选。当某变量被组态为数据记录后，该变量的"已记录"复选框被自动勾选。

选中任一变量，如"温度"，在巡视窗口中的"记录变量"选项卡中可以组态此变量的数据记录。

2．创建数据记录

为了记录某一过程变量的值，首先应生成一个数据记录，然后将数据记录分配给该变量，或者在组态数据记录时新增历史数据，在此先生成一个数据记录。

双击"项目树"中"HMI_1"文件夹中的"历史数据"，打开历史数据编辑器（见图 5-24），双击编辑器的第一行，生成一个数据记录，系统自动指定新的数据记录的默认值，用户可以对默认值进行更改和编辑。其默认名称为"数据记录_1"，存储位置为"RDB 文件"，每个记录的数据记录数为"500"，保存路径为"\Storage Card SD\Logs"，记录方法为"循环记录"，序列段数量为"10"，填充量为"90"，运行系统启动时启用记录为已激活，重启时记录处理方式为"向现在记录追加数据"（见图 5-24 中表格的第一行）。

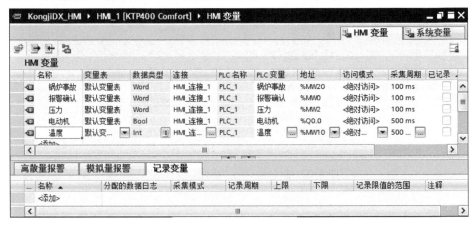

图 5-23　HMI 的默认变量表

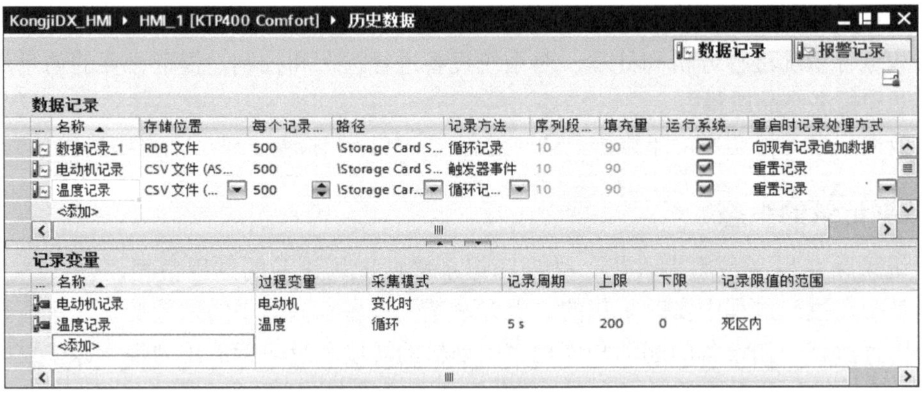

图 5-24　组态数据记录

双击第二行，生成第二个数据记录，并将默认名称更改为"电动机记录"，存储位置更改为"CSV 文件（ASCII）"，记录方法更改为"触发器事件"，重启时记录处理方式为"重置记录"（见图 5-24）。

双击第三行，生成第三个数据记录，并将默认名称更改为"温度记录"，存储位置更改为"CSV 文件（ASCII）"，记录方法更改为"循环记录"，重启时记录处理方式为"重置记录"。

选中"电动机记录"，在"数据记录"下面的"记录变量"表中组态与"电动机记录"连接的 PLC 变量"电动机"（Q0.0）的属性。单击"<添加>"，可以增加被记录的变量。用同样的方法，组态"温度记录"。

也可以在 HMI 变量表中给选中的变量分配数据记录。

记录变量中的"采集模式"有三种模式，分别为：循环、变化时、必要时。"循环"是根据设置的记录周期记录变量值（如图 5-24 中的"温度记录"的记录周期为 5s）；"变化时"是HMI 设备检测到数值改变时，就对变量值进行记录；"必要时"是通过调用系统函数"日志变量"记录变量值。

3．组态数据记录的属性

选中图 5-24 中的"温度记录"，再选中巡视窗口中的"属性"→"属性"→"常规"
（见图 5-25）。"每个记录的数据记录数"是可以存储在数据记录中数据条目的最大数目，其最大值受到 HMI 设备的存储容量的限制。

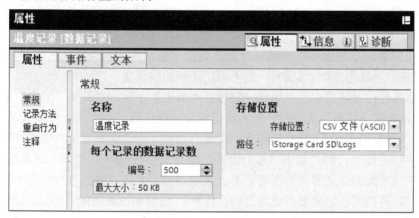

图 5-25　数据记录的"常规"属性组态

数据记录的存储位置有 RDB 文件、CSV 文件和 TXT 文件。RDB 是 Relational Database（关系数据库）的缩写，扩展名为 rdb 的文件是关系数据库文件，如果要在运行系统中获得最大的读取性能，可使用"RDB 文件"存储位置；CSV 是微软的 Excel 文件。TXT（文本）文件格式支持可用于 WinCC 的所有字符，使用通过 Unicode 格式保存文件的软件来编辑。如果存储位置选择 RDB 或 CSV，数据记录和记录中的变量不支持中文。

物理存储位置有 U 盘（USB 端口）、SD 存储卡和网络驱动器。可选的存储位置与 HMI 设备的类型有关，具体情况见 WinCC 在线帮助的"日志的存储位置"。

设置"存储位置"域中的"路径"为"\Storage Card USB\"，或"\Storage Card SD\"。成功地编译 HMI 设备和启动运行系统后，在计算机的 C 盘自动生成文件夹"Storage Card USB"和其中的 Excel 文件"温度记录 0.csv"。

4．组态数据记录方法

选中某一数据记录，如温度记录，再选中巡视窗口中的"属性"→"属性"→"记录方法"
（见图 5-26），有 4 种可选的记录方法，下面一一介绍。

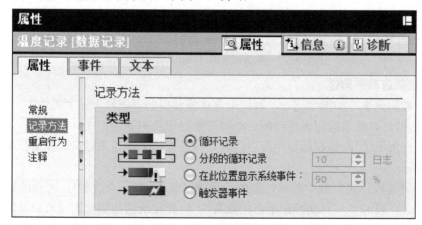

图 5-26　数据记录的"记录方法"属性组态

1）循环记录：记录中保存的数据采用先入先出的存储方式，当记录记满时，将删除大约20%的最早条目。因此无法显示所有已组态的条目。在组态期间，选择适当大小的循环日志，或组态一个分段循环日志。

2）分段的循环记录：将连续填充相同大小的多个日志段。当所有日志段均被完全填满时，最早的日志将被覆盖。此时需要设置日志段的最大编号（默认值为 10，最大编号为 500，因HMI 设备型号而异），最小编号为 0。

3）在此位置显示系统事件：当循环日志达到定义的填充比例（默认值为 90%）时，将发送系统报警消息。当日志 100%填满时，将不再记录新的变量值。

4）触发器事件：循环日志一旦填满，将触发"溢出"事件。在发生"溢出"事件时将执行组态函数。当达到组态的日志大小时，将不再记录新的变量值。

如果选中"触发器事件"，则需要组态"溢出"事件，即选中巡视窗口中的"属性"→"事件"→"溢出"（见图 5-27），单击"添加函数"域后面的按钮▼，选择系统函数的"画面\激活屏幕"（预先生成数据记录溢出的报警画面，如图 5-27 中的"画面_1"），将"画面名称"选择为"画面_1"。再击"添加函数"域后面的按钮▼，选择系统函数的"编辑位\置位位"（预先生成数据记录溢出的溢出报警指示变量，如图 5-27 中的"画面_1"），将"变量"选择为 HMI默认变量表中的变量"溢出指示"。当温度记录数据记满时设置的 500（图 5-25 中"每个记录的数据记录数"域的编号为 500）个数据时，出现溢出，HMI 画面会从"根画面"自动切换到"画面_1"，"溢出"指示灯会被点亮（因在图 5-27 中对溢出指示灯组态的函数为"置位位"，因此还需要通过其他方式将此指示灯熄灭，如组态一个溢出复位按钮）。

图 5-27　数据记录的"溢出"属性组态

5. 组态重新启动的属性

选中某一数据记录，如温度记录，再选中巡视窗口中的"属性"→"属性"→"重启行为"（见图 5-28），即可以组态运行系统重新启动时对数据记录的处理方式。如果激活了复选框"运行系统启动时启用记录"，则在运行系统启动时开始进行记录；若未激活则在运行系统启动时将不再启动数据记录。

在"重启时处理日志"域中若单击选中"重置记录"（即记录清零），将删除原来的记录值并重新开始记录；若选中"向现有记录追加数据"，将要记录的值添加到现有记录的后面。也可以双击"项目树"中的"历史数据"，打开"历史数据"编辑器，直接在"历史数据"编辑器中组态日志的重启特性。

还可以在运行系统中使用系统函数"开始记录"来启动记录。

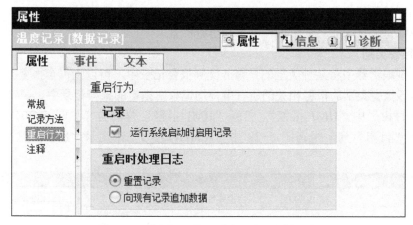

图 5-28　数据记录的"重启行为"属性组态

5.2.2　报警记录的组态

报警记录用来指示系统的运行状态和故障。通常由控制器 PLC 触发报警，在 HMI 设备的画面中显示报警信息。除在报警视图和报警窗口中实时显示报警事件以外，WinCC 还为用户提供报警记录来记录报警。可以在一个报警记录中记录多个报警类别的报警。可以用一些应用程序（如 Excel）来查看报警记录。注意：某些 HMI 设备不能使用报警记录。

1. 创建报警记录

用博途软件打开 KongjiDX_HMI 项目，双击"项目树"中"HMI_1"文件夹中的"历史数据"，打开"历史数据"编辑器的"报警记录"选项卡（见图 5-29）。双击编辑器的第一行，自动生成一个名为"Alarm_log_1"的报警记录，系统自动指定其默认值，用户可以对它进行更改和编辑。可以在报警记录的表格或报警记录的巡视窗口中组态报警记录的属性。

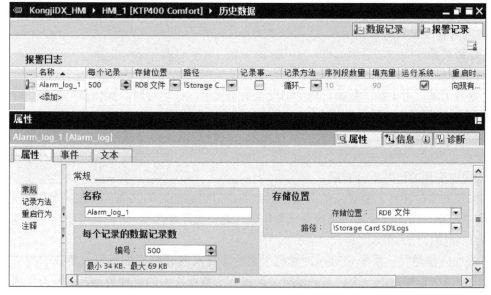

图 5-29　组态报警记录

2．组态报警记录

报警记录的组态方法与数据记录的组态基本相同，报警记录的属性“记录方法”和“重启行为”与数据记录的组态基本相同，在此不再赘述。注意：应在报警记录的“记录方法”属性的“设置”域中勾选复选框“记录事件文本和出错位置”。

3．组态报警类别

在报警类别编辑器中将某种类型的报警分配到报警记录中，可以为每个报警类别指定 一个报警记录，与该报警类别的报警相关的所有事件均记录在指定的报警记录中。

双击“项目树”中“HMI 报警”，打开“HMI 报警”编辑器（见图 5-30），在“报警类别”选项卡的“日志”列，组态图 5-29 中“Alarm_log_1”来记录“Errors”（事故）类别的报警。

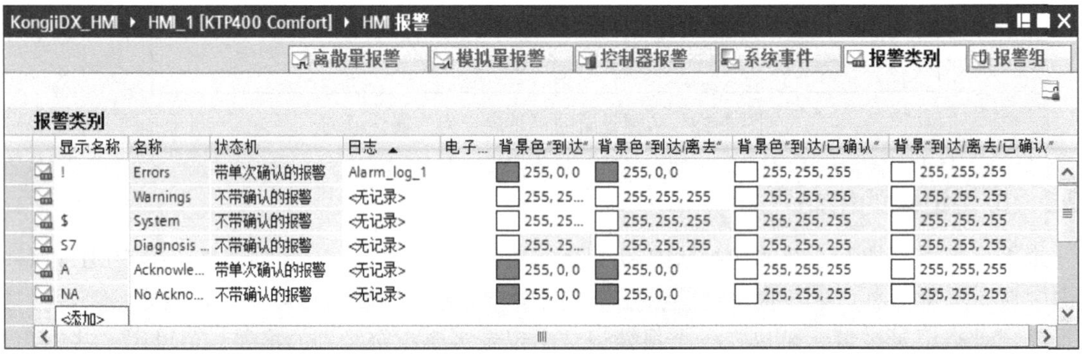

KongjiDX_HMI ▸ HMI_1 [KTP400 Comfort] ▸ HMI 报警
离散量报警
模拟量报警
控制器报警
系统事件
报警类别
报警组
报警类别
显示名称 名称 状态机 日志 电子... 背景色"到达" 背景色"到达/离去" 背景色"到达/已确认" 背景"到达/离去/已确认"
! Errors 带单次确认的报警 Alarm_log_1 255, 0, 0 255, 0, 0 255, 255, 255 255, 255, 255
Warnings 不带确认的报警 <无记录> 255, 25... 255, 255, 255 255, 255, 255 255, 255, 255
$ System 不带确认的报警 <无记录> 255, 25... 255, 255, 255 255, 255, 255 255, 255, 255
S7 Diagnosis ... 不带确认的报警 <无记录> 255, 25... 255, 255, 255 255, 255, 255 255, 255, 255
A Acknowle... 带单次确认的报警 <无记录> 255, 0, 0 255, 0, 0 255, 255, 255 255, 255, 255
NA No Ackno... 不带确认的报警 <无记录> 255, 0, 0 255, 0, 0 255, 255, 255 255, 255, 255
<添加>

图 5-30　报警类别编辑器

同样，还需要组态离散量报警、模拟量报警、报警视图，方法同章节 5.1.2 和 5.1.3。

5.2.3　趋势视图的组态

趋势是变量在运行时其值的图形表示，在画面中用趋势视图来显示趋势。趋势视图是一种动态显示元件，以曲线的形式连续显示其过程数据。一个趋势视图可以同时显示多个不同的趋势。

趋势视图分为以时间 t 为自变量的趋势视图和以任意变量 x 为自变量的趋势视图。本节仅介绍以时间为自变量的趋势视图。

1．趋势类型

趋势共有以下 4 种类型：

1）数据记录。用于显示数据记录中的变量的历史值，在运行时，操作员可以移动时间窗口来查看期望的时间段内记录的数据。

2）实时位触发。启用缓冲方式的数据记录，实时数据保存在缓冲区内。通过在“趋势传送”变量中设置的一个位来触发要显示的值。读取完成后，该位被复位。位触发的趋势对于显示短暂的快速变化的值时十分有用。

3）触发的实时循环。要显示的值根据固定的、可组态的时间间隔从 PLC 读取数据，并在趋势视图中显示。在组态变量时选择“采集模式”为“循环连续”。这种类型适合于连续变化的物理量，如温度、压力等。

4）缓冲区位触发。用于带有缓冲数据采集的事件触发趋势视图显示。要显示的值保存在 PLC 的缓冲区中。指定的一个位被触发时，读取一个数据块中的缓冲数据。这种类型适合于对变量趋势过程的整体了解。

2. 生成趋势视图

将工具箱的"控件"窗格中的"趋势视图"按钮⟨∠⟩拖拽到画面中，用鼠标拖拽调节趋势视图的位置和大小（见图 5-31）。

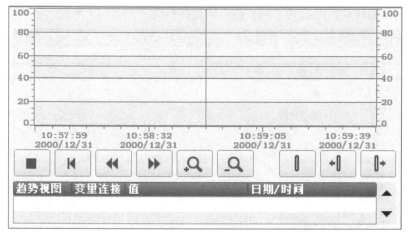

图 5-31　趋势视图

选中"趋势视图"，再选中巡视窗口中的"属性"→"属性"→"趋势"（见图 5-32），双击窗口右边的第一行"<添加>"，创建一个默认"趋势_1"的趋势，"样式"可以组态为"棒图""步进""点"和"线"（如果选中"线"，还可以组态线的"线宽""背景色"和"线样式"，"线样式"为"实心"或"虚线"，一个窗口若同时显示两个及以上变量的趋势时，系统会自动选择不同的背景色或线样式，以便观察）；"趋势值"的个数可组态范围为 1～999；"趋势类型"可组态为上述 4 种；"源设置"为趋势视图要显示的数据源，包含过程变量和循环时间（单位为 s，范围为 0.1～65535.0s）的设置。

将生成的"趋势_1"的"趋势值"设置为 100，"趋势类型"设置为"触发的实时循环"，"源设置"设置为新增内部变量"线性变量"，新值来源方向设置为"左"。用同样方法生成"趋势_2"，趋势_2 的"样式"列的背景色自动变为另一颜色（区别于已生成的"趋势"），"趋势_2"的组态如图 5-32 所示。

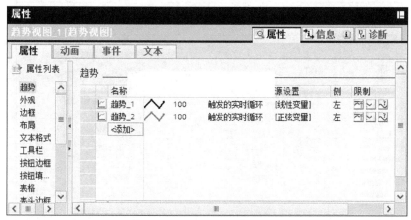

图 5-32　趋势视图的"趋势"属性组态

3. 组态外观属性

选中巡视窗口中的"属性"→"属性"→"外观"（见图 5-33），可以设置趋势视图轴和网络线的颜色和背景色，以及是否显示网格。网格的样式可选"行""范围"和"线和面"。"参照轴"是指网格的参照轴。可以组态是否显示标尺（趋势视图中间的一根垂直线）、焦点宽度和它们的颜色。

图 5-33 中"方向"，可组态为"从左侧"或"从右侧"，若选中"从右侧"表示在运行时趋势曲线从右侧向左侧移动。组态为"从左侧"则正好相反。

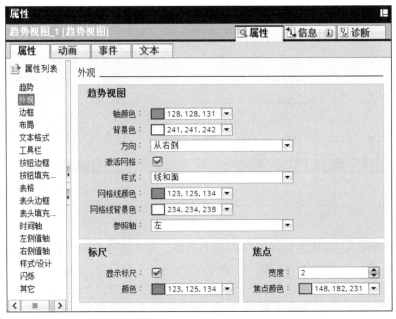

图 5-33　趋势视图的"外观"属性组态

4．组态表格属性

选中巡视窗口中的"属性"→"属性"→"表格"（见图 5-34），可以组态是否"显示表格"、是否显示"网格"及"网格线"的颜色。可以设置表格和标题的颜色、可见的行数。可以设置在运行时是否"重新排序列"等。

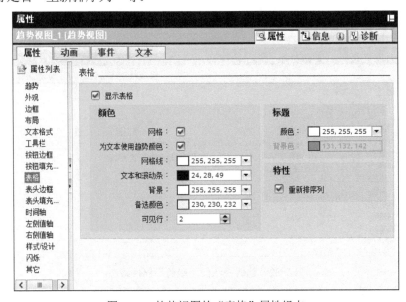

图 5-34　趋势视图的"表格"属性组态

172

5. 组态轴属性

选中巡视窗口中的"属性"→"属性"→"时间轴"（见图 5-35），可以组态是否显示"时间轴"。"轴模式"用来设置 X 轴刻度显示的样式，可组态为"点""变量/常量"和"时间"。选择"点"时，刻度将根据值的设置数目（设置范围为 2～99999999）显示；选择"变量/常量"时，刻度将使用变量中的数值或常数显示；选择"时间"时，刻度将使用时间和日期值显示。"轴模式"一般设置为"时间"。X 轴的右端显示当前的时间值，左端显示的是 100s（由"范围"域中的"时间间隔"设置，设置范围为 1～214748364.7）之前的时间值。"外部时间"由来自 PLC 的变量提供，其变量必须为"DateTime"数据类型。

在组态"时间轴"时，如果不勾选"标签"复选框，刻度线和刻度值将会消失。如果不勾选"刻度"，刻度线和中间的刻度值将会消失。在组态"左侧值轴"和"右侧值轴"时，若不勾选"标签"或"刻度"复选框，表格的刻度线和刻度值的显示也会消失。

"增量"是指时间轴上两条相邻的最小刻度线之间的部分对应的时间值，"增量"若设置为"0"将不显示最小刻度值。"刻度"是指时间轴等分的数量（在"轴模式"选择"点"和"变量/常量"时可设置刻度数），如图 5-35 中"刻度"为"4"，即将时间轴被等分为 5 段。

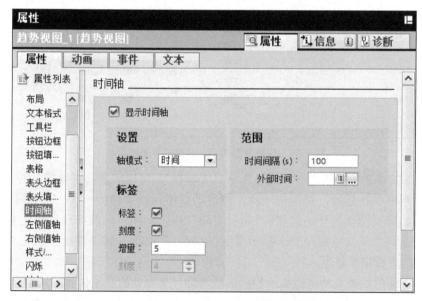

图 5-35　趋势视图的"时间轴"属性组态

趋势视图中左右两侧垂直坐标轴的刻度可以按变量或常数值设置，在此以组态"左侧值轴"为例，选中巡视窗口中的"属性"→"属性"→"左侧值轴"（见图 5-36），可以设置轴的起始端（下端点）和末端（上端点）的值。如果勾选"自动调整大小"复选框，则轴的起始端和末端不能设置，趋势视图的显示由系统自动调整其大小。

如果希望在运行时显示水平的辅助线，以方便数值的读取，则需要勾选"显示帮助行位置"复选框，并设置"辅助线的值"。一般情况下将"辅助线的值"的大小设置在过程变量稳定值附近。

"标签长度"是指轴标签所占的字符数。"增量"是每个小刻度对应的数值。"刻度"是每个大刻度划分的小刻度数。

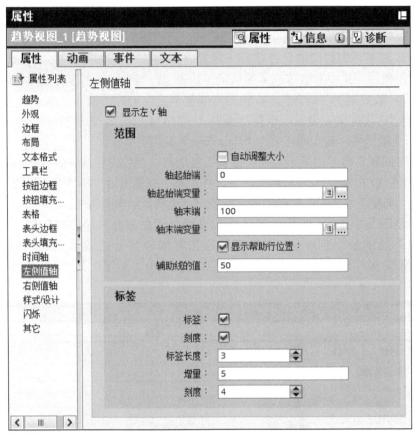

图 5-36 趋势视图的"左侧值轴"属性组态

选中巡视窗口中的"属性"→"属性"→"工具栏",可以用复选框设置是否显示工具栏。工具栏中的"起停"按钮 ■,每单击一次,则启动或停止记录趋势一次;"当前值"按钮 ◄,按下该按钮后趋势视图转到开始位置;"向后滚动"按钮 ◄◄ 和"向前滚动"按钮 ►►,每按下一次,趋势视图会向后或向前滚动一个显示宽度;"放大"按钮 ◄ 和"缩小"按钮 ◄,每按一次趋势视图将被放大或缩小显示。

趋势视图下面的数值表动态地显示趋势曲线与标尺交点处的变量值和时间值。"显示或隐藏标尺"按钮 ▌,每按一次,标尺将会被显示或隐藏;"向左移动"按钮 ◄▌和"向右移动"按钮 ▐►,每按一次,趋势视图中标尺将向左或向右移动,这样便于用户准确读取变量值。如果一直按住"向左移"或"向右移"按钮,可以使标尺快速向左或向右移动。在触摸屏运行时可以用手指按住并拖动标尺进行左右移动。

6. 趋势视图的仿真

选中"项目树"中的"HMI_1",执行菜单命令"在线"→"仿真"→"使用变量仿真器",打开变量仿真器,出现仿真面板(见图 5-37)。

在变量仿真器中设置"线性变量"和"正弦变量"值在"0~100"之间变化,周期分别为"25"和"50","模式"方式分别为"增量"和"Sine"(见图 5-37),用"开始"列的复选框启动这两个变量,运行一段时间后得到的趋势曲线如图 5-38 所示。

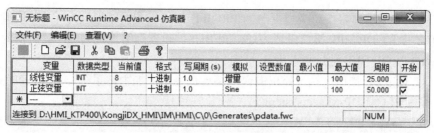

图 5-37　变量仿真器

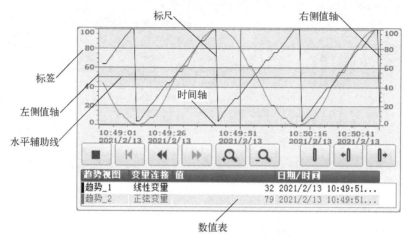

图 5-38　运行时的趋势曲线

5.3　系统诊断的组态

系统诊断用于系统在运行时能实时诊断出系统发生的故障。WinCC 提供给用户两种系统诊断显示方式，即系统诊断视图和系统诊断窗口。

系统诊断视图显示工厂中全部可访问设备的当前状态和详细的诊断数据。可以直接浏览到错误的原因，可访问在"设备和网络"编辑器中组态的所有具有诊断功能的设备。

系统诊断窗口只能在全局画面中使用，其功能与系统诊断视图相同。只有精智面板和 WinCC RT Advanced 才能使用 HMI 系统诊断的所有功能。注意：精简系列面板只能使用系统诊断视图。

1．生成设备

打开博途软件，创建一个名称为"XitongZD_HMI"的项目，PLC 选择为 CPU 314C-2PN/DP（S7-1200 PLC 不能做 DP 主站），HMI 选择精智面板 KTP 400 Comfort。

打开网络视图，首先将 PLC_1 和 HMI_1 位置对调一下，这样便于网络的连接。将右边硬件目录中窗口的"分布式 I/O\ET 200S\接口模块\PROFIBUS\IM 151-1 标准型"文件夹中的接口模块型号为 6ES7 151-1AA04-0AB0 拖拽到网络视图 PLC_1 的右侧。双击生成的 ET 200S 站点，打开它的设备视图，在机架的 1～5 槽位分别添加 PM、DI、DO、AI 和 AO 等模块。设置 AO 模块的"通道 0"的输出范围为 4～20mA，勾选"诊断：断路"复选框。

2．生成 DP 主站

打开网络视图，右击 HMI_1 的 DP/MPI 接口，选中巡视窗口中的"属性"→"常规"→

"MPI 地址",在右边窗口将接口类型更改为 PROIFBUS,设置网络地址为 1(默认值),用同样的方法将 PLC_1 的 DP/MPI 接口设置为 PROIFBUS,设置网络地址为 2(默认值);将分布式 I/O 接口模块的 PROIFBUS 地址更改为 3。

右击 PLC_1 的 DP 接口,执行弹出的快捷菜单命令"添加主站系统",生成 DP 主站系统,网络默认名称为 PLC_1.DP-Mastersystem(1)(见图 5-39)。

图 5-39　DP 主站系统

3．建立网络连接

在网络视图窗口中,单击 ET 200S 方框内蓝色的"未分配",再单击出现的文本中的 "PLC_1.MPI/DP 接口_1"(见图 5-39),PLC 和 ET 200S 之间生成双线的 PRORFIBUS 网络, "未分配"变为"PLC_1"。

单击工具栏左上角的"连接"按钮,在"连接"右边的下拉列表自动选中"HMI 连接"。用拖拽的方法连接 PLC_1 和 KTP400 Comfort 的 DP 接口,在弹出的文本中选择 "PROFIBUS_1",然后生成"HMI_连接_1"(见图 5-40)。

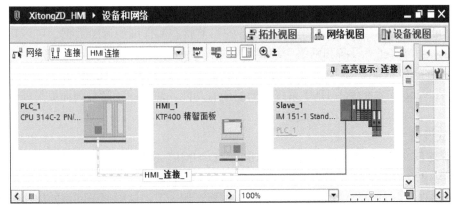

图 5-40　HMI 连接

4．生成代码块和数据块

双击网络视图中的 PLC,打开 PLC 的设备视图,选中 CPU,然后选中巡视窗口中的 "属性"→"常规"→"系统诊断"→"常规",勾选复选框"激活该设备的系统诊断"(见图 5-41)。

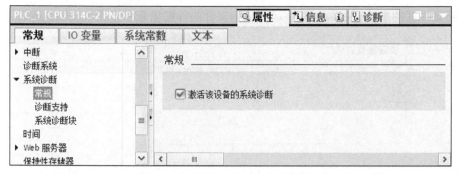

图 5-41　激活设备的系统诊断功能

　　右击"项目树"的 PLC_1，然后选中快捷菜单中的"编译"→"硬件和软件（仅更改）"，编译成功后，在"项目树"文件夹"程序块"中自动生成了用于故障诊断的 OB82、OB83、OB85 和 OB86，以及"\程序块\系统块\系统诊断"文件夹中用于系统诊断的函数块 FB49、函数 FC49 和数据块（见图 5-42）。OB1、OB82、OB83 和 OB86 中有自动生成的调用函数块 FB49 的指令。

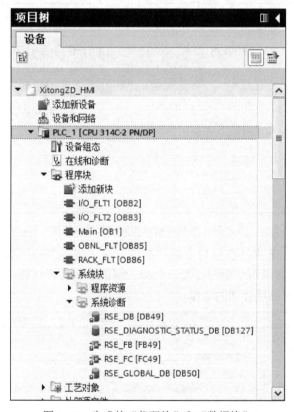

图 5-42　生成的"代码块"和"数据块"

5. 组态系统诊断

　　将工具箱的"控件"窗格中的"系统诊断视图"按钮拖拽到"根画面"中，用鼠标拖拽调节它的位置和大小（见图 5-43）。

　　选中巡视窗口中的"属性"→"属性"→"布局"（见图 5-44），勾选复选框"重新排序列"，可以在运行系统中移动列。勾选复选框"显示拆分视图"，在运行系统中系统诊断视图将被拆分为两个区域：顶部显示设备视图，底部显示详细视图；如果打开诊断缓冲区视图，上面将显示诊断缓冲区的事件列表，下面显示选中的事件的详细信息和错误可能的原因。

图 5-43　系统诊断视图

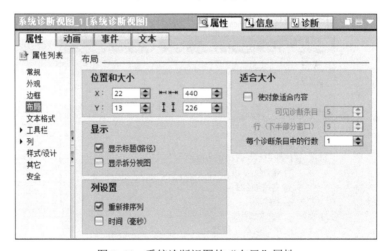

图 5-44　系统诊断视图的"布局"属性

单击系统诊断视图，选中巡视窗口中的"属性"→"属性"→"列"→"设备/详细视图"（见图 5-45），用复选框启用两个视图要显示的列。可以自定义列标题，修改设备视图默认的列宽度。在系统运行时也可以更改列的宽度。

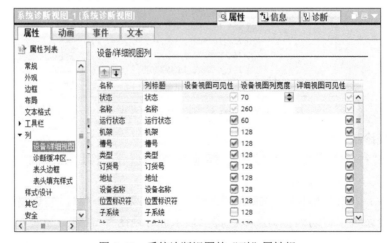

图 5-45　系统诊断视图的"列"属性组

"诊断缓冲区视图"与"设备/详细视图列"的操作方法基本上相同。

双击"项目树"中 "\HMI_1\画面管理"文件夹中的全局画面。将工具箱的"控件"窗格中的"系统诊断窗口"图标⬛拖拽全局画面中，其组态方法与系统诊断视图相同。

5.4 用户管理的组态

5.4.1 用户管理的作用及结构

1. 用户管理的作用

一个功能完善的系统在运行时，需要设置或修改某些参数，如温度、时间值的设置，PID 控制器的参数修改，创建新的配方等。显然，上述某些参数的修改操作人员可以完成，而某些重要参数的修改只能允许专业人员完成，即未经授权的人员不得对这些重要数据进行访问或操作。

一般情况下，设备操作人员只能访问指定的输入域和功能键，而经过授权的设备调试人员在系统运行时可以不受限制地访问所有变量，即可以对设备进行调试、操作、维护和功能升级等。

用户管理功能可以建立用户组和用户，定义特定的用户具有特定的权限，为不同权限的用户定义不同的操作与数据访问的权利。任何操作 HMI 设备的人员必须通过其用户名和口令进行登录。

2. 用户管理的结构

用户管理包括两个方面内容，即用户组和用户。在用户管理中，权限不是直接分配给用户，而是分配给用户组，同一个用户组中的用户具有相同的权限。

组态时需要创建用户和用户组，在"用户"编辑器中，将各用户分配到相应的用户组，并获得不同的权限。在"组"编辑器中，为各用户分配特定的访问权限（即授权）。用户管理将用户的管理和权限的组态分离开来，这样可以保证访问保护的灵活性，使得管理变得更为系统化和高效化。

在工程组态系统中的组态阶段，为用户管理设置默认值。在运行系统中可以使用用户视图创建和删除用户，修改用户的密码和权限。

5.4.2 用户管理的组态过程

打开博途软件，创建一个名称为"YonghuGL_HMI"的项目，PLC 选择为 CPU 1214C，HMI 选择精智面板 KTP400 Comfort。在网络视图中生成基于以太网的 HMI 连接。

1. 组态用户组

双击"项目树"中"HMI_1"文件夹中的"用户管理"，打开"用户管理"编辑器的"用户组"选项卡（见图 5-46）。图 5-46 上面"组"表格中的管理员组（Administrator group）和用户（Users）是自动生成的。它的编号分别为 1 和 2，显示名称分别为"管理员组"和"用户"。

双击"组"表格下面的空白行的"<添加>"，生成两个新组，默认名称分别为"Group_1"和"Group_2"，编号顺延前一行，分别为 3 和 4，将新生成的两个组名称分别更改为"工程组"和"操作组"。

选中某一用户组后，通过勾选下面"权限"表格中的复选框，可以为它分配权限。通过设置可以将"管理员组"的权限设置最高，拥有所有的操作权限（即对 HMI 可以进行"用户管理""监视"和"操作"）；"工程组"拥有除"用户管理"之外的所有权限；"用户组"和"操作组"的权限最低，只有"监视"权限。

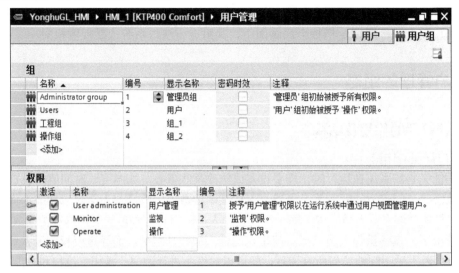

图 5-46 用户组的"权限"组

选中"组"或"权限"表格中的某个对象后，也可以在下面的巡视窗口编辑它的属性（见图 5-47）。注意：如果当前窗口处于"浮动"状态，则在选中某个对象后，右击执行"属性"命令才能打开属性对话框（即该对象的巡视窗口）。

图 5-47 管理员用的"常规"属性组态

2. 组态用户

双击"项目树"中"HMI_1"文件夹中的"用户管理"，打开"用户管理"编辑器的"用户"选项卡（见图 5-48），用于将用户分配给用户组，一个用户只能分配给一个用户组。

用户的名称只能使用数字和字符，不能使用汉字。双击"用户"表格中的"<添加>"生成新的用户，默认名称为"User_1"，将其名称修改为"Wangli"，再生成两个用户，分别为"Shiyi"和"Liwu"。

在"用户"表选中"Wangli"，用"组"表的"成员属于"单选框将他指定给"工程组"。用同样的方法，将"Shiyi"和"Liwu"分别分配给操作组和 Users 组。

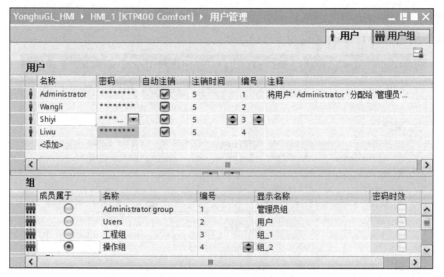

图 5-48　生成用户并分配给用户组

可以在上面的表格中或下面的巡视窗口中组态用户名、密码和注销时间等参数。指定密码后的用户在"用户"栏的表格中"密码"列显示无浅红色背景的********（见图 5-48 的前两行）。选中"Shiyi"用户，再选中巡视窗口中"属性"→"常规"→"常规"（见图 5-49），在"显示"域中可以更改名称和编号，在"密码"域中输入密码，密码只能为数字、字母和字符。

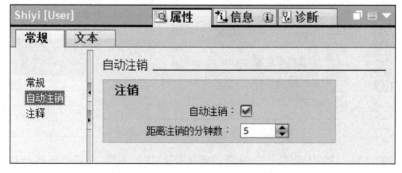

图 5-49　用户"常规"属性组态

注销时间是指在设置的时间内没有访问操作时，用户权限被自动注销的时间。选中巡视窗口中"属性"→"常规"→"自动注销"（见图 5-50），注销默认值为 5min，可设置范围为 1～60min。

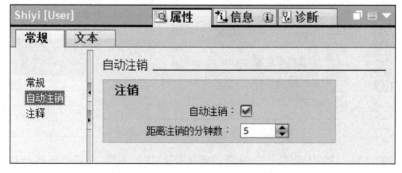

图 5-50　用户"自动注销"属性组态

在"用户"表格中选中某行后，单击某列后面的按钮 ▾ ，可对其参数进行修改。在此，对用户"Liwu"的密码进行修改（见图5-51）。

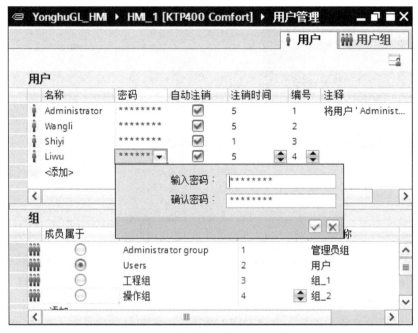

图5-51　在表格中修改用户参数

3．组态画面对象的访问保护

组态完用户组和用户后，就可以为画面中的对象组态访问权限。访问保护用于控制是否允许特定的用户对数据和函数的访问。将组态传送到HMI设备后，运行时所有组态了访问权限的画面对象会得到保护。

选中"根画面"中"压力值设置"右边的输入域（预先生成此文本域和I/O域），再选中巡视窗口中的"属性"→"属性"→"安全"（见图5-52），在"操作员控制"域中勾选复选框"允许操作"，单击"运行系统安全性"域中"权限"选择框后面的按钮 ▤ ，在出现的权限列表中，选择"Operate"权限（见图5-52）。这样在运行时具有该权限的用户才能操作该I/O域。

图5-52　I/O域的"安全"属性组态

用上述同样的方法，可以组态一个画面切换按钮的访问权限，只有具有该访问权限的用户才能在操作该按钮后切换到相应的画面中。

4. 组态用户视图和按钮

将工具箱的"控件"窗格中的"用户视图"按钮拖拽到"根画面中",用鼠标拖拽调节它的位置和大小(见图5-53)。新生成的用户视图是空的,只有运行时视图中才有相应内容。

图 5-53 用户视图

选中"用户视图",再选中巡视窗口中的"属性"→"属性"(见图 5-54),在此窗口中可以组态用户视图的外观、边框、布局、显示、表头边框、表头填充样式、文本格式、闪烁、样式/设计、其它和安全等属性,这些属性都是优化用户视图的显示,在此不再赘述,一般均采用系统默认设置。

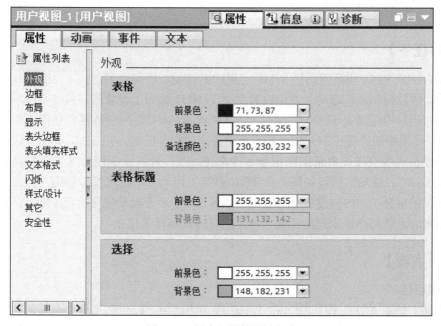

图 5-54 用户视图的属性组态

在"根画面"中生成与用户视图配套的"登录用户"和"注销用户"按钮。运行时单击"登录用户"按钮,执行系统函数"显示登录对话框"(运行时用户登录对话框见图 5-55,用于输入的软键盘见图 5-56,单击软键盘右上角关闭按钮 ✖,可用计算机的键盘进行用户名和密码的输入),登录的用户信息会显示在用户视图中。运行时单击"注销用户"按钮,执行系统函数

"注销"，当前登录的用户被注销（用户视图中的信息将全部消失），以防止其他人利用当前登录用户的权限进行操作。

图 5-55　用户登录对话框

图 5-56　用于输入的软键盘

5.5　项目 7：炉温控制

本项目使用 S7-1200 PLC 和精智面板 HMI 实现炉温控制，重点是使用博途 V15.1 训练和巩固离散量报警和报警视图的组态，并对项目进行仿真调试。

【项目目标】

1）掌握离散量报警的组态。

2）掌握报警视图的组态。

【项目任务】

使用 S7-1200 PLC 和精智面板 HMI 实现炉温控制。控制要求：按下 HMI 画面中的"起动"按钮后，炉温控制系统起动，若炉内温度小于 HMI 画面上设置的温度 5℃时，则起动加热器进行加热。当炉内温度大于 HMI 画面上设置的温度 10℃，则加热器自动停止加热。无论何时按下 HMI 画面中的"停止"按钮，炉温系统停止运行。同时，在 HMI 画面上组态一个指示灯，系统起动后若温度在设置范围内则指示灯常亮，在设置温度范围外（小于起动温度 3℃或大于停止温度 3℃）指示灯秒级闪烁；在 HMI 画面上组态一个温度报警视图，当出现如下情况时显示相应报警信息：炉内温度大于等于停止温度 3℃、小于起动温度 3℃及以上、系统起动后低于起动温度时系统加热器未起动或高于停止温度时加热器未停止。

【项目实施】

1．创建项目

双击桌面上博途 V15.1 图标，在 Portal 视图中选中"创建新项目"选项，在右侧"创建新项目"对话框中将项目名称修改为"Xiangmu7_luwen"。单击"路径"输入框右边的按钮，将该项目保存在 D 盘"HMI_KTP400"文件夹中。"作者"栏采用默认名称。单击"创建"按钮，开始生成项目。

2．添加 PLC

在"新手上路"对话框中单击"设备和网络—组态设备"选项，在弹出的"显示所有设备"对话框中单击选中"添加新设备"选项，在右侧"添加新设备"对话框中，选择"控制器"，逐级打开 S7-1200 PLC 的 CPU 文件夹，选择 CPU 1214C AC/DC/Rly，订货号为：6ES7 214-1BG40-0XB0（或选择身边 PLC 的订货号），设备名称自动生成为默认名称"PLC_1"。单击对话框右下角的"添加"按钮后（或双击选中的设备订货号），打开该项目的"设备视图"的编辑视窗。PLC 站点的 IP 地址为默认地址 192.168.0.1。

3．添加 HMI

在项目视图"项目树"中单击"添加新设备"，出现"添加新设备"对话框。选中"HMI 设备"，去掉左下角 "启动设备向导"筛选框中自动生成的勾。打开设备列表中的文件夹 "\HMI\SIMATIC 精智面板\4"显示屏\KTP400 Comfort"，双击订货号为 6AV2 124-2DC01-0AX0 的 4in 精智面板 KTP400，版本为 15.1.0.0，生成默认名称为"HMI_1"的面板，在工作区出现了 HMI 的画面"根画面"。HMI 站点的 IP 地址为默认地址 192.168.0.2。

4．组态连接

添加 PLC 和 HMI 设备后，双击"项目树"中的"设备和网络"，打开网络视图，单击网络视图左上角的"连接"按钮，采用默认的"HMI 连接"，同时 PLC 和 HMI 会变成浅绿色。

单击 PLC 中的以太网接口（绿色小方框），按住鼠标左键并移动鼠标，拖出一条浅色的直线。将它拖到 HMI 的以太网接口[X1]，松开鼠标左键，生成"HMI_连接_1"和网络线。

5．生成 PLC 变量

双击"项目树"中"PLC_1\PLC 变量"文件夹中的"默认变量表"，打开 PLC 的默认变量表，并生成如图 5-57 所示的变量（时钟存储器字节为 MB100）。

		名称	变量表	数据类型	地址 ▲	...
1		运行检测	默认变量表	Bool	%I0.0	
2		检测温度	默认变量表	Int	%IW64	
3		加热器	默认变量表	Bool	%Q0.0	
4		起动按钮	默认变量表	Bool	%M0.0	
5		停止按钮	默认变量表	Bool	%M0.1	
6		运行指示	默认变量表	Bool	%M0.3	
7		系统起动	默认变量表	Bool	%M0.5	
8		温度设置	默认变量表	Int	%MW2	
9		低温起动	默认变量表	Int	%MW4	
10		低温报警	默认变量表	Int	%MW6	
11		高温停止	默认变量表	Int	%MW8	
12		高温报警	默认变量表	Int	%MW10	
13		报警确认	默认变量表	Word	%MW20	
14		高温触发信号	默认变量表	Bool	%M21.0	
15		低温触发信号	默认变量表	Bool	%M21.1	
16		事故触发	默认变量表	Word	%MW30	
17		高温触发	默认变量表	Bool	%M31.0	
18		低温触发	默认变量表	Bool	%M31.1	
19		低温未起触发	默认变量表	Bool	%M31.2	
20		高温未停触发	默认变量表	Bool	%M31.3	
21		实时温度	默认变量表	Int	%MW50	

图 5-57　PLC 变量表

6. 编写 PLC 程序

双击"项目树"中"PLC_1\程序块"文件夹中的"Main[OB1]",打开 PLC 的程序编辑窗口,编写 PLC 控制程序,如图 5-58 所示。

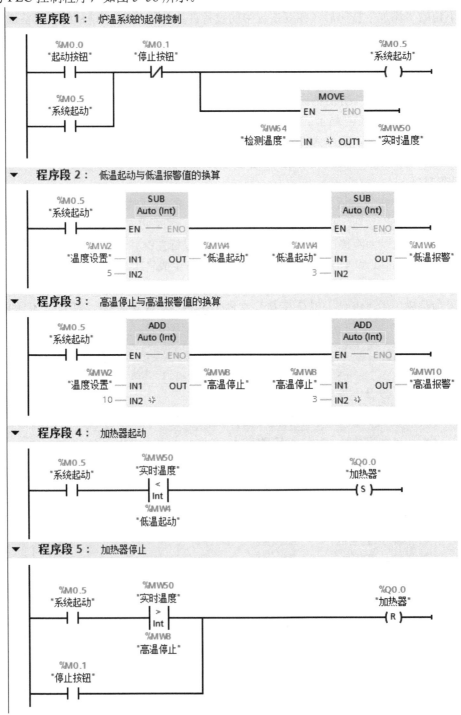

图 5-58 炉温控制程序

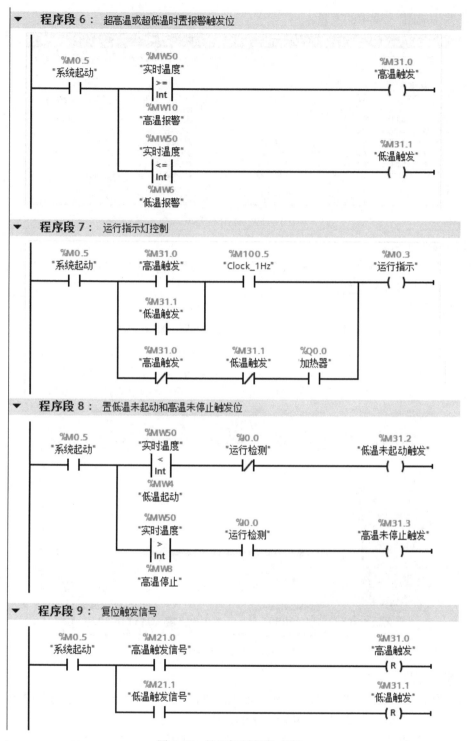

图 5-58　炉温控制程序（续）

7．生成 HMI 变量

双击"项目树"中 "HMI_1\HMI 变量"文件夹中的"默认变量表[0]"，打开变量编辑器。单击变量表的"连接"列单元中被隐藏的按钮...，选择"HMI_连接_1"（HMI 设备与 PLC

的连接），并生成图 5-59 中的变量。

Xiangmu7_luwen ▸ HMI_1 [KTP400 Comfort] ▸ HMI 变量

HMI 变量 | 系统变量

HMI 变量

名称	变量表	数据类型	连接	PLC 名称	PLC 变量	地址	访问模式	采集周期
起动按钮	默认变量表	Bool	HMI_连接_1	PLC_1	起动按钮	%M0.0	<绝对访问>	500 ms
停止按钮	默认变量表	Bool	HMI_连接_1	PLC_1	停止按钮	%M0.1	<绝对访问>	500 ms
运行指示	默认变量表	Bool	HMI_连接_1	PLC_1	运行指示	%M0.3	<绝对访问>	500 ms
温度设置	默认变量表	Int	HMI_连接_1	PLC_1	温度设置	%MW2	<绝对访问>	500 ms
报警确认	默认变量表	Word	HMI_连接_1	PLC_1	报警确认	%MW20	<绝对访问>	500 ms
事故触发	默认变量表	Word	HMI_连接_1	PLC_1	事故触发	%MW30	<绝对访问>	500 ms
温度显示	默认变量表	Int	HMI_连接_1	PLC_1	实时温度	%MW50	<绝对访问>	500 ms

HMI 变量参数

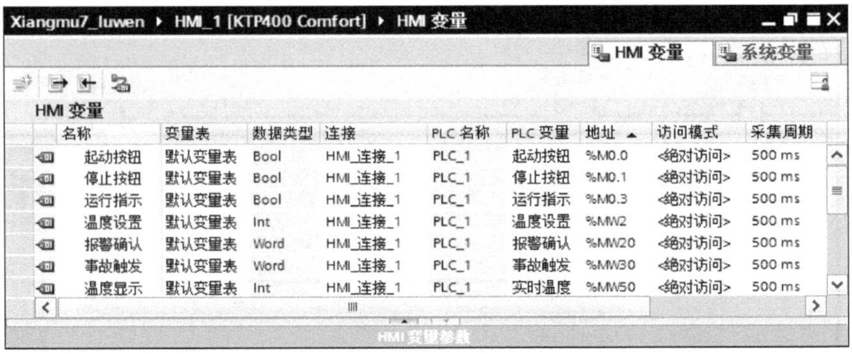

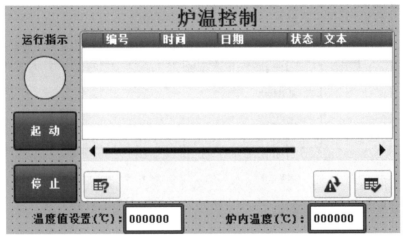

图 5-59　HMI 变量表

8．组态 HMI 画面

在此项目中，只需要组态一个 HMI 画面。双击“项目树”中 “HMI_1\画面”文件夹中的“根画面”，打开“根画面”组态窗口。

（1）组态项目名称

单击并按住工具箱基本对象中的“文本域”按钮 A，将其拖拽至根画面组态窗口的正中间，然后松开鼠标，生成默认名称“Text”的文本，然后双击文本“Text”将其更改为“炉温控制”。打开巡视窗口中的“属性”→“属性”→“文本格式”，将其字号改为“23”号“粗体”，“背景”颜色请读者自行设计，在此采用默认色。按图 5-60 所示组态所有文本域。

图 5-60　HMI 组态界面

（2）组态按钮

将工具箱的“元素”空格中的“按钮”拖拽到画面工作区中，通过鼠标拖拽调节其位置及大小（见图 5-60），然后再复制一个同样大小的按钮。

“起动”按钮和“停止”按钮的组态方法同 4.11 节的项目 6，将“起动”按钮与地址 M0.0 相关联，“停止”按钮与地址 M0.1 相关联。

（3）组态指示灯

将工具箱的“基本对象”窗格中的“圆”拖拽到画面中适合位置，松开鼠标后生成一个圆，通过鼠标拖拽调节圆的位置及大小（见图 5-60）。

指示灯的组态方法同 4.11 节的项目 6，将指示灯与地址 M0.3 相关联。

（4）组态 I/O 域

将工具箱中"元素"窗格中的"I/O 域"拖拽到画面中适合位置，松开鼠标后生成一个 I/O 域，然后再复制一个同样大小的 I/O 域，通过鼠标拖拽调节它们的位置及大小（见图 5-60）。

I/O 域的组态方法同 4.9 节的项目 4，将温度值 I/O 域"模式"设置为"输入"，与地址 MW2 相关联；将炉内温度 I/O 域"模式"设置为"输出"，与地址 MW50 相关联。

（5）组态报警视图

组态离散量报警：选中 HMI 变量表中的变量"事故触发"，在其变量表的下方的"离散量报警"选项卡中组态如图 5-61 所示的 4 个报警项（可参照 5.1.3 节）。

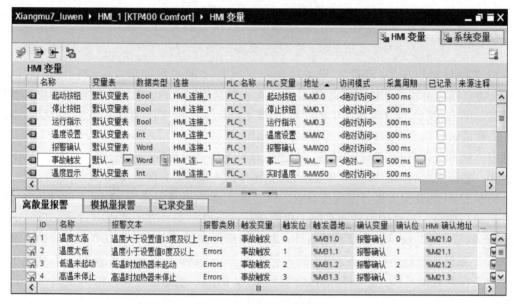

图 5-61　组态离散量报警

组态报警视图：将工具箱的"控件"窗格中的"报警视图"按钮 拖拽到根画面中，用鼠标调节它的位置和大小（见图 5-60）。

选中巡视窗口中的"属性"→"属性"→"常规"，选中"报警缓冲区"，其他采用系统默认设置（可参照 5.1.3 节）。

9. 硬件连接

PLC 与 HMI 通过以太网相连接，温度传感器的电压输出端连接至 CPU 的模拟量"通道 0"输入端，交流接触器 KM 的线圈与 Q0.0 相连接，KM 的辅助常开触点与 I0.0 相连接（用于检测加热器是否工作），KM 的主触点连接在加热器主电路（主电路由空气开关、熔断器、KM 主触点、加热器组成，同电动机直接起动主电路，在此省略）中，PLC 的 I/O 连接示意图如图 5-62 所示。

10. 仿真调试

为了便于仿真调试，将程序的第 1 程序段中 MOV 指令删除，第 8 程序段中常开触点 I0.0 和常闭触点 I0.0 均替换为 M0.4，以便通过在线修改其"ON"和"OFF"状态。将 HMI 中炉内温度的 I/O 域组态为输入域，便于修改炉内实时温度。注意：仿真成功后需将上述修改恢复。

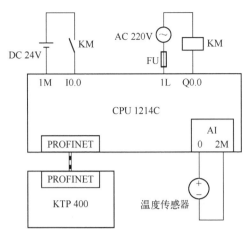

图 5-62 炉温控制系统的 I/O 接线图

选中"项目树"中的 PLC_1 设备,单击工具栏上的"启动仿真"按钮![icon],启动 S7-PLCSIM 仿真器,将程序下载到仿真 PLC 中。单击仿真器窗口的"RUN"按钮,使仿真器处于运行状态。单击 PLC 程序编辑区中的"启用/禁用监视"按钮![icon],使程序处于监控状态下,以便于在仿真调试过程中观察 PLC 中的程序执行情况。

选中"项目树"中的 HMI_1 设备,单击工具栏上的"启动仿真"按钮![icon],启动 HMI 运行系统仿真。编译成功后,出现的仿真面板的"根画面",即运行界面。

首先在 HMI 的画面上进行温度值设置,如 50℃,炉内温度设置为 47℃,再按下 HMI 的界面上"起动"按钮,启动炉温控制系统,观察运行指示灯是否点亮?若没有点亮,再将炉内温度设置为 44℃,此是满足加热器起动条件,观察指示灯是否点亮?若被点亮,再将炉内温度设置为 60℃,观察加热器是否停止工作?若其仍在工作,再将炉内温度设置为 61℃,观察加热器是否停止工作?若其已停止,再将炉内温度设置为 64℃,观察运行指示灯是否闪烁?若其闪烁,再观察 HMI 的画面上的报警视图是否显示超温报警消息?若显示(见图 5-63 第 2 行),按下报警视图中"确认"按钮![icon],即位 M21.0 变为"ON",通过程序段 9 使得位 M31.0 为"OFF"状态,观察报警视图中会显示"确认"符号(见图 5-63"状态"第 1 行列比第 2 行多一个字母"A",表示已确认,"I"表示到达,"O"表示离开)。用类似的方法,再将温度设置小于起动温度 3℃,观察运行指示灯是否闪烁?

图 5-63 温度过高报警视图画面

将温度值设置为 50℃，炉内温度设置为 44℃，再打开主程序 Main（OB1），将第 8 程序段的 M0.4 的常开触点通过右击执行"修改"→"修改为 1"命令使其处于"ON"状态，观察在报警视图中是否出现报警消息，若出现如图 5-64 第 2 行，再按下报警视图上"确认"按钮 ，观察报警视图中会显示"已确认"（见图 5-64 第 1 行），再通过右击执行"修改"→"修改为 0"命令使 M0.4 处于"OFF"状态。

图 5-64　加热器未起动报警视图画面

如果上述调试现象与控制要求相符，则说明控制系统程序编写和 HMI 的界面组态均正确。

【项目拓展】

炉温控制。控制要求：使用 S7-1200 PLC 和精智面板 HMI 共同实现炉温控制。按下 HMI 界面中的"起动"按钮后，炉温控制系统起动，加热器根据当前炉内实际温度和温度档位设置的符号 I/O 域中温度值进行起动和停止，如选择符号 I/O 域的第一档温度（30℃），系统起动后，若炉内温度低于设置温度的（5℃，即 25℃以下），则起动加热器，若高于设置温度的（5℃，35℃以上），时停止加热。符号 I/O 域设有三个温度档，分别是 30℃、50℃、80℃。当炉温超过所选档位（值为 10℃）时发出报警指示，要求使用模拟量报警方式触发报警。无论何时按下 HMI 界面中的"停止"按钮后，加热器立即停止加热。

5.6　项目 8：双变频闸门电动机控制

本项目使用 S7-1200 PLC 和精智系列面板 HMI 实现双变频闸门电动机控制，重点是使用博途 V15.1 训练和巩固数据记录和趋势视图的组态，并对项目进行仿真调试。

【项目目标】

1）掌握数据记录的组态。
2）掌握趋势视图的组态。

【项目任务】

使用 S7-1200 PLC 和精智面板 HMI 实现双变频闸门电动机控制。该控制系统较为复杂，在此，为便于学习数据记录和趋势视图的应用已对此系统有所简化。控制要求：按下 HMI 画面中的"开闸"按钮后，分别由两台型号相同的变频电动机驱动的两扇闸门打开，闸门打开到位后变频电动机自动停止运行；当按下 HMI 画面中的"关闸"按钮后，两扇闸门进行关闭，闸门关闭到位后变频电动机自动停止运行。变频电动机的运行速度由 HMI 画面上 I/O 域中速度值决定。无论何时按下 HMI 画面中的"停止"按钮，两台变频电动机均立即停止运行。同时，在 HMI 画面上组态两个运行指示灯和过流报警指示灯，分别用以闸门的打开和关闭动作及系统过流报警指示；对两台变频电动机运行时机身温度进行实时记录，将它们的输出电流通过"趋势视图"显示在 HMI 画面中，当任一台变频电动机机温太大（超过环境温度 20℃）时，两台电动机均立即停止动作，超温指示灯以秒级闪烁。

【项目实施】

1．创建项目

双击桌面上博途 V15.1 图标**ТІА**，在 Portal 视图中选中"创建新项目"选项，在右侧"创建新项目"对话框中将项目名称修改为"Xiangmu8_zhamen"。单击"路径"输入框右边的按钮 **...**，将该项目保存在 D 盘"HMI_KTP400"文件夹中。"作者"栏采用默认名称。单击"创建"按钮，开始生成项目。

2．添加 PLC

在"新手上路"对话框中单击"设备和网络—组态设备"选项，在弹出的"显示所有设备"对话框中单击选中"添加新设备"选项，在右侧"添加新设备"对话框中，选择"控制器"，逐级打开 S7-1200 PLC 的 CPU 文件夹，选择 CPU 1214C AC/DC/Rly，订货号为：6ES7 214-1BG40-0XB0（或选择与身边 PLC 的订货号），设备名称自动生成为默认名称"PLC_1"。单击对话框右下角的"添加"按钮后（或双击选中的设备订货号），打开该项目的"设备视图"的编辑视窗。PLC 站点的 IP 地址为默认地址 192.168.0.1。

3．添加扩展模块

由于本项目需要对变频电动机进行调速，需要采集两台电动机机身温度、环境温度，及两台变频电动机输出的电流（需要 5 路模拟量输入通道和 2 路模拟量输出通道），因此本项目除使用 CPU 系统集成的两路模拟量输入通道外，还需添加一个 S7-1200 PLC 的模拟量 4 输入/2 输出的混合扩展模块。

在"设备视图"编辑窗口中，在右侧的"硬件目录"中单击选中"AI/AQ\AI 4×13 BIT/AQ 2×13BIT\6ES7 234-4HE30-0XB0"模拟量输出模块，此时 S7-1200 PLC 右侧的扩展槽位 2～9 四周均变为蓝色，表示该模块可以插入的位置，此时按住鼠标左键将此模块拖拽到扩展插槽的 2 号槽位后松开，此模块被添加到 2 号槽位。

单击选中"模拟量输入/输出混合模块"，打开巡视窗口中的"属性"→"常规"→"AI 4/AQ 2"→"模拟量输入"，选中"通道 0"，在窗口右侧可以组态该模拟量输入的"类型"，本项目选择"电流"输入，输入范围为 0～20mA（地址为 IW96）；按同样的方法，将通道 2 也设置为 0～20mA 电流输入（系统默认通道 1 和通道 0 为相同输入类型，通道 3 和通道 2 为相同输入类型）。再选中"模拟量输出\通道 0"，组态为 0～20mA 电流输出，通道 1 的组态同通道 0（系统默认），输出通道 0 的地址为 QW96。

CPU 系统集成的模拟量输入通道采用系统默认设置（0～10V 电压输入）。本项目中模拟量输入/输出混合模块的其他组态均采用系统默认设置。

4．添加 HMI

在项目视图“项目树”中单击“添加新设备”，出现“添加新设备”对话框。选中“HMI 设备”，去掉左下角 “启动设备向导”筛选框中自动生成的勾。打开设备列表中的文件夹“\HMI\SIMATIC 精智面板\4"显示屏\KTP400 Comfort”，双击订货号为 6AV2 124-2DC01-0AX0 的 4in 精智面板 KTP400，版本为 15.1.0.0，生成默认名称为“HMI_1”的面板，在工作区出现了 HMI 的画面“根画面”。HMI 站点的 IP 地址为默认地址 192.168.0.2。

5．组态连接

添加 PLC 和 HMI 设备后，双击“项目树”中的“设备和网络”，打开网络视图，单击网络视图左上角的“连接”按钮，采用默认的“HMI 连接”，同时 PLC 和 HMI 会变成浅绿色。

单击 PLC 中的以太网接口（绿色小方框），按住鼠标左键并移动鼠标，拖出一条浅色的直线。将它拖到 HMI 的以太网接口[X1]，松开鼠标左键，生成“HMI_连接_1”和网络线。

6．生成 PLC 变量

双击“项目树”中“PLC_1\PLC 变量”文件夹中的“默认变量表”，打开 PLC 的默认变量表，并生成图 5-65 中所有变量，其中变量 Tag_1～Tag_4 是编程时产生的中间变量。

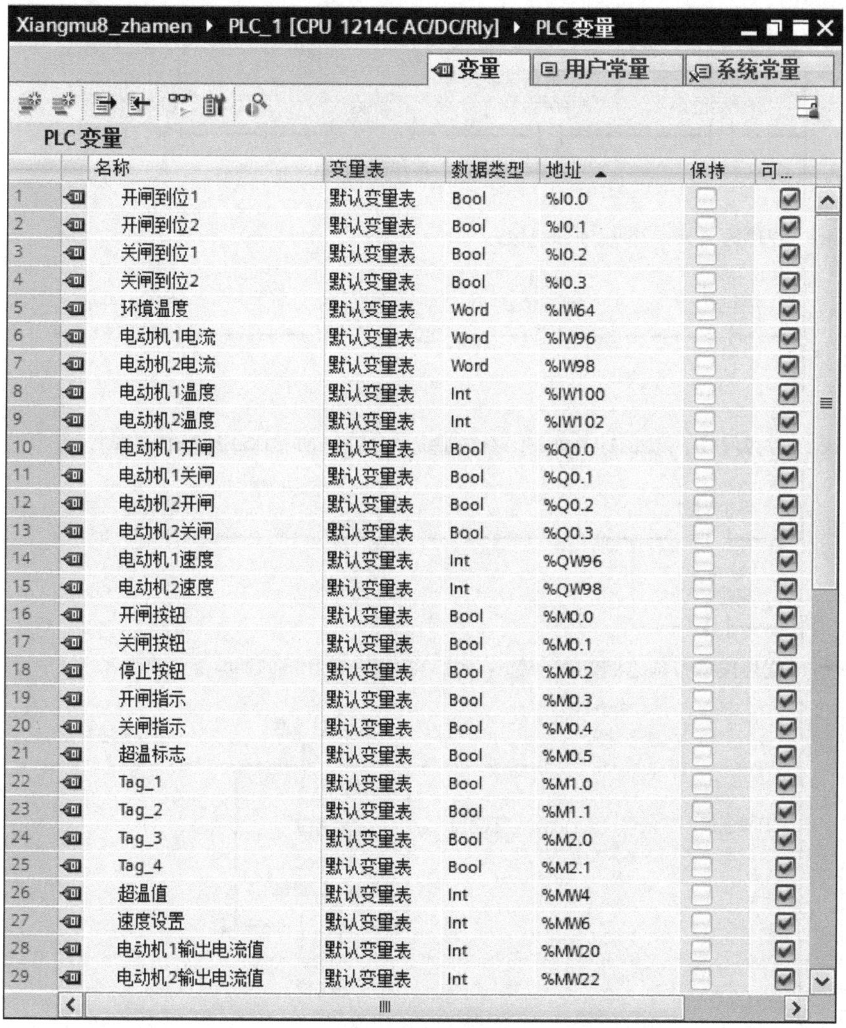
Xiangmu8_zhamen ▸ PLC_1 [CPU 1214C AC/DC/Rly] ▸ PLC 变量

变量 | 用户常量 | 系统常量

PLC 变量

	名称	变量表	数据类型	地址	保持	可...
1	开闸到位1	默认变量表	Bool	%I0.0	☐	☑
2	开闸到位2	默认变量表	Bool	%I0.1	☐	☑
3	关闸到位1	默认变量表	Bool	%I0.2	☐	☑
4	关闸到位2	默认变量表	Bool	%I0.3	☐	☑
5	环境温度	默认变量表	Word	%IW64	☐	☑
6	电动机1电流	默认变量表	Word	%IW96	☐	☑
7	电动机2电流	默认变量表	Word	%IW98	☐	☑
8	电动机1温度	默认变量表	Int	%IW100	☐	☑
9	电动机2温度	默认变量表	Int	%IW102	☐	☑
10	电动机1开闸	默认变量表	Bool	%Q0.0	☐	☑
11	电动机1关闸	默认变量表	Bool	%Q0.1	☐	☑
12	电动机2开闸	默认变量表	Bool	%Q0.2	☐	☑
13	电动机2关闸	默认变量表	Bool	%Q0.3	☐	☑
14	电动机1速度	默认变量表	Int	%QW96	☐	☑
15	电动机2速度	默认变量表	Int	%QW98	☐	☑
16	开闸按钮	默认变量表	Bool	%M0.0	☐	☑
17	关闸按钮	默认变量表	Bool	%M0.1	☐	☑
18	停止按钮	默认变量表	Bool	%M0.2	☐	☑
19	开闸指示	默认变量表	Bool	%M0.3	☐	☑
20	关闸指示	默认变量表	Bool	%M0.4	☐	☑
21	超温标志	默认变量表	Bool	%M0.5	☐	☑
22	Tag_1	默认变量表	Bool	%M1.0	☐	☑
23	Tag_2	默认变量表	Bool	%M1.1	☐	☑
24	Tag_3	默认变量表	Bool	%M2.0	☐	☑
25	Tag_4	默认变量表	Bool	%M2.1	☐	☑
26	超温值	默认变量表	Int	%MW4	☐	☑
27	速度设置	默认变量表	Int	%MW6	☐	☑
28	电动机1输出电流值	默认变量表	Int	%MW20	☐	☑
29	电动机2输出电流值	默认变量表	Int	%MW22	☐	☑

图 5-65 PLC 变量表

7．编写 PLC 程序

双击"项目树"中"PLC_1\程序块"文件夹中的"Main[OB1]"，打开 PLC 的程序编辑窗口，编写 PLC 控制程序，如图 5-66 所示。

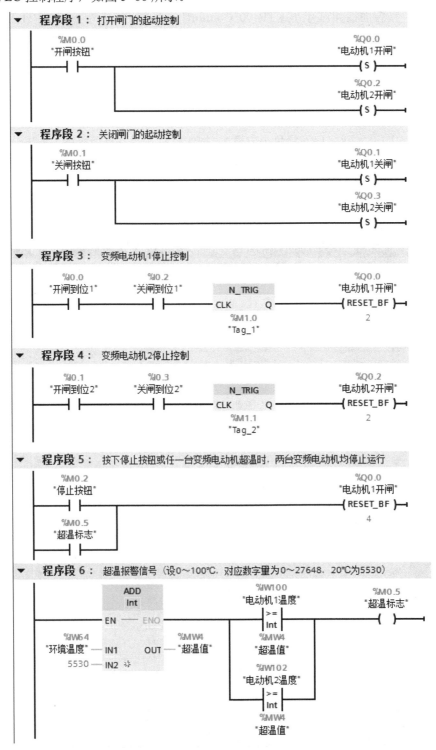

图 5-66　双变频闸门电动机控制程序

194

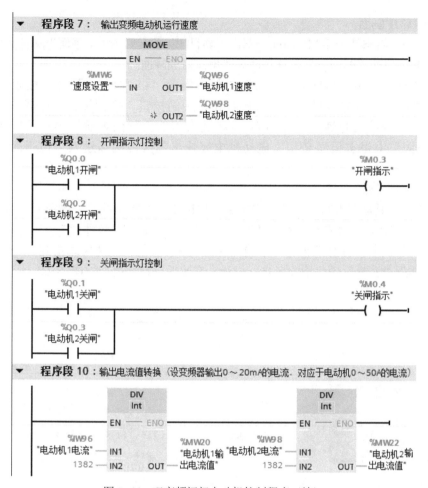

图 5-66　双变频闸门电动机控制程序（续）

8．生成 HMI 变量

双击“项目树”中 “HMI_1\HMI 变量”文件夹中的“默认变量表[0]”，打开变量编辑器。单击变量表的“连接”列单元中被隐藏的按钮...，选择“HMI_连接_1”（HMI 设备与 PLC 的连接），并生成图 5-67 中所有的变量。

Xiangmu8_zhamen ▸ HMI_1 [KTP400 Comfort] ▸ HMI 变量

HMI 变量　系统变量

HMI 变量

名称	变量表	数据类型	连接	PLC 名称	PLC 变量	地址	访问模式	采集周期	已记录
电动机1温度	默认变量表	Int	HMI_连接_1	PLC_1	电动机1温度	%IW100	<绝对访问>	500 ms	☑
电动机2温度	默认变量表	Int	HMI_连接_1	PLC_1	电动机2温度	%IW102	<绝对访问>	500 ms	☑
电动机1电流	默认变量表	Int	HMI_连接_1	PLC_1	电动机1输出电流值	%MW20	<绝对访问>	500 ms	☐
电动机2电流	默认变量表	Int	HMI_连接_1	PLC_1	电动机2输出电流值	%MW22	<绝对访问>	500 ms	☐
速度设置	默认变量表	Int	HMI_连接_1	PLC_1	速度设置	%MW6	<绝对访问>	500 ms	☐
开闸按钮	默认变量表	Bool	HMI_连接_1	PLC_1	开闸按钮	%M0.0	<绝对访问>	500 ms	☐
关闸按钮	默认变量表	Bool	HMI_连接_1	PLC_1	关闸按钮	%M0.1	<绝对访问>	500 ms	☐
停止按钮	默认变量表	Bool	HMI_连接_1	PLC_1	停止按钮	%M0.2	<绝对访问>	100 ms	☐
开闸指示	默认变量表	Bool	HMI_连接_1	PLC_1	开闸指示	%M0.3	<绝对访问>	500 ms	☐
关闸指示	默认变量表	Bool	HMI_连接_1	PLC_1	关闸指示	%M0.4	<绝对访问>	500 ms	☐
报警指示	默认变量表	Bool	HMI_连接_1	PLC_1	超温标志	%M0.5	<绝对访问>	500 ms	☐

图 5-67　HMI 变量表

9．组态 HMI 画面

在此项目中，组态两个 HMI 画面。双击"项目树"中 "HMI_1\画面"文件夹中的"添加新画面"，将新生成的"画面_1"名称更改为"电流监控画面"。

双击"项目树"中 "HMI_1\画面"文件夹中的"根画面"，打开"根画面"组态窗口。在"根面面"中组态项目名称、开闸按钮、关闸按钮、停止按钮、开闸指示、关闸指示、报警指示、闸门运行速度设置 I/O 域和进入"电流监控画面"的画面切换按钮；在"电流监控画面"中组态画面名称、电动机电流输出趋势视图和进入"根画面"的画面切换按钮。

（1）组态项目名称

单击并按住工具箱基本对象中的"文本域"按钮 **A**，将其拖拽至"根画面"组态窗口的正中间，然后松开鼠标，生成默认名称为"Text"的文本，然后双击文本"Text"将其修改为"双变频闸门电动机控制"。打开巡视窗口中的"属性"→"属性"→"文本格式"，将其字号改为"23"号"粗体"，"背景"颜色请读者自行设计，在此采用默认色。按图 5-68 所示组态所有文本域。

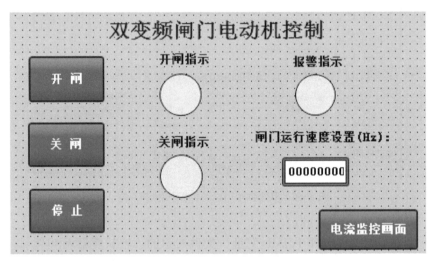

图 5-68　HMI 组态根画面

（2）组态按钮

将工具箱的"元素"空格中的"按钮"拖拽到画面工作区中，通过鼠标拖拽调节其位置及大小（见图 5-68），然后再复制两个同样大小的按钮。

"开闸"按钮、"关闸"按钮和"停止"按钮的组态方法同 4.11 节的项目 6，将"开闸"按钮与地址 M0.0 相关联，"关闸"按钮与地址 M0.1 相关联、"停止"按钮与地址 M0.2 相关联。

（3）组态指示灯

将工具箱的"基本对象"窗格中的"圆"拖拽到画面中适合位置，松开鼠标后生成一个圆，通过鼠标拖拽调节其位置及大小，然后再复制两个同样大小的圆（见图 5-68）。

指示灯的组态方法同 4.11 节的项目 6，将"开闸指示"与地址 M0.3 相关联、"关闸指示"与地址 M0.4 相关联、"报警指示"与地址 M0.5 相关联，将变量为"ON"时背景设置为"红色"，并设置"闪烁"（见图 5-69）。

图 5-69 组态报警指示灯

（4）组态 I/O 域

将工具箱中"元素"窗格中"I/O 域"拖拽到画面中适合位置，松开鼠标后生成一个 I/O 域，然后再复制一个同样大小的 I/O 域，通过鼠标拖拽调节其位置及大小（见图 5-64）。

I/O 域的组态方法同 4.9 节的项目 4，将速度设置 I/O 域"模式"设置为"输入"，与地址 MW6 相关联，"格式样式"设置为"99"。

（5）组态画面切换按钮

打开"根画面"，将"项目树"中"HMI_1\画面"文件夹中"电流监控画面"拖拽至"根画面"中，生成一个画面切换按钮，将其名称更改为"电流监控画面"（见图 5-68）。用同样的方法，在"电流监控画面"中生成一个切换到"根画面"的按钮，名称为"主控画面"（见图 5-70）。

图 5-70 输出电流的"趋势"组态

（6）组态趋势视图

将工具箱的"控件"窗格中的"趋势视图"按钮⊵拖拽到画面中，用鼠标拖拽调节其位置和大小（见图 5-70）。

选中"趋势视图"，再选中巡视窗口中的"属性"→"属性"→"趋势"（见图 5-71），双击窗口右边的"名称"列第一行和第二行，创建两个"趋势_1"和"趋势_2"的趋势，将名称分别更改为"电动机 1 输出电流"和"电动机 2 输出电流"；"样式"分别设置为黑色"实心线"和红色"虚线";将"趋势值"均设置为"50"(假设变频电动机运行环境温度在 20℃左右,因为一般情况下电动机工作室会配有空调);"源设置"设置为"电动机 1 电流"和"电动机 2 电流","趋势"属性中其他均选择默认设置。

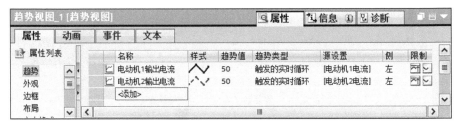

图 5-71 趋势视图的"趋势"属性组态

选中巡视窗口中的"属性"→"属性"→"左侧值轴"(见图 5-72),将"轴末端"设置为"50","辅助线的值"设置为"25"。"右侧值轴"参照"左侧值轴"设置。

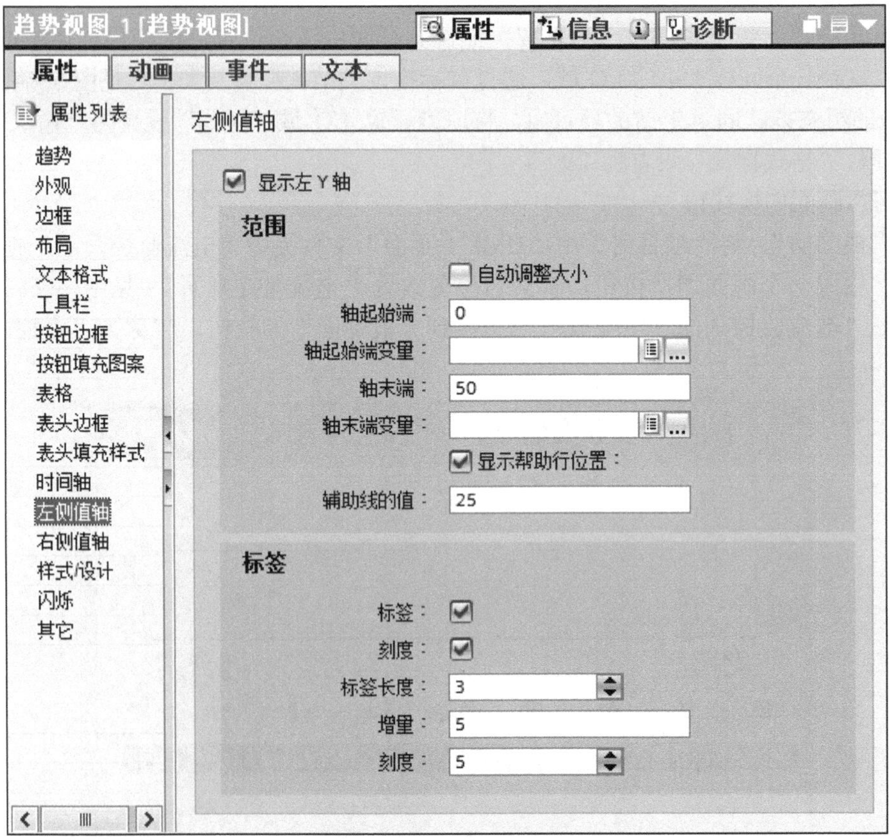

图 5-72 组态"左侧值轴"属性

(7)组态变量

选中 HMI 默认变量表中变量"速度设置",选中巡视窗口中的"属性"→"属性"→"范围",将"上限 2"设置为"50"(即变频电动机最大工作频率为 50Hz);选中巡视窗口中的"属性"→"属性"→"线性转换"(见图 5-73),勾选"线性转换"复选框,将"PLC"域中"结束值"设置为"27648",将"HMI"域中结束值设置为"50",即在 HMI 中输入 50Hz 时,PLC 中接收到的数字量为 27648。

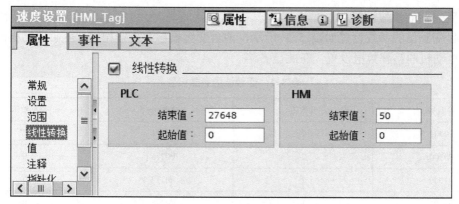

图 5-73 变量的"线性转换"属性组态

按同样方法，将 HMI 默认变量表中变量"电动机 1 电流"和"电动机 2 电流"都进行线性转换，即 PLC 中的"结束值"为"27648"，HMI 中"结束值"为"50"。

10. 硬件连接

PLC 与 HMI 通过以太网相连接，用于检测两扇闸门打开和关闭到位的限位开关 SQ1~SQ4 连接至 PLC 的输入端 I0.0~I0.3；变频器开关量输入公共端 9 与 PLC 的输出公共端 1L 连接，两台变频器的正向运行端 5 分别与 PLC 的输出端 Q0.0 和 Q0.2 相连接，反向运行端 6 分别与 PLC 的输出端 Q0.1 和 Q0.3 相连接。用于检测环境温度的温度传感器 0 的电压输入连接至 CPU 的输入通道 0 端；用于检测变频电动机机身温度的温度传感器 1 和传感器 2 分别与模拟量输入/输出混合扩展模块 SM 1234 的输入通道 2 和 3 相连接；用于检测变频电动机输出电流的 12 号和 13 号端子分别与扩展模块 SM 1234 的输入通道 0 和 1 相连接；用于控制两台电动机运行频率的变频器输入端 3 和输入端 4 分别与扩展模块 SM 1234 的输出通道 0 和通道 1 相连接，具体连接示意图如图 5-74 所示（两台变频器电源输入端与空气开关相连接，电源输出端与电动机的电源进线端相连接，在此已省略，请读者自行连接）。

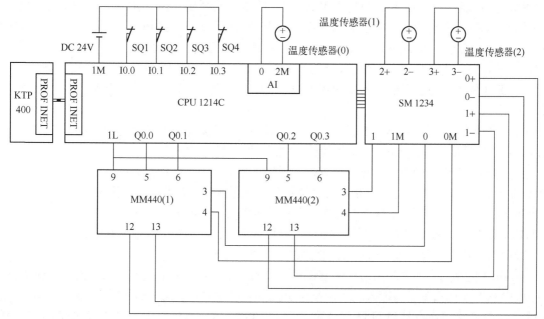

图 5-74 双变频闸门电动机控制系统的 I/O 接线

11. 变频器的参数设置

本项目变频器的参数设置如表 5-1 所示，两台变频器参数设置相同。变频电动机的额定参数请参照电动机的铭牌数据设置，在此已省略。

表 5-1 变频器的参数设置

参数号	参数值	参数号	参数值
P0003	2	P0771	27
P0700	2	P0776	0
P1000	2	P0777	0
P0701	1	P0778	0
P0702	2	P0779	100
P0756	2	P0780	20
P0757	0	P0781	0
P0758	0	P1080	0
P0759	20	P1082	50
P0760	100	P1120	5
P0761	0	P1121	5

12. 仿真调试

为了便于仿真调试，将程序的第 3 和第 4 程序段中地址 I0.0～I0.3 修改为 M10.0～M10.3，以便通过在线修改其"ON"和"OFF"状态（若不修改此处四个地址，则可通过 PLC 中"强制"的方法进行仿真）。注意：仿真成功后需将上述修改恢复。

选中"项目树"中的 PLC_1 设备，单击工具栏上的"启动仿真"按钮🖳，启动 S7-PLCSIM 仿真器，将程序下载到仿真 PLC 中。单击仿真器窗口的"RUN"按钮，使仿真器处于运行状态。单击 PLC 程序编辑区中的"启用/禁用监视"按钮👓，使程序处于监控状态下，以便于在仿真调试过程中观察 PLC 中的程序执行情况。分别右击 M10.0～M10.3，执行"修改"→"修改为 1"命令，模拟 4 个行程开关全部处于断开状态（初始状态下闸门要么在开闸到位处，要么在关闸到位处，为了仿真方便，假设两个闸门均处于中间状态）。

选中"项目树"中的 HMI_1 设备，单击工具栏上的"启动仿真"按钮🖳，启动 HMI 运行系统仿真。编译成功后，出现的仿真面板的"根画面"，即主控画面。

首先按下 HMI 的画面上"开闸"按钮，观察"开闸指示"灯是否被点亮？若点亮，再按下HMI 的画面上"关闸"按钮，观察"关闸指示"灯是否被点亮？若点亮，再将 M10.1 和 M10.3 按上述方法"修改为 0"，观察"关闸指示"灯是否熄灭？若熄灭，再次按下"开闸"按钮，并将 M10.1 和 M10.3 按上述方法"修改为 1"，再按下"停止"按钮，观察"开闸指示"灯是否熄灭？若熄灭，则说明运行指示和开关闸程序组态和编写正确。

在 HMI 的画面上的"闸门运行速度设置"输入域中输入 0～50 之间的某一数值，观察第 7 程序段中 MW6 的值是否与输入域中转换为 PLC 中的值相对应（0～50 对应为 0～27648），如果对应，在"闸门运行速度设置"中输入大于 50 的某一数值，观察 MW6 是否为最大值

27648？若转换的数值对应，且最大值为 27648，则说明"闸门运行速度设置" I/O 域组态及 PLC 中相关程序编写正确。

对趋势视图进行仿真：选中"项目树"中的"HMI_1"站点后，执行菜单命令"在线"→"仿真"→"使用变量仿真器"。在"根画面"中按下"电流监控画面"切换按钮，将 HMI 画面切换到"闸门电动机输出电流趋势图"画面。在变量仿真器中将变量 MW20 和 MW22 的"模拟"方式设置为"随机"，变化值在 20～30（表示电动机正常输出电流值在 20～30A 之间），勾选"开始"复选框，两台变频电动机输出电流的趋势视图仿真如图 5-75 所示，趋势图显示两台变频电动机的当前输出电流值分别为 29A 和 23A。若为真实运行中的电动机，两个电流输出值应比较接近（因为两台电动机型号相同，且运行状况也相同）。

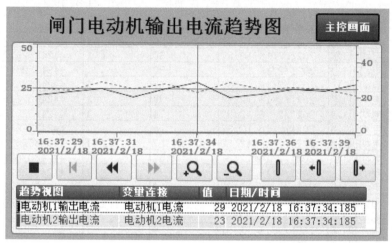

图 5-75　变频电动机输出电流仿真中的趋势视图

对数据记录进行仿真：由于没有连接变频电动机实物，在此使用"使用变量仿真器"进行仿真，用来验证数据记录组态的是否正确。将 HMI 默认变量表中的地址 IW100 和 IW102 修改为 MW100 和 MW102，仿真成功后在下载到 HMI 设备之前得将这两个变量地址恢复。选中"项目树"中的"HMI_1"站点后，执行菜单命令"在线"→"仿真"→"使用变量仿真器"。在仿真器中设置变量"电动机 1 温度"按"随机"方式在 0～100 之间变化；将变量"电动机 2 温度"设置为按"增量"方式在 0～100 之间变化，周期为 10s，勾选"开始"列中的复选框（见图 5-76），"电动机 1 温度"和"电动机 1 温度"开始变化，并将变化的数据记录以 Excel 格式保存在"C：\Storage Card SD\Logs"文件夹中，文件名分别为"电动机 1 温度记录 0"和"电动机 2 温度记录 0"，双击打开"电动机 1 温度记录 0"文件，如果仿真正在执行，则弹出图 5-77 所示的对话框，单击"只读（R）"按钮，打开其数据记录文件，如图 5-78 所示。

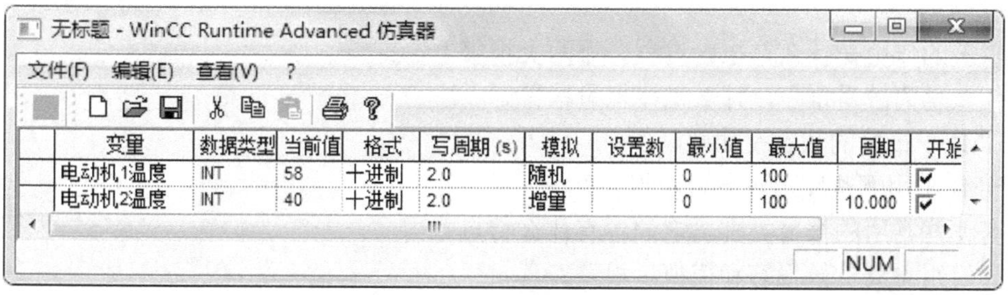

图 5-76　变量仿真器

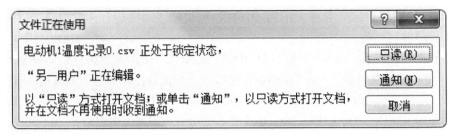

图 5-77　仿真过程中打开数据时弹出的对话框

	A	B	C	D	E
1	VarName	TimeString	VarValue	Validity	Time_ms
2	电动机1温	2021/2/16 12:37	50	1	4424352612
3	电动机1温	2021/2/16 12:37	80	1	4424352613
4	电动机1温	2021/2/16 12:37	80	1	4424352614
5	电动机1温	2021/2/16 12:37	37	1	4424352615
6	电动机1温	2021/2/16 12:37	37	1	4424352616
7	电动机1温	2021/2/16 12:37	74	1	4424352618
8	电动机1温	2021/2/16 12:37	74	1	4424352619
9	电动机1温	2021/2/16 12:37	57	1	4424352620
10	电动机1温	2021/2/16 12:37	57	1	4424352621
11	电动机1温	2021/2/16 12:37	20	1	4424352622
12	电动机1温	2021/2/16 12:37	20	1	4424352623
13	电动机1温	2021/2/16 12:37	59	1	4424352625
14	电动机1温	2021/2/16 12:37	59	1	4424352626
15	电动机1温	2021/2/16 12:37	59	1	4424352627
16	电动机1温	2021/2/16 12:37	28	1	4424352628

电动机1温度记录0

图 5-78　变频电动机 1 温度仿真数据记录

如果上述调试现象与控制要求相符，则说明控制系统程序编写和 HMI 的界面组态均正确。

【项目拓展】

双变频闸门电动机控制。控制要求与项目 8 类似，并增加以下功能：对"闸门运行速度设置"设置权限，要求必须输入正确密码后方能更改运行速度；增加两个用户，要求当用户输入正确密码后方能进入"闸门电动机输出电流趋势图"画面。上述密码由读者自行设定。

5.7　习题与思考

1．报警的作用是什么？报警过程分哪两类报警？

2．什么是离散量报警，什么是模拟量报警？

3．HMI 中报警的状态有哪些？

4．HMI 中用哪些图形对象显示报警？

5．有哪些常用的报警类别，它们各有什么特点？

6．如何组态离散量报警和模拟量报警？

7．如何在报警文本中插入变量？

8．如何组态报警视图？

9．报警窗口的作用是什么，在什么画面中使用它？

10．报警指示器的作用是什么？

11．历史数据有哪几种？

12．如何创建数据记录和报警记录？

13．数据记录的方法有几种，分别在什么场合下使用？

14．趋势共有几种类型？

15．如何组态趋势视图？

16．系统诊断的作用是什么？

17．如何生成系统诊断所需要的块？

18．用户管理的作用是什么？

19．如何组态用户组和用户？

20．如何对有访问保护的画面对象进行授权操作？

第6章 职业技能大赛实操题解析

全国职业院校技能大赛是职业院校的重点工作之一，学生通过大赛可大幅度提高自身理论知识和专业技能。本章节通过四个项目重点介绍全国职业技能大赛有关触摸屏部分试题。PLC与触摸屏在工控系统中是最佳搭档，因此，在使用触摸屏的场所必然离不开 PLC，本章使用西门子公司的 S7-1200 PLC 与精智面板 KTP400 Comfort 共同实现大赛项目所要求的功能。如果读者熟悉 VB 高级语言，在 HMI 中组态构件时可结合脚本程序对画面中构件的动作进行相关控制，这样可减少 PLC 的程序篇幅。

6.1 项目9：送料小车自动往返控制

本项目使用 S7-1200 PLC 和精智面板 HMI 实现送料小车自动往返控制，重点是使用博途 V15.1 训练和巩固按钮、开关、I/O 域、动画和元件等多项组态操作。

【项目目标】

1）掌握按钮的组态。
2）掌握开关的组态。
3）掌握 I/O 域的组态。
4）掌握动画的组态。
5）掌握元件的编辑。

【项目任务】

使用 S7-1200 PLC 和精智面板 HMI 实现送料小车自动往返控制。送料小车自动往返组态画面如图 6-1 所示。控制要求：小车初始位置停在左侧，压着左侧行程开关（即行程开关断开）；左右两个行程开关相距 700m。按下"起动"按钮后开始装料，5s 后小车向右行驶，左侧行程开关闭合；当到达右侧位置时，右侧行程开关断开并开始卸料；10s 后卸料结束，小车开始向左行驶，右侧行程开关闭合，当小车回到左侧起始位置时，显示器计数窗口显示送料次数；再次按下"起动"按钮，小车又重复上述送料过程。按下"复位"按钮，小车回到起点，并将送料次数清 0。

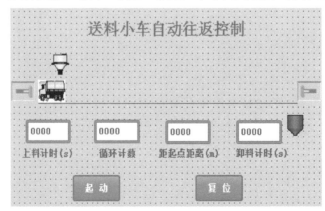

图 6-1 送料小车自动往返组态画面

1. 创建项目

双击桌面上博途 V15.1 图标 **TIA**，在 Portal 视图中选中"创建新项目"选项，在右侧"创建新项目"对话框中将项目名称修改为"Xiangmu9_songliao"。单击"路径"输入框右边的按钮 **...**，将该项目保存在 D 盘"HMI_KTP400"文件夹中。"作者"栏采用默认名称。单击"创建"按钮，开始生成项目。

2. 添加 PLC

在"新手上路"对话框中单击"设备和网络—组态设备"选项，在弹出的"显示所有设备"对话框中单击选中"添加新设备"选项，在右侧"添加新设备"对话框中，选择"控制器"，逐级打开 S7-1200 PLC 的 CPU 文件夹，选择 CPU 1214C AC/DC/Rly，订货号为：6ES7 214-1BG40-0XB0（或选择与身边 PLC 的订货号），设备名称自动生成为默认名称"PLC_1"。单击对话框右下角的"添加"按钮后（或双击选中的设备订货号），打开该项目的"项目视图"的编辑视窗。PLC 站点的 IP 地址为默认地址 192.168.0.1。

3. 添加 HMI

在项目视图的"项目树"中单击"添加新设备"，出现"添加新设备"对话框。选中"HMI 设备"，去掉左下角 "启动设备向导"筛选框中自动生成的勾。打开设备列表中的文件夹 "\HMI\SIMATIC 精智面板\4"显示屏\KTP400 Comfort，双击订货号为 6AV2 124-2DC01-0AX0 的 4in 精智面板 KTP400，版本为 15.1.0.0，生成默认名称为"HMI_1"的面板，在工作区出现了 HMI 的画面"根画面"。HMI 站点的 IP 地址为默认地址 192.168.0.2。

4. 组态连接

添加 PLC 和 HMI 设备后，双击"项目树"中的"设备和网络"，打开网络视图（见图 6-2），单击网络视图左上角的"连接"按钮，采用默认的"HMI 连接"，同时 PLC 和 HMI 会变成浅绿色。

单击 PLC 中的以太网接口（绿色小方框），按住鼠标左键并移动鼠标，拖出一条浅色的直线。将它拖到 HMI 的以太网接口，松开鼠标左键，生成图 6-2 中的"HMI_连接_1"和网络线。

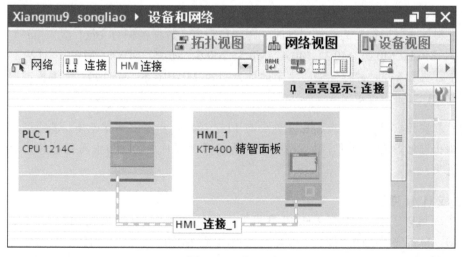

图 6-2　网络视图

5. 生成 PLC 变量

双击"项目树"中"PLC_1\PLC 变量"文件夹中的"默认变量表"，打开 PLC 的默认变量表（见图 6-3），并生成以下变量：

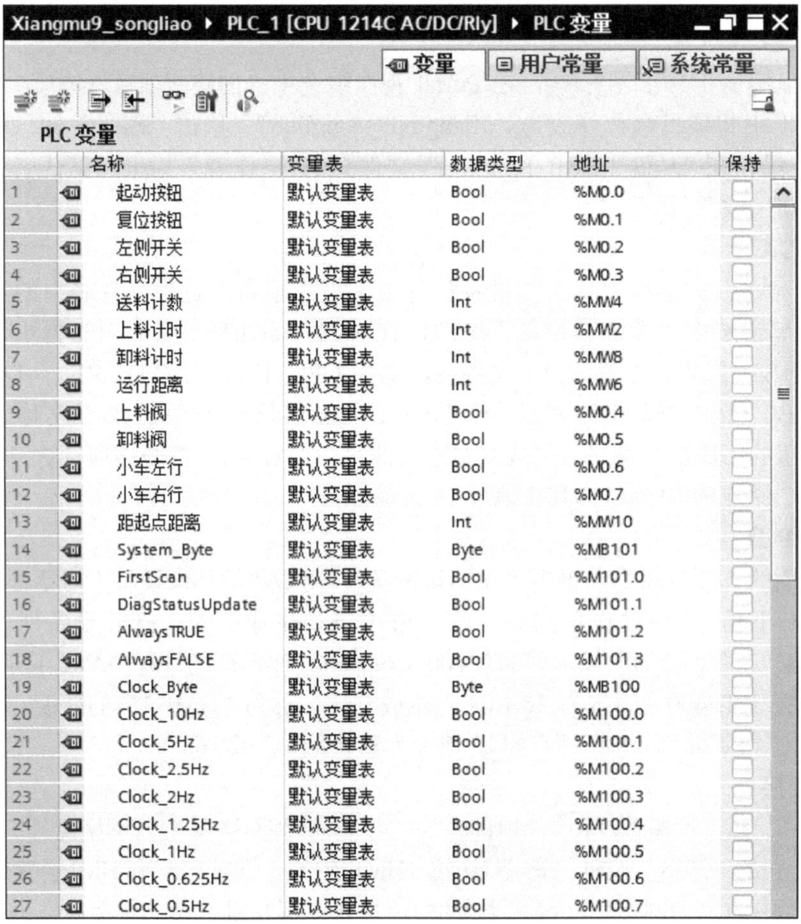

Xiangmu9_songliao ▸ PLC_1 [CPU 1214C AC/DC/Rly] ▸ PLC 变量

变量 | 用户常量 | 系统常量

PLC 变量

	名称	变量表	数据类型	地址	保持
1	起动按钮	默认变量表	Bool	%M0.0	
2	复位按钮	默认变量表	Bool	%M0.1	
3	左侧开关	默认变量表	Bool	%M0.2	
4	右侧开关	默认变量表	Bool	%M0.3	
5	送料计数	默认变量表	Int	%MW4	
6	上料计时	默认变量表	Int	%MW2	
7	卸料计时	默认变量表	Int	%MW8	
8	运行距离	默认变量表	Int	%MW6	
9	上料阀	默认变量表	Bool	%M0.4	
10	卸料阀	默认变量表	Bool	%M0.5	
11	小车左行	默认变量表	Bool	%M0.6	
12	小车右行	默认变量表	Bool	%M0.7	
13	距起点距离	默认变量表	Int	%MW10	
14	System_Byte	默认变量表	Byte	%MB101	
15	FirstScan	默认变量表	Bool	%M101.0	
16	DiagStatusUpdate	默认变量表	Bool	%M101.1	
17	AlwaysTRUE	默认变量表	Bool	%M101.2	
18	AlwaysFALSE	默认变量表	Bool	%M101.3	
19	Clock_Byte	默认变量表	Byte	%MB100	
20	Clock_10Hz	默认变量表	Bool	%M100.0	
21	Clock_5Hz	默认变量表	Bool	%M100.1	
22	Clock_2.5Hz	默认变量表	Bool	%M100.2	
23	Clock_2Hz	默认变量表	Bool	%M100.3	
24	Clock_1.25Hz	默认变量表	Bool	%M100.4	
25	Clock_1Hz	默认变量表	Bool	%M100.5	
26	Clock_0.625Hz	默认变量表	Bool	%M100.6	
27	Clock_0.5Hz	默认变量表	Bool	%M100.7	

图 6-3　PLC 变量表

起动按钮、复位按钮、左侧开关、右侧开关、上料阀、卸料阀、小车左行、小车右行、送料计数、上料计时、运行距离、卸料计时、距起点距离，数据类型有 Bool 型和 Int 型，地址分别为 M0.0、M0.1、M0.2、M0.3、M0.4、M0.5、M0.6、M0.7、MW4、MW2、MW6、MW8 和 MW10，并启动系统和时钟存储器，字节地址分别为 MB101 和 MB100，在编程过程中产生的其他中间变量在此不进行定义。

注意：在实际应用中输入或输出元件会与 PLC 的输入和输出端相连接，其地址应为输入继电器 I 和输出继电器 Q，为便于仿真运行，在第 6 章的项目中均使用中间变量 M，后续项目不再进行此说明。

6．生成 HMI 变量

双击“项目树”中 “HMI_1\HMI 变量”文件夹中的“默认变量表[0]”，打开变量编辑器（见图 6-4）。单击变量表的“连接”列单元中被隐藏的按钮…，选择“HMI_连接_1”（HMI 设备与 PLC 的连接）。

双击变量表“名称”列第一行，将默认“名称”更改为“起动按钮”，“数据类型”改为“Bool”，“地址”改为“M0.0”，“访问模式”改为“绝对访问”，“采集周期”改为“500ms”，单击第一行"PLC变量"列右边的按钮▣或▦，将HMI变量与PLC变量同步。

在HMI变量表的第二行双击"<添加>"，按上述方法生成变量"复位按钮"，或单击第一行最左侧图标◀▥，即选中第一行（第一行变量四周出现蓝色方框），用鼠标左键按住左侧图标◀▥左下角的"方形点"并往下拉，生成第二个、第三个等多个变量（往下拉出几行便生成几个新的变量），这样操作便于快速生成多个变量（数据类型相同，地址续前一行顺延增加），然后将变量名称进行相应更改，并与PLC变量同步。再生成五个Int型变量，如图6-4所示。在PLC中变量表中也可以用这种拖拽方式快速生成变量（注意："运行距离"和"距起点距离"变量的"采集周期"为"100ms"，否则小车运行时画面不连续）。

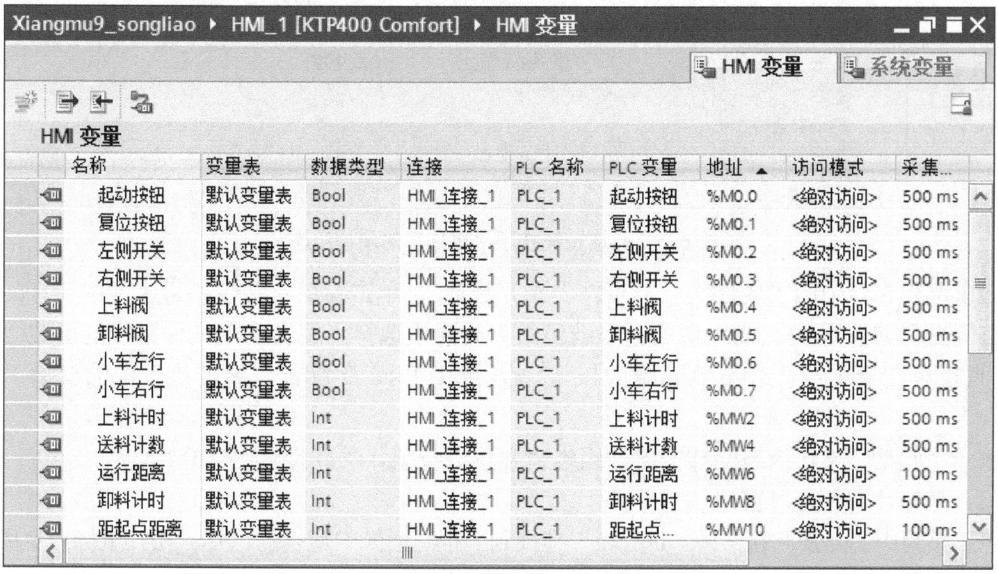

	名称	变量表	数据类型	连接	PLC名称	PLC变量	地址 ▲	访问模式	采集...
◀▥	起动按钮	默认变量表	Bool	HMI_连接_1	PLC_1	起动按钮	%M0.0	<绝对访问>	500 ms
◀▥	复位按钮	默认变量表	Bool	HMI_连接_1	PLC_1	复位按钮	%M0.1	<绝对访问>	500 ms
◀▥	左侧开关	默认变量表	Bool	HMI_连接_1	PLC_1	左侧开关	%M0.2	<绝对访问>	500 ms
◀▥	右侧开关	默认变量表	Bool	HMI_连接_1	PLC_1	右侧开关	%M0.3	<绝对访问>	500 ms
◀▥	上料阀	默认变量表	Bool	HMI_连接_1	PLC_1	上料阀	%M0.4	<绝对访问>	500 ms
◀▥	卸料阀	默认变量表	Bool	HMI_连接_1	PLC_1	卸料阀	%M0.5	<绝对访问>	500 ms
◀▥	小车左行	默认变量表	Bool	HMI_连接_1	PLC_1	小车左行	%M0.6	<绝对访问>	500 ms
◀▥	小车右行	默认变量表	Bool	HMI_连接_1	PLC_1	小车右行	%M0.7	<绝对访问>	500 ms
◀▥	上料计时	默认变量表	Int	HMI_连接_1	PLC_1	上料计时	%MW2	<绝对访问>	500 ms
◀▥	送料计数	默认变量表	Int	HMI_连接_1	PLC_1	送料计数	%MW4	<绝对访问>	500 ms
◀▥	运行距离	默认变量表	Int	HMI_连接_1	PLC_1	运行距离	%MW6	<绝对访问>	100 ms
◀▥	卸料计时	默认变量表	Int	HMI_连接_1	PLC_1	卸料计时	%MW8	<绝对访问>	500 ms
◀▥	距起点距离	默认变量表	Int	HMI_连接_1	PLC_1	距起点...	%MW10	<绝对访问>	100 ms

图6-4 HMI变量表

7. 组态HMI画面

双击"项目树"中 "HMI_1\画面"文件夹中的"根画面"，打开"根画面"编辑窗口。

（1）组态文本域

单击并按住工具箱基本对象中的"文本域"按钮，将其拖拽至"根画面"，然后松开鼠标，生成默认名称为"Text"的文本，然后双击文本"Text"将其修改为"送料小车自动往返控制"。打开巡视窗口中的"属性"→"属性"→"文本格式"，将其字号改为"23 号""粗体"。将文本"送料小车自动往返控制"（项目名称）通过鼠标拖拽到"根画面"的正中间（见图6-1）。

再用类似的方法生成其他文本，如上料计时（s）、循环计数、运行距离、距起点距离（m）和下料时间（s）等，并将它们拖拽至"根画面"的适当位置（见图6-1）。

（2）组态按钮

将工具箱的"元素"窗格中的"按钮"拖拽到画面工作区中，通过鼠标拖拽调节其位置及大小（见图6-1），然后再复制一个同样大小的按钮。

单击选中"根画面"中左边按钮，选中巡视窗口中的"属性"→"属性"→"常规"，勾选"模式"和"标签"域的"文本"，在"按钮'未按下'时显示的图形"栏中输入"起动"；用同样方法将右边按钮的名称更改为"复位"。

单击"根画面"中的"起动"按钮，选中巡视窗口中的"属性"→"事件"→"按下"，单击窗口右边表格最上面的一行，再单击它右侧出现的按钮▼，在出现的"系统函数"列表中选择"编辑位"文件夹中的函数"置位位"；直接单击表中第 2 行右侧隐藏的按钮…，选中 PLC 变量表，双击该表中的变量"起动按钮"，即将"起动"按钮与地址 M0.0 相关联（见图 6-5）。

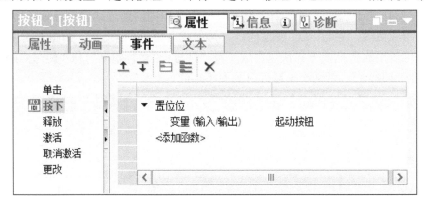

图 6-5　起动按钮按下"事件"的属性组态

选中巡视窗口中的"属性"→"事件"→"释放"，单击窗口右边表格最上面的一行，再单击它右侧出现的按钮▼，在出现的"系统函数"列表中选择"编辑位"文件夹中的函数"复位位"；直接单击表中第 2 行右侧隐藏的按钮…，选中 PLC 变量表，双击该表中的变量"起动按钮"。

按照"起动"按钮组态同样的方法组态"复位"按钮，关联地址为 M0.1。

（3）组态计数和计时窗口

将工具箱中"元素"窗格中"I/O 域"拖拽到"根画面"中适当的位置，松开鼠标后生成一个 I/O 域，然后再复制三个同样大小的 I/O 域，通过鼠标拖拽调节它们的位置及大小（见图 6-1）。

选中最左边的上料计时 I/O 域，再选中巡视窗口中的"属性"→"属性"→"常规"，将过程变量与地址 MW2 相关联，将类型模式设置为"输出"，采用"十进制"显示格式，格式样式设置"9999"（见图 6-6）。用同样的方法组态循环计数、距起点距离和卸料计时等 I/O 域，它们均为输出模式，十进制及显示四位整数，分别与地址 MW4、MW10 和 MW8 相关联。

图 6-6　组态"上料计时"的"常规"属性

（4）组态上料和卸料阀

将工具箱中的"图形\WinCC 图形文件夹\Equipment\Industries[WMF]\Material Handling"文件夹中两个图形（模拟上料阀和卸料阀）拖拽到画面工作区中，通过鼠标拖拽调节其位置及大小（见图 6-1）。

单击选中"根画面"中左上角上料阀图形，选中巡视窗口中的"属性"→"动画"→"显示"，双击"添加新动画"，选中"外观"，在外观组态窗口将变量与上料阀地址 M0.4 相关联，双击下面表格的第一和第二行，使其范围分别为"0"和"1"，将范围"1"的"闪烁"列设置为"是"，其他采用默认设置（见图 6-7）。

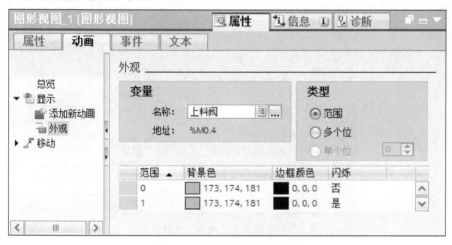

图 6-7　组态上料阀外观属性

用同样的方法，将"根画面"中右下角的卸料阀与地址 M0.5 相关联，外观组态同上料阀。

（5）组态小车运行轨道

单击选中工具箱中"基本对象"窗格中"线"，然后在"根画面"的适合位置单击并按住鼠标左键向右拖拽，生成一个平直的直线，并通过鼠标拖拽调节其位置及大小（见图 6-1），在此，小车运行轨道（线）均采用系统默认设置。

（6）组态左右两侧行程开关

将库中"全局库\Buttons-and-Switches\模板副本\LeverSwitches"文件夹中的 Lever_Horizontal_1 元素拖拽到画面工作区中，然后再复制一个，用这两个元素模拟左侧开关和右侧开关，通过鼠标将它们拖拽到小车运行轨道的左侧和右侧（见图 6-1）。

选中"根画面"中的左侧开关，再选中巡视窗口中的"属性"→"属性"→"常规"（见图 6-8），将过程变量与地址 M0.2 相关联，在"图形"域中，将"ON"状态选择为"Lever_Horizontal_1_Off_256c"图形，即此开关处于"ON"状态时其手柄朝左；将"OFF"状态选择为"Lever_Horizontal_1_On_256c"图形，即此开关处于"OFF"状态时其手柄朝右。

用同样方法，使右侧开关的过程变量与地址 M0.3 相关联，将"ON"状态选择为"Lever_Horizontal_1_On_256c"图形，即此开关处于 ON 状态时其手柄朝右；将"OFF"状态选择为"Lever_Horizontal_1_Off_256c"图形，即此开关处于 OFF 状态时其手柄朝左。

（7）组态小车

将工具箱中的"图形\WinCC 图形文件夹\Equipment\Infrastructure[WMF]\Vehicles"文件夹中某个装料车图形（模拟送料小车）拖拽到画面工作区中，通过鼠标拖拽调节其位置及大小，再复制一辆相同的小车。

图 6-8　左侧开关"常规"属性组态

本项目需要两辆小车，运动方向为一正一反，通过复制生成的小车车头也是朝左的，无法在"根画面"中使其车头朝右。在此，通过下面的编辑方法使其车头朝右。

选中其中一辆小车，右击在快捷菜单中执行"编辑图形"命令，在打开的对话框中选择编辑模式"集中编辑图形，将修改所有使用点"，按下"确定"按钮。此时会自动打开计算机系统集成的"画图"对话框，并且选中的那个图形也自动显示在此对话框的编辑区中。单击"画图"工具栏上的"旋转"，选中"水平翻转"，向其车头朝右。将此图保存在计算机中某个位置（不更改其扩展名），在保存过程中弹出的对话框中单击"确定"按钮。再次选中"根画面"中的那辆小车，选中巡视窗口中的"属性"→"属性"→"常规"，单击"常规"属性窗口右边的左下角"从文件创建新图形"按钮，打开"选择图形"对话框，找到刚才保存图形的位置，选中后单击"打开"按钮，此图形便自动添加到常规属性窗口，同时"根画面"中选中的小车被自动替换为新创建的图形（车头朝右的小车），再将其拖拽至"根画面"中适当位置。

也可通过下面组态的方法将小车放置在适当位置：选中车头朝右的小车，再选中巡视窗口中的"属性"→"属性"→"布局"，将其位置设置在坐标（45，102）处，"高度"设置为"30"，"宽度"设置为"42"。

选中巡视窗口中的"属性"→"动画"→"显示"（见图 6-9），双击"添加新动画"，选中"不可见"，将过程变量与小车左行 M0.6 相关联（即只有小车左行的时候车头朝右的小车才不可见），选择"单个位"。

选中巡视窗口中的"属性"→"动画"→"移动"（见图 6-10），双击"添加新动画"，选中"水平移动"，在"水平移动"编辑窗口将过程变量与运行距离 MW6 相关联，将范围设置为45～400，"起始位置"坐标设置为（45，102），"目标位置"坐标设置为（395，102）。

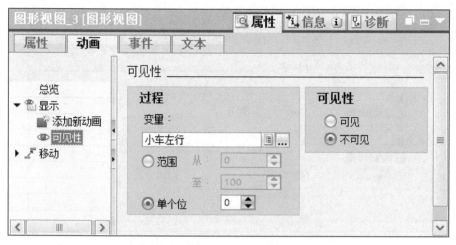

图 6-9　车头朝右小车"显示"属性组态

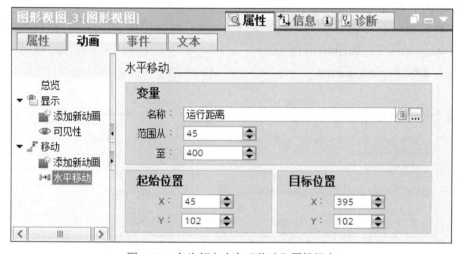

图 6-10　车头朝右小车"移动"属性组态

　　用同样的方法，组态车头朝左的小车，其"显示"属性组态如图 6-11 所示，"移动"属性组态如图 6-12 所示（注意小车大小和位置、移动的"起始位置"和"目标位置"的坐标值）。

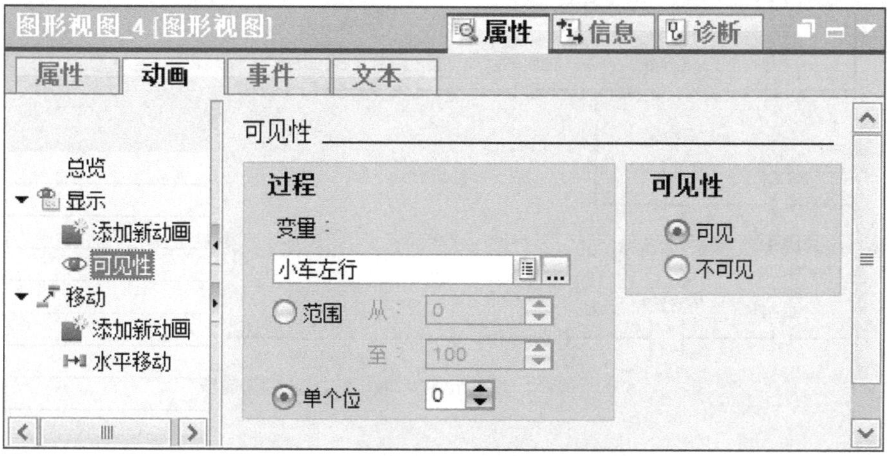

图 6-11　车头朝左小车"显示"属性组态

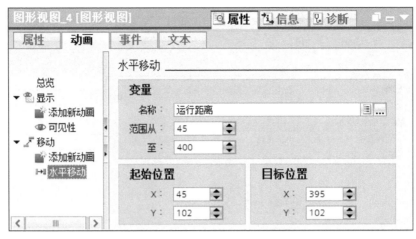

图 6-12　车头朝左小车"移动"属性组态

8. 编写 PLC 程序

双击"项目树"中 "PLC_1\程序块"文件夹中的"Main[OB1]",打开 PLC 的程序编辑窗口,编写 PLC 控制程序,如图 6-13 所示。

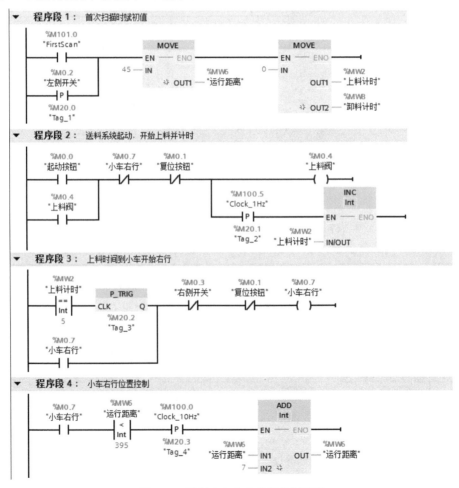

图 6-13　送料小车自动往返控制程序

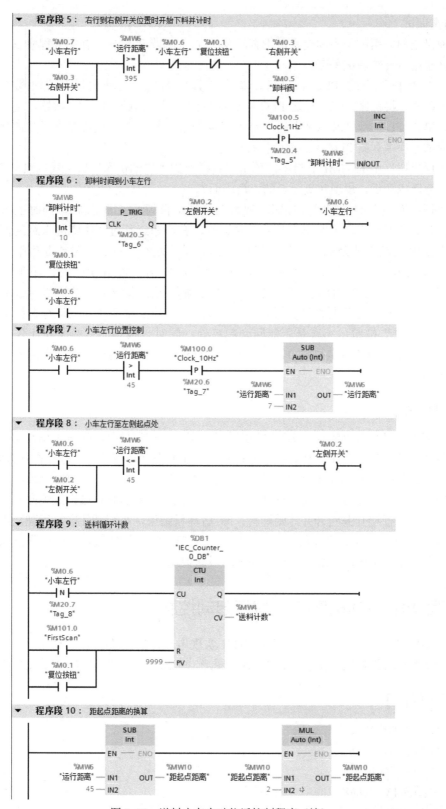

图 6-13 送料小车自动往返控制程序（续）

9. 仿真调试

因本项目全部采用的是中间变量，没有涉及 PLC 的输入和输出，在完成程序编写和画面组态后就可以通过仿真来调试程序。

选中"项目树"中的 PLC_1 设备，单击工具栏上的"启动仿真"按钮，启动 S7-PLCSIM 仿真器，将程序下载到仿真 PLC 中。单击仿真器窗口的"RUN"按钮，使仿真器处于运行状态。单击 PLC 程序编辑区中的"启用/禁用监视"按钮，使程序处于监控状态下，以便在仿真调试过程中观察 PLC 中的程序执行情况。

选中"项目树"中的 HMI_1 设备，单击工具栏上的"启动仿真"按钮，启动 HMI 运行系统仿真。编译成功后，出现仿真面板的"根画面"。

单击"根画面中"的"起动"按钮，观察上料阀是否闪烁（即上料），同时上料计时窗口是否进行计时？当计时到 5s 时小车是否向右运行，在小车运行过程中距起点距离窗口是否正确显示小车实时距起点的距离？当小车运行到右侧开关处时，右侧开关是否动作，同时卸料阀是否闪烁（表示卸料），卸料计时窗口是否进行计时？当计时到 10s 时，小车是否向左运行，在小车向左运行过程，距起点距离窗口中的数值是否越来越小？当小车到达左侧开关处时，左侧开关是否动作，同时循环计数窗口是否加 1？再次起动小车，在运行过程中按下"根画面"中的"复位"按钮，小车是否能回到起点处，同时"根画面"的循环计数、上卸料计时和距起点距离窗口中数值是否清 0？如果上述调试现象与控制要求一致，则说明程序编写和构件组态正确。

【项目拓展】

使用 S7-1200 PLC 和精智面板 HMI 实现送料小车自动往返控制。送料小车自动往返示意图与图 6-1 类似。控制要求：小车初始位置停在左侧，压着左侧行程开关（即行程开关断开）；左右两个行程开关相距 1000m。按下"起动"按钮开始装料，10s 后小车向右行驶，左侧行程开关断开；当到达中间位置时，中间行程开关闭合开始卸料；5s 后卸料结束继续向右行驶，到达右侧位置时，右侧行程开关断开并开始卸料；5s 后卸料结束，小车开始向左行驶，右侧行程开关闭合，当小车回到左侧起始位置时，显示器计数窗口显示送料次数，如此循环三次后结束。按下"复位"按钮，小车回到起始状态，并将送料次数清 0。

6.2 项目 10：电动机星-三角减压起动控制

本项目使用 S7-1200 PLC 和精智面板 HMI 实现电动机星-三角减压起动控制，重点是使用博途 V15.1 训练和巩固按钮、指示灯、I/O 域、图形 I/O 域、动画和元件等多项组态操作。

【项目目标】

1）掌握按钮的组态。
2）掌握指示灯的组态。
3）掌握 I/O 域的组态。
4）掌握图形 I/O 域的组态。
5）掌握动画的组态。
6）掌握元件的制作。

【项目任务】

使用 S7-1200 PLC 和精智面板 HMI 实现电动机星-三角降压起动控制。其组态画面如图 6-14 所示。控制要求：按下 HMI 中的"起动"按钮，电动机星形降压起动，主交流接触器和星形连接接触器的指示灯点亮，星-三角指示的电气符号为星形符号，电动机运行速度为 1160r/min，电动机风扇动画转动较慢，画面有"设备正在运行"文本显示；延时一段时间后，电动机绕组由星形连接变成角形连接，此时，主交流接触器和角形连接接触器的指示灯点亮，星-三角指示的电气符号为角形符号，电动机运行速度为 1460r/min，电动机风扇动画转动较快。按下 HMI 中的"停止"按钮电动机停止，显示和动画都复位，画面有"设备已经停止"文本显示。

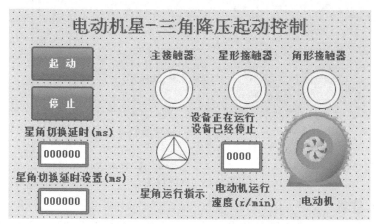

图 6-14　电动机星三角降压起动控组态画面

【项目实施】

1. 创建项目

双击桌面上博途 V15.1 图标，在 Portal 视图中选中"创建新项目"选项，在右侧"创建新项目"对话框中将项目名称修改为"Xiangmu10_xingjiao"。单击"路径"输入框右边的按钮，将该项目保存在 D 盘"HMI_KTP400"文件夹中。"作者"栏采用默认名称。单击"创建"按钮，开始生成项目。

2. 添加 PLC

在"新手上路"对话框中单击"设备和网络—组态设备"选项，在弹出的"显示所有设备"对话框中单击选中"添加新设备"选项，在右侧"添加新设备"对话框中，选择"控制器"，逐级打开 S7-1200 PLC 的 CPU 文件夹，选择 CPU 1214C AC/DC/Rly，订货号为：6ES7 214-1BG40-0XB0（或选择身边 PLC 的订货号），设备名称自动生成为默认名称"PLC_1"。单击对话框右下角的"添加"按钮后（或双击选中的设备订货号），打开该项目的"项目视图"的编辑视窗。PLC 站点的 IP 地址为默认地址 192.168.0.1。

3. 添加 HMI

在项目视图"项目树"中单击"添加新设备"，出现"添加新设备"对话框。选中"HMI 设备"，去掉左下角"启动设备向导"筛选框中自动生成的勾。打开设备列表中的文件夹"\HMI\SIMATIC 精智面板\4"显示屏\KTP400 Comfort"，双击订货号为 6AV2 124-2DC01-0AX0

的 4in 精智面板 KTP400，版本为 15.1.0.0，生成默认名称为"HMI_1"的面板，在工作区出现了 HMI 的画面"根画面"。HMI 站点的 IP 地址为默认地址 192.168.0.2。

4．组态连接

添加 PLC 和 HMI 设备后，双击"项目树"中的"设备和网络"，打开网络视图（见图 6-15），单击网络视图左上角的"连接"按钮，采用默认的"HMI 连接"，同时 PLC 和 HMI 会变成浅绿色。

单击 PLC 中的以太网接口（绿色小方框），按住鼠标左键并移动鼠标，拖出一条浅色的直线。将它拖到 HMI 的以太网接口，松开鼠标左键，生成图 6-15 中的"HMI_连接_1"和网络线。

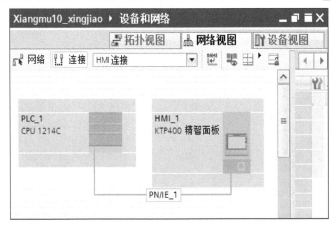

图 6-15　网络视图

5．生成 PLC 变量

双击"项目树"中"PLC_1\PLC 变量"文件夹中的"默认变量表"，打开 PLC 的默认变量表（见图 6-16），并生成以下变量：

	名称	变量表	数据类型	地址	保持	可从 ...	从 H...
1	起动按钮	默认变量表	Bool	%M0.0		✓	✓
2	停止按钮	默认变量表	Bool	%M0.1		✓	✓
3	主接触器指示	默认变量表	Bool	%M0.2		✓	✓
4	星形接触器指示	默认变量表	Bool	%M0.3		✓	✓
5	角形接触器指示	默认变量表	Bool	%M0.4		✓	✓
6	切换计时	默认变量表	Time	%MD20		✓	✓
7	切换延时设置	默认变量表	Time	%MD24		✓	✓
8	电动机运行速度	默认变量表	Int	%MW28		✓	✓
9	切换时间到达	默认变量表	Bool	%M1.0		✓	✓
10	电动机旋转	默认变量表	Int	%MW30		✓	✓
11	Clock_Byte	默认变量表	Byte	%MB100		✓	✓
12	Clock_10Hz	默认变量表	Bool	%M100.0		✓	✓
13	Clock_5Hz	默认变量表	Bool	%M100.1		✓	✓
14	Clock_2.5Hz	默认变量表	Bool	%M100.2		✓	✓
15	Clock_2Hz	默认变量表	Bool	%M100.3		✓	✓
16	Clock_1.25Hz	默认变量表	Bool	%M100.4		✓	✓
17	Clock_1Hz	默认变量表	Bool	%M100.5		✓	✓
18	Clock_0.625Hz	默认变量表	Bool	%M100.6		✓	✓
19	Clock_0.5Hz	默认变量表	Bool	%M100.7		✓	✓

图 6-16　PLC 变量表

起动按钮、停止按钮、主接触器指示、星形接触器指示、角形接触器指示、切换时间到达、切换计时、切换延时设置、电动机运行速度、电动机旋转，数据类型有 Bool 型、Int 型和 Time 型，地址分别为 M0.0、M0.1、M0.2、M0.3、M0.4、M1.0、MD20、MD24、MW28 和 MW30，并启动系统时钟存储器，字节地址为MB100，在编程过程中产生的其他中间变量在此不进行定义。

6. 生成 HMI 变量

双击“项目树”中 “HMI_1\HMI 变量”文件夹中的“默认变量表[0]”，打开变量编辑器（见图 6-17）。单击变量表的“连接”列单元中被隐藏的按钮，选择“HMI_连接_1”（HMI 设备与 PLC 的连接）。

Xiangmu10_xingjiao ▸ HMI_1 [KTP400 Comfort] ▸ HMI 变量

HMI 变量 | 系统变量

HMI 变量

名称	变量表	数据类型	连接	PLC 名称	PLC 变量	地址 ▲	访问模式	采集周期
起动按钮	默认变量表	Bool	HMI_连接_1	PLC_1	起动按钮	%M0.0	<绝对访问>	500 ms
停止按钮	默认变量表	Bool	HMI_连接_1	PLC_1	停止按钮	%M0.1	<绝对访问>	500 ms
主接触器指示	默认变量表	Bool	HMI_连接_1	PLC_1	主接触器指示	%M0.2	<绝对访问>	500 ms
星形接触器指示	默认变量表	Bool	HMI_连接_1	PLC_1	星形接触器指示	%M0.3	<绝对访问>	500 ms
角形接触器指示	默认变量表	Bool	HMI_连接_1	PLC_1	角形接触器指示	%M0.4	<绝对访问>	500 ms
切换计时	默认变量表	Time	HMI_连接_1	PLC_1	切换计时	%MD20	<绝对访问>	500 ms
切换延时设置	默认变量表	Time	HMI_连接_1	PLC_1	切换延时设置	%MD24	<绝对访问>	500 ms
电动机运行速度	默认变量表	Int	HMI_连接_1	PLC_1	电动机运行速度	%MW28	<绝对访问>	1 s
电动机旋转	默认变量表	Int	HMI_连接_1	PLC_1	电动机旋转	%MW30	<绝对访问>	100 ms

图 6-17 HMI 变量表

双击变量表“名称”列第一行，将默认“名称”更改为“起动按钮”，“数据类型”改为“Bool”，“地址”改为“M0.0”，“访问模式”改为“绝对访问”，“采集周期”改为“500ms”，单击 “PLC 变量”列第一行右边的按钮或 ，将 HMI 变量与 PLC 变量同步。

单击第一行最左侧图标，即选中第一行，用鼠标左键按住左侧图标左下角的“方形点”往下拉，生成图 6-17 中所示的变量（注意：电动机旋转变量的采集周期为 100ms，否则电动机旋转时画面不连续）。

7. 组态 HMI 画面

双击“项目树”文件夹“HMI_1\画面”中的“根画面”，打开根画面编辑窗口。

（1）组态文本域

单击并按住工具箱基本对象中的“文本域”按钮，将其拖拽至“根画面”组态窗口，然后松开鼠标，生成默认名称为“Text”的文本，然后双击文本“Text”将其修改为“电动机星三角降压起动控制”。打开巡视窗口中的“属性”→“属性”→“文本格式”，将其字号改为“23号”“粗体”。将文本“电动机星-三角降压起动控制”（项目名称）通过鼠标拖拽的方式拖拽到根画面的正中间（见图 6-14）。

再用类似的方法生成其他文本，如主接触器、星形接触器、角形接触器、星角切换延时（ms）、星角切换延时设置（ms）、星角运行指示、电动机运行速度（r/min）、电动机、设备正在运行、设备已经停止等，并将它们拖拽至“根画面”的适当位置（见图 6-14）。

（2）组态按钮

将工具箱的“元素”窗格中的“按钮”拖拽到画面工作区中，通过鼠标拖拽调节其位置及大小（见图 6-14），然后再复制一个同样大小的按钮。

单击选中"根画面"中左边按钮,选中巡视窗口中的"属性"→"属性"→"常规",勾选"模式"和"标签"域的"文本",在"按钮'未按下'时显示的图形"栏中输入"起动";用同样方法将右边按钮的名称更改为"停止"。

单击"根画面"中的"起动"按钮,选中巡视窗口中的"属性"→"事件"→"按下"(见图 6-18),单击窗口右边表格的最上面一行,再单击它的右侧出现的按钮 ▼,在出现的"系统函数"列表中选择"编辑位"文件夹中的函数"置位位";直接单击表中第 2 行右侧隐藏的按钮 ,选中 PLC 变量表,双击该表中的变量"起动按钮",即将"起动"按钮与地址 M0.0 相关联。

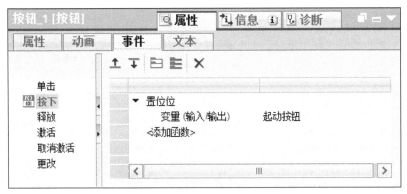

图 6-18　起动按钮的事件(按下)组态

选中巡视窗口中的"属性"→"事件"→"释放",单击窗口右边表格的最上面一行,再单击它的右侧出现的按钮 ▼,在出现的"系统函数"列表中选择"编辑位"文件夹中的函数"复位位";直接单击表中第 2 行右侧隐藏的按钮 ,选中 PLC 变量表,双击该表中的变量"起动按钮"。

按照"起动"按钮组态同样的方法组态"停止"按钮,关联地址为 M0.1。

(3)组态输入/输出窗口

将工具箱中"元素"窗格中"I/O 域"拖拽到"根画面"中适当的位置,松开鼠标后生成一个 I/O 域,通过鼠标拖拽调节其位置及大小,然后再复制两个同样大小的 I/O 域(见图 6-14)。

选中星角切换延时 I/O 域,再选中巡视窗口中的"属性"→"属性"→"常规"(见图 6-19),将过程变量与地址 MD20 相关联,将"模式"设置为"输出",采用"十进制"显示格式,"格式样式"设置为"999999"。用同样的方法组态星角切换延时设置 I/O 域、电动机运行速度 I/O域,分别为"输入"和"输出"模式,"十进制"显示格式,分别显示"六位"和"四位"整数,并与地址 MD24 和 MW28 相关联。

图 6-19　组态星角切换延时窗口的"常规"属性

将工具箱的"基本对象"窗格中的"圆"拖拽到画面中适合位置,松开鼠标后生成一个圆,然后用同的方法再生成一个小圆,并将此小圆放置在先生成的大圆中。单击生成的小圆,再选中巡视窗口中的"属性"→"动画"→"显示"。单击"显示"文件夹下"添加新动画",选择"外观",将外观关联的变量名称组态为"主接触器指示",地址 M0.2 自动添加到地址栏。将"类型"选择为"范围",组态颜色如下:"0"状态的"背景色"和"边框颜"色采用默认颜色,"1"状态的"背景色"设置为"绿色"。

选中生成的大圆,执行右击"顺序"→"移到最后"命令。同时选中这两个圆,然后执行右击"组合"→"组合"命令,即将这两个圆组合成一个图形对象,再通过鼠标将此组合后的两个圆拖拽到文本"主接触器"正下方(见图 6-14)。

用同种的方法,组态"星形接触器"和"角形接触器"指示灯,关联地址分别为 M0.3 和 M0.4。

(4)组态星角指示

将工具箱的"基本对象"窗格中的"圆"拖拽到画面中适合位置,松开鼠标后生成一个圆;单击选中工具箱的"基本对象"窗格中的"多边形",然后在"根画面"中画出一个三角形"△",通过鼠标拖拽调节大小,并将此三角形的三个顶点放在刚生成圆的边线上;单击选中工具箱的"基本对象"窗格中的"折线",然后在"根画面"中画出一个倒星形,使其三个顶点与三角形的三个顶点重合。然后将这三个图形分开放置在"根画面"中,以便选中并对其组态。

选中折线,再选中巡视窗口中的"属性"→"动画"→"显示"(见图 6-20)。单击"显示"文件夹下"添加新动画",选择"可见性",将过程变量与"星形接触器指示"变量相关联。将"类型"设置为"单个位",选中"可见"。

图 6-20 折线的"可见性"属性组态

选中多边形,再选中巡视窗口中的"属性"→"动画"→"显示"(见图 6-21)。单击"显示"文件夹下"添加新动画",选择"可见性",将过程变量与"角形接触器指示"变量相关联。将"类型"设置为"单个位",选中"可见";选中巡视窗口中的"属性"→"动画"→"显示"。单击"显示"文件夹下"添加新动画",选择"外观",将过程变量与"角形接触器指示"变量相关联。将"类型"设置为"范围",将"范围"中"1"的"背景色"设置为"红色"。

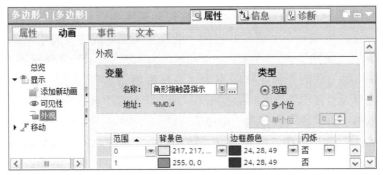

图 6-21 多边形的"外观"属性组态

将圆、折线和多边形通过拖拽放置在一起，并将圆移至最后，再将它们组合成一个图形，并拖拽至文本"星角运行指示"正上方（见图 6-14）。

（5）组态运行状态文本

单击并按住工具箱"基本对象"中的"文本域"按钮，将其拖拽至"根画面"组态窗口，然后松开鼠标，生成默认名称为"Text"的文本，然后双击文本"Text"将其修改为"设备正在运行"。用同样方法再生成一个文本"设备已经停止"。选中文本"设备正在运行"，再选中巡视窗口中的"属性"→"动画"→"显示"。单击"显示"文件夹下"添加一个可见性动画"，将过程变量与"主接触器指示"变量相关联。将"类型"设置为"单个位"，选中"可见"。

用同样的方法，将文本"设备已经停止"的"可见性"与过程变量"主接触器指示"相关联。将"类型"设置为"单个位"，选中"不可见"。

（6）组态电动机

1）生成电动机。

将工具箱中的"图形\WinCC 图形文件夹\Equipment\Automation[WMF]\Motors"中的电动机拖拽至"根画面"中，用鼠标调节其位置和大小（见图 6-14）。

2）组态旋转风扇。

将工具箱的"元素"窗格中的"图形 I/O 域"对象拖拽到"根画面"中，用鼠标调节其大小和位置。

单击"根画面"中的图形 I/O 域，选中巡视窗口中的"属性"→"属性"→"常规"（见图 6-22），将"过程"域中的"变量"通过 HMI 默认变量表中选择"电动机旋转"变量，其地址为 MW30，将"模式"域设置为"输出"。

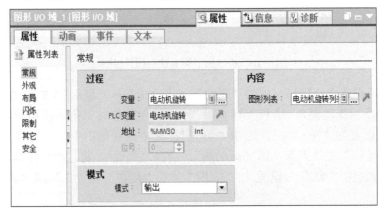

图 6-22 图形 I/O 域的"常规"属性组态

单击"内容"域"图形列表"选项后面的按钮，单击"添加新列表"按钮，生成一个系统默认名称为"Graphic_list_1"的图形列表，单击图形列表名称右侧的箭头按钮，自动打开图形列表编辑器，在打开的图形列表编辑器中将其名称更改为"电动机旋转列表"（见图6-23）。

单击"图形列表条目""值"列的第一行，出现的值为"0-1"，单击该单元右侧按钮，在出现的对话框中将"类型"由"范围"改为"单个值"，条目的值变为"0"，然后在"图形列表条目"的下面3行中双击添加值1、2、3。将工具箱中的"图形\WinCC图形文件夹\Equipment\Automation[WMF]\Blowers"中四个图形依次拖拽到"图形列表条目"中"图形"列，并且与值0、1、2、3相对应（见图6-23）。

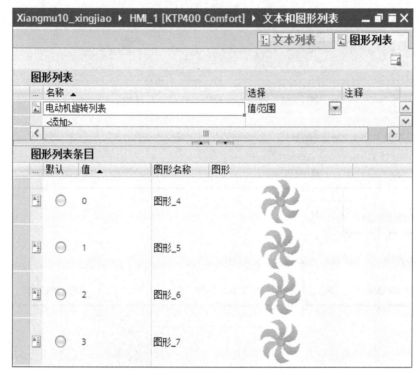

图6-23　图形I/O域的"图形"列表组态

将图形I/O域中的风扇拖拽至电动机的正中间，通过鼠标调节其位置和大小。选中风扇（即图形I/O域），再选中巡视窗口中的"属性"→"属性"→"外观"（见图6-24），将"背景"域中"颜色"设置为"淡蓝色"（与电动机背景色一致），"填充图案"设置为"透明"；将"边界"域中的"样式"设置为"实心"，否则风扇四周会有一个正方形的边框。

选中风扇，执行右击"顺序"→"提到最前"命令。同时选中这两个圆，然后执行右击"组合"→"组合"命令，即将风扇和电动机组合成一个图形对象，通过鼠标将它们拖拽到适当位置（见图6-14）。

8. 编写 PLC 程序

双击"项目树"中"PLC_1\程序块"文件夹中的"Main[OB1]"，打开PLC的程序编辑窗口，编写PLC控制程序，如图6-25所示。在本项目中采用系统和时钟存储器位来实现风扇旋转时变量MW30中值的大小循环变化，也可以使用循环组织块来编写（请读者自行完成）。

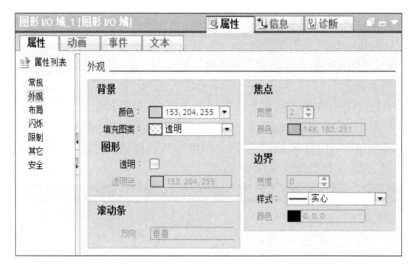

图 6-24　图形 I/O 域的 "外观" 属性组态

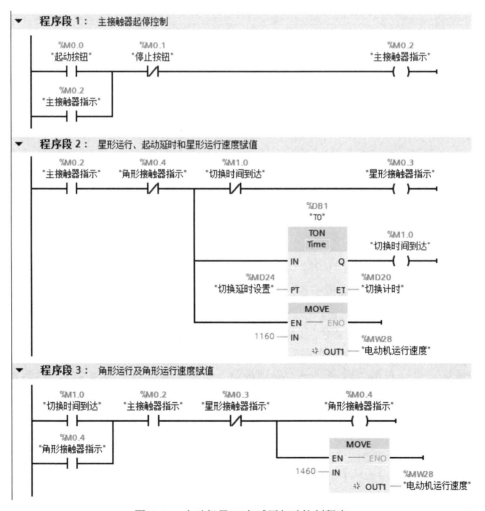

图 6-25　电动机星-三角减压起动控制程序

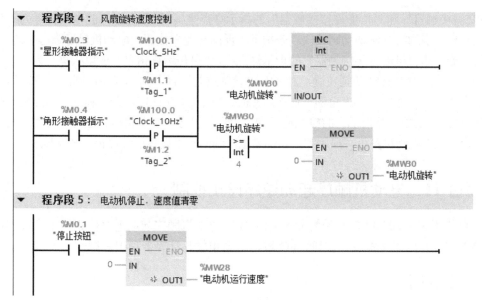

图 6-25　电动机星-三角减压起动控制程序（续）

9．仿真调试

选中"项目树"中的 PLC_1 设备，单击工具栏上的"启动仿真"按钮🖥，启动 S7-PLCSIM 仿真器，将程序下载到仿真 PLC 中。单击仿真器窗口的"RUN"按钮，使仿真器处于运行状态。单击 PLC 程序编辑区中的"启用/禁用监视"按钮📟，使程序处于监控状态，以便在仿真调试过程中观察 PLC 中的程序执行情况。

选中"项目树"中的 HMI_1 设备，单击工具栏上的"启动仿真"按钮🖥，启动 HMI 运行系统仿真。编译成功后，出现仿真面板的"根画面"。

首先单击 HMI 中"根画面"的"星角切换延时设置(ms)" I/O 域，输入一个星角切换时间，如 5000（即 5s），然后单击"根画面"中的"起动"按钮，观察"主接触器"和"星形接触器"指示灯是否点亮，"星角运行指示"是否显示倒星形，画面中是否显示文本"设备正在运行"，"星角切换延时(ms)" I/O 域中时间值是否一直增加，"电动机运行速度" I/O 域是否显示"1160"，电动机风扇是否顺时针慢速旋转，等等。

延时 5s 后，观察"主接触器"和"角形接触器"指示灯是否点亮，"星角运行指示"是否显示红色背景的三角形"△"，画面中是否显示文本"设备正在运行"，"电动机运行速度" I/O 域是否显示"1460"，电动机风扇是否顺时针快速旋转，等等。单击"根画面"中的"停止"按钮，观察"主接触器"和"角形接触器"指示灯是否熄灭，"星角运行指示"是否只显示一个圆，画面中是否显示文本"设备已经停止"，"电动机运行速度" I/O 域是否显示"0"，电动机风扇是否停止旋转，等等。如果上述调试现象与控制要求一致，则说明程序编写和构件组态正确。

📑**【项目拓展】**

使用 S7-1200 PLC 和精智面板 HMI 实现电动机星-三角减压起动控制。控制要求：若按下"正向起动"按钮，电动机星形减压起动，"正向主交流接触器"和"星形连接接触器"的指示灯点亮，"星角运行指示"的电气符号为"星形"符号，电动机风扇顺时针转动动画较慢，画面有"设备正向运行"文事显示；延时一段时间后，电动机绕组由"星形"连接变成"角形"连接，此时，

"正向主交流接触器"和"角形连接接触器"的指示灯点亮,"星角指示"的电气符号为"角形"符号,电动机风扇顺时针转动动画较快。若按下"反向起动"按钮,电动机星形降压起动,"反向主交流接触器"和"星形连接接触器"的指示灯点亮,"星角运行指示"的电气符号为"星形"符号,电动机风扇逆时针转动动画较慢,画面有"设备反向运行"文本显示;延时一段时间后,电动机绕组由"星形"连接变成"角形"连接,此时,"反向主交流接触器"和"角形连接接触器"的指示灯点亮,"星角运行指示"的电气符号为"角形"符号,电动机风扇逆时针转动动画较快。按下"停止按钮"电动机停止,显示和动画都复位,画面有"设备已经停止"文本显示。

6.3 项目 11:电动机顺序起动逆序停止控制

本项目使用 S7-1200 PLC 和精智面板 HMI 实现电动机顺序起动逆序停止控制,重点是使用博途 V15.1 训练和巩固文本域、按钮、I/O 域、动画和数码管等多项组态操作。

 【项目目标】

1) 掌握按钮的组态。
2) 掌握 I/O 域的组态。
3) 掌握动画的组态。
4) 掌握数码管的组态。

 【项目任务】

使用 S7-1200 PLC 和精智面板 HMI 实现电动机顺序起动逆序停止控制。电动机顺序起动逆序停止控制组态画面如图 6-26 所示。控制要求:按下"起动"按钮,电动机 M1 运行,对应的指示灯点亮,8 字形 LED 数码管显示"1",I/O 域也显示"1",以后每按一下起动按钮,电动机 M2~M5 顺序起动,对应的指示灯、LED 数码管和 I/O 域都显示 2~5 数字。当电动机 M5 起动后,再按下"起动"按钮将不再变化,显示为"5"保持不变。此时按下"停止"按钮,电动机 M5~M1 逆序停止,对应的指示灯、LED 数码管和输入框都显示 5~1 数字。当电动机 M1 停止后,再按下"停止"按钮将不再变化,显示为"0"保持不变。无论处于什么状态,按下"急停"按钮,所有电动机均停止,显示为"0",只有按下"复位"后,才能重新开始起动。

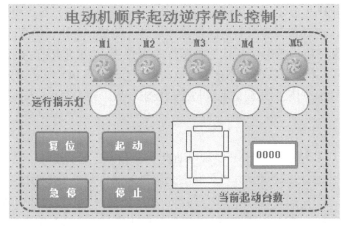

图 6-26 电动机顺序起动逆序停止控制组态画面

【项目实施】

1. 创建项目

双击桌面上博途 V15.1 图标，在 Portal 视图中选中"创建新项目"选项，在右侧"创建新项目"对话框中将项目名称修改为"Xiangmu11_shuenni"。单击"路径"输入框右边的按钮，将该项目保存在 D 盘"HMI_KTP400"文件夹中。"作者"栏采用默认名称。单击"创建"按钮，开始生成项目。

2. 添加 PLC

在"新手上路"对话框中单击"设备和网络—组态设备"选项，在弹出的"显示所有设备"对话框中单击选中"添加新设备"选项，在右侧"添加新设备"对话框中，选择"控制器"，逐级打开 S7-1200 PLC 的 CPU 文件夹，选择 CPU 1214C AC/DC/Rly，订货号为：6ES7 214-1BG40-0XB0（或选择身边 PLC 的订货号），设备名称自动生成为默认名称"PLC_1"。单击对话框右下角的"添加"按钮后（或双击选中的设备订货号），打开该项目的"项目视图"的编辑视窗。PLC 站点的 IP 地址为默认地址 192.168.0.1。

3. 添加 HMI

在项目视图"项目树"中单击"添加新设备"，出现"添加新设备"对话框。选中"HMI 设备"，去掉左下角 "启动设备向导"筛选框中自动生成的勾。打开设备列表中的文件夹 "\HMI\SIMATIC 精智面板\4"显示屏\KTP400 Comfort，双击订货号为 6AV2 124-2DC01-0AX0 的 4in 精智面板 KTP400，版本为 15.1.0.0，生成默认名称为"HMI_1"的面板，在工作区出现了 HMI 的画面"根画面"。HMI 站点的 IP 地址为默认地址 192.168.0.2。

4. 组态连接

添加 PLC 和 HMI 设备后，双击"项目树"中的"设备和网络"，打开网络视图（见图 6-27），单击网络视图左上角的"连接"按钮，采用默认的"HMI 连接"，同时 PLC 和 HMI 会变成浅绿色。

单击 PLC 中的以太网接口（绿色小方框），按住鼠标左键并移动鼠标，拖出一条浅色的直线。将它拖到 HMI 的以太网接口，松开鼠标左键，生成图 6-27 中的"HMI_连接_1"和网络线。

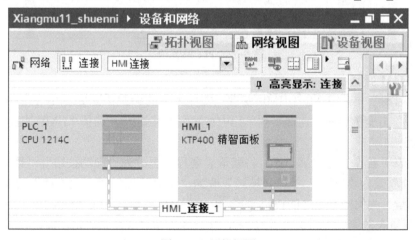

图 6-27　网络视图

5. 生成 PLC 变量

双击"项目树"中"PLC_1\PLC 变量"文件夹中的"默认变量表"，打开 PLC 的默认变量表（见图 6-28），并生成以下变量：

起动按钮、停止按钮、复位按钮、急停按钮、电动机 M1~M5 的运行指示灯、数码管显示及各段 a~g、电动机 M1~M5 的旋转风扇、电动机运行台数和急停标志等，变量名称及相应数据类型见图 6-28，并启动系统和时钟存储器，字节地址分别为 MB101 和 MB100，在编程过程中产生的其他中间变量在此不再进行定义。

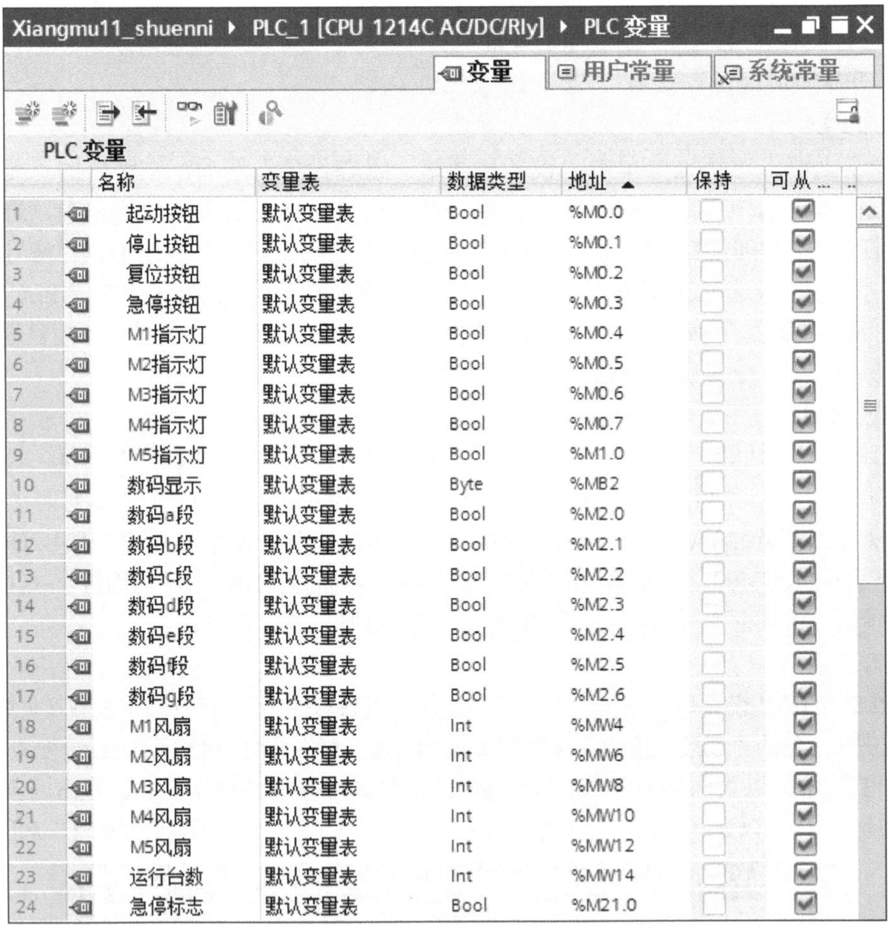

图 6-28　PLC 变量表

6. 生成 HMI 变量

双击"项目树"中"HMI_1\HMI 变量"文件夹中的"默认变量表[0]"，打开变量编辑器（见图 6-29）。单击变量表的"连接"列单元中被隐藏的按钮，选择"HMI_连接_1"（HMI 设备与 PLC 的连接）。

双击变量表"名称"列的第一行，将默认"名称"更改为"起动按钮"，"数据类型"改为"Bool"，"地址"改为"M0.0"，"访问模式"改为"绝对访问"，"采集周期"改为"500ms"，单击"PLC 变量"列第一行右边的按钮或，将 HMI 变量与 PLC 变量同步。

在 HMI 变量表的第二行双击"<添加>"，按上述方法生成变量"复位按钮"，或单击第一行最左侧图标，即选中第一行（第一行变量四周出现蓝色方框），用鼠标左键按住左侧图标左下角的"方形点"往下拉，生成第二个、第三个等多个变量（M1~M5 的风扇变量的采集周期为 100ms，否则风扇旋转时画面不连续）。

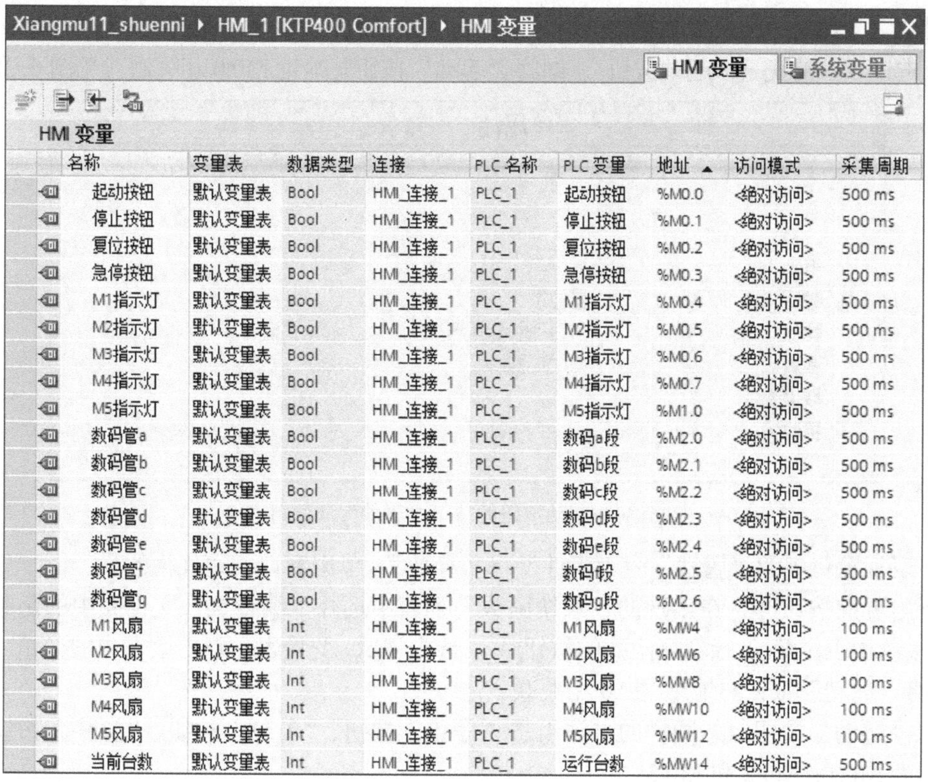

HMI 变量   系统变量

HMI 变量

	名称	变量表	数据类型	连接	PLC 名称	PLC 变量	地址 ▲	访问模式	采集周期
▥	起动按钮	默认变量表	Bool	HMI_连接_1	PLC_1	起动按钮	%M0.0	<绝对访问>	500 ms
▥	停止按钮	默认变量表	Bool	HMI_连接_1	PLC_1	停止按钮	%M0.1	<绝对访问>	500 ms
▥	复位按钮	默认变量表	Bool	HMI_连接_1	PLC_1	复位按钮	%M0.2	<绝对访问>	500 ms
▥	急停按钮	默认变量表	Bool	HMI_连接_1	PLC_1	急停按钮	%M0.3	<绝对访问>	500 ms
▥	M1指示灯	默认变量表	Bool	HMI_连接_1	PLC_1	M1指示灯	%M0.4	<绝对访问>	500 ms
▥	M2指示灯	默认变量表	Bool	HMI_连接_1	PLC_1	M2指示灯	%M0.5	<绝对访问>	500 ms
▥	M3指示灯	默认变量表	Bool	HMI_连接_1	PLC_1	M3指示灯	%M0.6	<绝对访问>	500 ms
▥	M4指示灯	默认变量表	Bool	HMI_连接_1	PLC_1	M4指示灯	%M0.7	<绝对访问>	500 ms
▥	M5指示灯	默认变量表	Bool	HMI_连接_1	PLC_1	M5指示灯	%M1.0	<绝对访问>	500 ms
▥	数码管a	默认变量表	Bool	HMI_连接_1	PLC_1	数码a段	%M2.0	<绝对访问>	500 ms
▥	数码管b	默认变量表	Bool	HMI_连接_1	PLC_1	数码b段	%M2.1	<绝对访问>	500 ms
▥	数码管c	默认变量表	Bool	HMI_连接_1	PLC_1	数码c段	%M2.2	<绝对访问>	500 ms
▥	数码管d	默认变量表	Bool	HMI_连接_1	PLC_1	数码d段	%M2.3	<绝对访问>	500 ms
▥	数码管e	默认变量表	Bool	HMI_连接_1	PLC_1	数码e段	%M2.4	<绝对访问>	500 ms
▥	数码管f	默认变量表	Bool	HMI_连接_1	PLC_1	数码f段	%M2.5	<绝对访问>	500 ms
▥	数码管g	默认变量表	Bool	HMI_连接_1	PLC_1	数码g段	%M2.6	<绝对访问>	500 ms
▥	M1风扇	默认变量表	Int	HMI_连接_1	PLC_1	M1风扇	%MW4	<绝对访问>	100 ms
▥	M2风扇	默认变量表	Int	HMI_连接_1	PLC_1	M2风扇	%MW6	<绝对访问>	100 ms
▥	M3风扇	默认变量表	Int	HMI_连接_1	PLC_1	M3风扇	%MW8	<绝对访问>	100 ms
▥	M4风扇	默认变量表	Int	HMI_连接_1	PLC_1	M4风扇	%MW10	<绝对访问>	100 ms
▥	M5风扇	默认变量表	Int	HMI_连接_1	PLC_1	M5风扇	%MW12	<绝对访问>	100 ms
▥	当前台数	默认变量表	Int	HMI_连接_1	PLC_1	运行台数	%MW14	<绝对访问>	500 ms

图 6-29 HMI 变量表

7. 组态 HMI 画面

双击"项目树"中 "HMI_1"文件夹中"面面"下的"根画面",打开"根画面"编辑窗口。

（1）组态文本域

单击并按住工具箱"基本对象"中的"文本域"按钮,将其拖拽至"根画面"中,然后松开鼠标,生成默认名称为"Text"的文本,然后双击文本"Text"将其修改为"电动机顺序起动逆序停止控制"。打开巡视窗口中的"属性"→"属性"→"文本格式",将其字号改为"20号""粗体"。将文本"电动机顺序起动逆序停止控制"（项目名称）通过鼠标拖拽的方式拖到"根画面"的正中间（见图 6-26）。

再用类似的方法生成其他文本,如 M1~M5、运行指示灯、当前起动台数等,并将它们拖拽至"根画面"的适当位置（见图 6-26）。

（2）组态按钮

将工具箱的"元素"窗格中的"按钮"拖拽至"根画面"中,通过鼠标拖拽调节其位置及大小（见图 6-26）,然后再复制三个同样大小的按钮。

单击选中"根画面"中左边按钮,选中巡视窗口中的"属性"→"属性"→"常规",勾选"模式"和"标签"域的"文本",在"按钮'未按下'时显示的图形"栏中输入"起动";在"热键"域中选中热键"F1",即将按下热键"F1"与"起动"按钮作用相同。用同样方法将其他三个按钮的名称更改为"停止""复位"和"急停",并且分别选中热键"F2""F3"和"F4"。

单击"根画面"中的"起动"按钮,选中巡视窗口中的"属性"→"事件"→"按下",单击窗口右边表格的最上面一行,再单击它右侧出现的按钮 ▼ ,在出现的"系统函数"列表中选择"编辑位"文件夹中的函数"置位位";直接单击表中第 2 行右侧隐藏的按钮 ，选中 PLC 变量表，双击该表中的变量"起动按钮"，即将"起动"按钮与地址 M0.0 相关联（见图 6-30）。

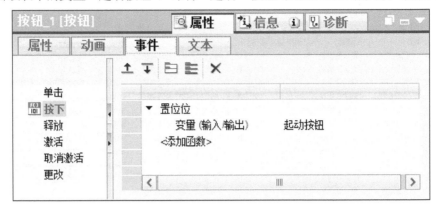

图 6-30　起动按钮的按下"事件"属性组态

选中巡视窗口中的"属性"→"事件"→"释放"，单击窗口右边表格的最上面一行，再单击它右侧出现的按钮 ，在出现的"系统函数"列表中选择"编辑位"文件夹中的函数"复位位";直接单击表中第 2 行右侧隐藏的按钮 ，选中 PLC 变量表，双击该表中的变量"起动按钮"，即将"起动"按钮与地址 M0.0 相关联。

按照"起动"按钮组态同样的方法组态"停止"按钮、"复位"按钮、"急停"按钮，关联地址分别为 M0.1、M0.2 和 M0.3。

（3）组态计数窗口

将工具箱中"元素"窗格中"I/O 域"拖拽到"根画面"中适当的位置，松开鼠标后生成一个 I/O 域，通过鼠标调节其位置及大小（见图 6-26）。

选中 I/O 域，再选中巡视窗口中的"属性"→"属性"→"常规"（见图 6-31），将过程变量与地址 MW14 相关联，将"类型"域中"模式"设置为"输出"，采用"十进制"显示格式，将"格式样式"设置为"9999"。

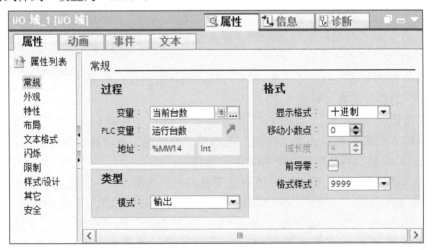

图 6-31　组态电动机运行台数计数窗口

将工具箱的"基本对象"窗格中的"矩形"对象拖拽到"根画面"中，通过鼠标调节其大小和位置，此矩形的外框作为整个操作及显示画面的背景。

选中此矩形，再选中巡视窗口中的"属性"→"属性"→"外观"，将背景域的"填充图案"设置为"透明"，"边框"域的"宽度"设置为"2"，"样式"设置为"虚线"；选中巡视窗口中的"属性"→"属性"→"布局"，将"角半径"域的"X"和"Y"设置为"10"。最后选中此矩形，执行右击"顺序"→"移到最后"命令。

（4）组态运行指示

将工具箱的"基本对象"窗格中的"圆"拖拽到"根画面"中的适当的位置，松开鼠标后生成一个圆，通过鼠标调节其位置和大小，并再复制四个同样的圆（见图6-26）。

选中最左边用于电动机M1运行指示的指示灯（最左边的圆），再选中巡视窗口中的"属性"→"动画"→"显示"（见图6-32）。单击"显示"文件夹下"添加新动画"，选择"外观"，将外观关联的变量名称组态为"主接触器指示"，地址M0.4自动添加到地址栏。将"类型"选择为"范围"，组态颜色如下："0"状态的"背景色"和"边框颜色"采用默认颜色，"1"状态的"背景色"设置为"绿色"。

用同种的方法，组态用于电动机M2~M5运行指示的指示灯，关联地址分别为M0.5、M0.6、M0.7和M1.0。将它们拖拽到图6-26中所示位置（均匀分布，并通过工具栏中的对齐按钮使它们上下对齐）。

图6-32　组态电动机M1的运行指示灯

（5）组态电动机

1）生成电动机

将工具箱中的"图形\WinCC图形文件夹\Equipment\Automation[WMF]\Motors"中的电动机拖拽至"根画面"中，用鼠标调节其位置和大小，然后复制四个同样的电动机（见图6-26）。

2）组态旋转风扇

将工具箱的"元素"窗格中的"图形I/O域"对象拖拽到"根画面"中，通过鼠标调节其大小和位置。

单击"根画面"中的图形I/O域，选中巡视窗口中的"属性"→"属性"→"常规"，将过程域中的"变量"通过HMI默认变量表中选择"M1风扇"，其地址为MW4，将"模式"设置为"输出"（见图6-33）。

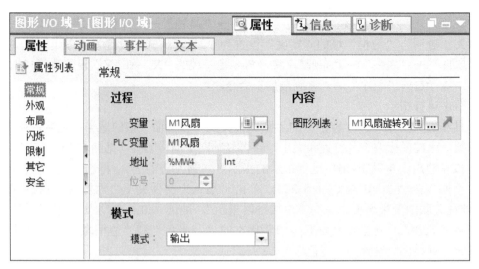

图 6-33　图形 I/O 域的"常规"属性组态

单击"内容"域"图形列表"选项后面的按钮，单击"添加新列表"按钮，生成一个系统默认名称为"Graphic_list_1"的图形列表，单击图形列表名称右侧的箭头按钮，自动打开图形列表编辑器（见图 6-34），在该编辑器中将其名称更改为"M1 风扇旋转列表"。

图形列表			
…	名称 ▲	选择	注释
	M1风扇旋转列表	值/范围	

图形列表条目			
…	默认	值 ▲	图形名称 图形
	○	0	图形_2
	○	1	图形_3
	○	2	图形_4
	○	3	图形_5

图 6-34　图形 I/O 域的"图形列表条目"组态

单击"图形列表条目""值"列的第一行，出现的值为"0 - 1"，单击该单元右侧按钮，用出现的对话框将"类型"由"范围"改为"单个值"，条目的值变为"0"，然后在"图形列表条目"的下面三行中双击添加值 1、2、3 。将工具箱中的"图形\WinCC 图形文件夹\Equipment\Automation[WMF]\Blowers"中四个图形❀依次拖拽到"图形列表条目"中"图形"列，并且与值 0、1、2、3 相对应（见图 6-34）。

　　将图形 I/O 域中的风扇拖拽至电动机的正中间，通过鼠标调节其位置和大小。选中风扇（即图形 I/O 域），再选中巡视窗口中的"属性"→"属性"→"外观"（见图 6-35），将"背景"域中"颜色"设置为"淡蓝色"（与电动机背景色一致），"填充图案"设置为"透明"；将"边界"域中的"样式"设置为"实心"，否则风扇四周会有一个正方形的边框。

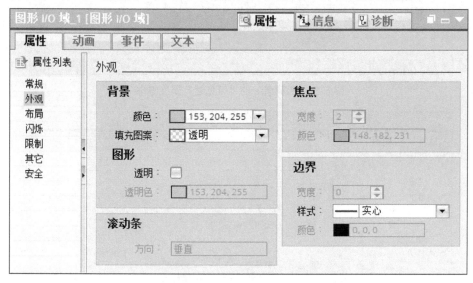

图 6-35　图形 I/O 域的"外观"属性组态

　　选中电动机 M1，按下计算机键盘上的〈Shift〉键，再选中风扇（注意先后顺序不要搞错），执行右击"组合"→"组合"命令，即将风扇和电动机组合成一个图形对象，通过鼠标将它们拖拽到适当位置（见图 6-26）。

　　用同样的方法，再组态电动机 M2～M5 的旋转风扇，图形 I/O 域的关联变量分别是MW6、MW8、MW10 和 MW12，并将它们分别组合成一个图形，拖拽到图 6-26 中所示位置（均匀分布，并通过工具栏中的对齐按钮使它们上下对齐）。

　　（6）组态数码管

　　将工具箱的"基本对象"窗格中的"矩形"对象拖拽到画面中，通过鼠标调节其大小和位置（矩形见图 6-26 中 8 字形 LED 的 a 段，8 字形的最上面那段）。然后再复制两个，放在 a 段的正下方，分别表示 8 字形 LED 的 d 段（8 字形的最下面那段）和 g 段（8 字形的中间那段）。再用上述方法生成表示 8 字形 LED 的 b 段、c 段、e 段和 f 段。

　　选中 8 字形 LED 的 a 段，再选中巡视窗口中的"属性"→"动画"→"显示"，单击"显示"文件夹下"添加新动画"，选择"可见性"，将过程变量与"数码管 a"变量相关联。将"类型"设置为"单个位"，选中"可见"（见图 6-36）。

　　选中 8 字形 LED 的 a 段，再选中巡视窗口中的"属性"→"动画"→"显示"，单击"显示"文件夹下"添加新动画"，选择"外观"，将"过程"域"变量"与"数码管 a"相关联，地址为 M2.0。将"类型"设置为"范围"，范围"1"的"背景色"设置为"红色"，其他采用默认设置（见图 6-37）。

图 6-36 数码管 a 的"可见性"属性组态

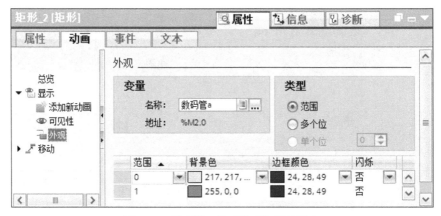

图 6-37 数码管 a 的"外观"属性组态

用同样的方法,再组态数码管 b、c、d、e、f 和 g 段,地址分别为 M2.1、M2.2、M2.3、M2.4、M2.5 和 M2.6,然后同时选中数码管的所有段,执行右击"组合"→"组合"命令,将它们组合成一个完整的 8 字形。

在"根画面"中再生成一个矩形(8 字形的背景),采用默认设置,选中此矩形,执行右击"顺序"→"后移"命令,再将其移至 8 字形后面,然后再将它们组合成一个图形。

8. 编写 PLC 程序

双击"项目树"中"PLC_1\程序块"文件夹中的"Main[OB1]",打开 PLC 的程序编辑窗口,编写 PLC 控制程序,如图 6-38 所示(注意:对程序段 1 进行区间复位时不能覆盖急停标志 M21.0,否则按下"急停"按钮后,"复位"按钮将不再起作用)。

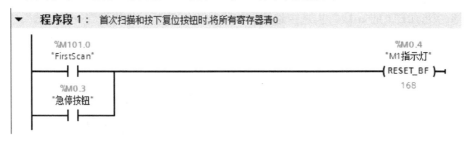

图 6-38 电动机顺序起动逆序停止控制程序

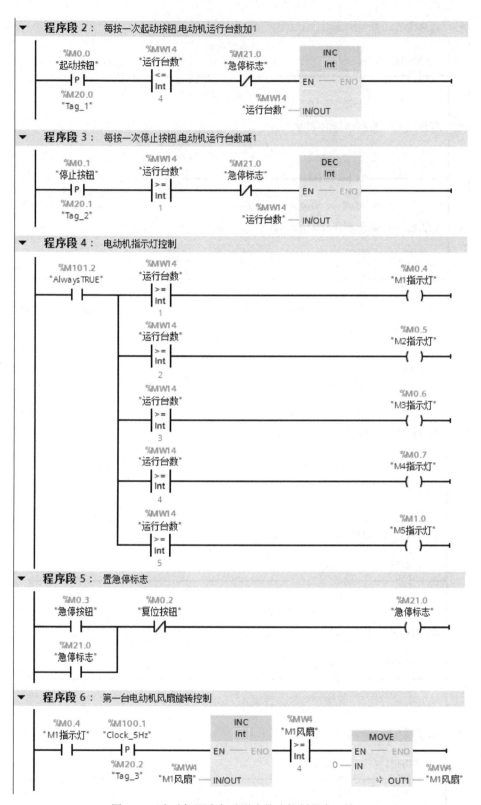

图 6-38 电动机顺序起动逆序停止控制程序（续）

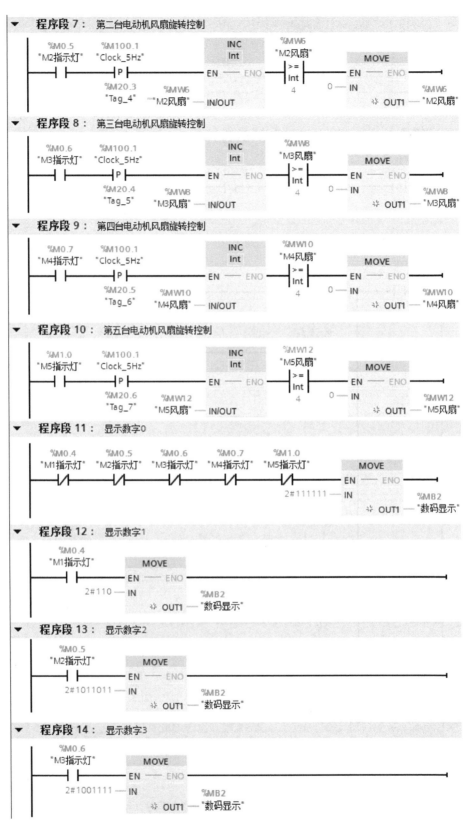

图 6-38 电动机顺序起动逆序停止控制程序（续）

图 6-38 电动机顺序起动逆序停止控制程序（续）

9. 仿真调试

选中"项目树"中的 PLC_1 设备，单击工具栏上的"启动仿真"按钮，启动 S7-PLCSIM 仿真器，将程序下载到仿真 PLC 中。单击仿真器窗口的"RUN"按钮，使仿真器处于运行状态。单击 PLC 程序编辑区中的"启用/禁用监视"按钮，使程序处于监控状态下，以便在仿真调试过程中观察 PLC 中的程序执行情况。

选中"项目树"中的 HMI_1 设备，单击工具栏上的"启动仿真"按钮，启动 HMI 运行系统仿真。编译成功后，出现仿真面板的"根画面"。

单击"根画面"中的"起动"按钮，观察画面中的电动机 M1 运行指示灯是否点亮，电动机 M1 风扇是否旋转，8 字形数码管是否显示"1"，当前起动台数的 I/O 域是否显示"1"。再次按下"起动"按钮，观察画面中的电动机 M1 和 M2 运行指示灯是否点亮，电动机 M1 和 M2 风扇是否旋转，8 字形数码管是否显示"2"，当前起动台数的 I/O 域是否显示"2"。再多次按下"起动"按钮，使得 5 台电动机全部运行，然后再次按下"起动"按钮，观察数码管和 I/O 域中"5"是否保持不变。

多次按下"停止"按钮，观察起动的电动机台数是否由"5"台变为"4"台，直至"0"台。再次按下两次"起动"按钮，起动两台电动机，然后按下"急停"按钮，观察电动机的运行指示灯是否全部熄灭，数码管和 I/O 域中是否显示"0"。再次按下"起动"按钮，观察电动机 M1 能否起动。若不能起动，按下"复位"按钮后，再按下"起动"按钮，观察电动机 M1 能否起动。

使 5 台电动机全部停止后，使用热键"F1""F2""F3"和"F4"再次按上述步骤操作调试。如果上述调试现象与控制要求一致，则说明程序编写和构件组态正确。

【项目拓展】

使用 S7-1200 PLC 和精智面板 HMI 实现电动机有序起停控制。控制要求：电动机有序起停组态画面与图 6-26 类似，再增加一个开关。当开关处于"OFF"状态时，5 台电动机实现"顺序起动逆序停止"控制；当开关处于"ON"状态时，5 台电动机实现"顺序起动顺序停止"控制。按钮操作、数码管和当前起动台数显示与项目 11 相同。

6.4　项目 12：四组抢答器控制

本项目使用 S7-1200 PLC 和精智面板 HMI 实现四组抢答器控制，重点是使用博途 V15.1 训练和巩固文本域、按钮、动画和数码管等多项组态操作。

【项目目标】

　　1）掌握按钮的组态。
　　2）掌握动画的组态。
　　3）掌握数码管的组态。

【项目任务】

　　使用 S7-1200 PLC 和精智面板 HMI 实现四组抢答器控制。四组抢答器控制组态画面如图 6-39 所示。控制要求：主持人按下"出题"按钮，出题指示灯亮，四组选手在 10s 时间内可以抢答，超过 10s 无人抢答，此题作废。如果选手在主持人未按下"出题"按钮就抢答，算犯规，抢答成功的选手号码在数码管上正常显示，抢答犯规选手号码在数码管上以秒级闪烁，无论抢答成功或犯规，抢答选手前的相应指示灯都点亮。主持人按下"清除"按钮，复位清零，再次按下"出题"按钮，下一场抢答开始。

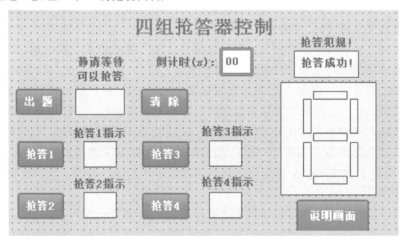

图 6-39　四组抢答器控制的组态画面

【项目实施】

　　1. 创建项目

　　双击桌面上博途 V15.1 图标，在 Portal 视图中选中"创建新项目"选项，在右侧"创建新项目"对话框中将项目名称修改为"Xiangmu12_qiangda"。单击"路径"输入框右边的按钮，将该项目保存在 D 盘"HMI_KTP400"文件夹中。"作者"栏采用默认名称。单击"创建"按钮，开始生成项目。

　　2. 添加 PLC

　　在"新手上路"对话框中单击"设备和网络—组态设备"选项，在弹出的"显示所有设备"对话框中单击选中"添加新设备"选项，在右侧"添加新设备"对话框中选择"控制器"，逐级打开 S7-1200 PLC 的 CPU 文件夹，选择 CPU 1214C AC/DC/Rly，订货号为：6ES7 214-1BG40-0XB0（或选择与身边 PLC 的订货号），设备名称自动生成为默认名称"PLC_1"。单击对话框右下角的"添加"按钮后（或双击选中的设备订货号），打开该项目的"项目视图"的编

236

辑视窗。PLC 站点的 IP 地址为默认地址 192.168.0.1。

3．添加 HMI

在项目视图"项目树"中单击"添加新设备"，出现"添加新设备"对话框。选中"HMI 设备"，去掉左下角"启动设备向导"筛选框中自动生成的勾。打开设备列表中的文件夹"\HMI\SIMATIC 精智面板\4"显示屏\KTP400 Comfort"，双击订货号为 6AV2 124-2DC01-0AX0 的 4in 精智面板 KTP400，版本为 15.1.0.0，生成默认名称为"HMI_1"的面板，在工作区出现了 HMI 的画面"根画面"。HMI 站点的 IP 地址为默认地址 192.168.0.2。

4．组态连接

添加 PLC 和 HMI 设备后，双击"项目树"中的"设备和网络"，打开网络视图（见图 6-40），单击网络视图左上角的"连接"按钮，采用默认的"HMI 连接"，同时 PLC 和 HMI 会变成浅绿色。

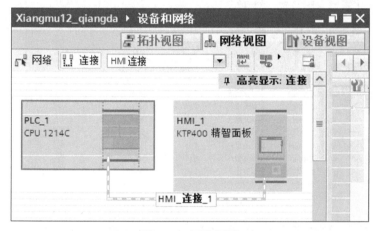

图 6-40　网络视图

单击 PLC 中的以太网接口（绿色小方框），按住鼠标左键并移动鼠标，拖出一条浅色的直线。将它拖到 HMI 的以太网接口，松开鼠标左键，生成图 6-40 中的"HMI_连接_1"和网络线。

5．生成 PLC 变量

双击"项目树"中"PLC_1\PLC 变量"文件夹中的"默认变量表"，打开 PLC 的默认变量表（见图 6-41），并生成以下变量：

出题按钮、清除按钮、出题指示、抢答成功、抢答犯规、抢答按钮 1~4、抢答指示 1~4、数码显示、数码管 a~g 和倒计时等，变量名称及相应数据类型见图 6-41，并启动系统和时钟存储器，字节地址分别为 MB101 和 MB100。在编程过程中产生的其他中间变量在此不再进行定义。

6．生成 HMI 变量

双击"项目树"中"HMI_1\HMI 变量"文件夹中的"默认变量表[0]"，打开变量编辑器（见图 6-42）。单击变量表的"连接"列单元中被隐藏的按钮，选择"HMI_连接_1"（HMI 设备与 PLC 的连接）。

双击变量表"名称"列的第一行，将默认"名称"更改为"出题按钮"，"数据类型"改为"Bool"，"地址"改为"M0.0"，"访问模式"改为"绝对访问"，"采集周期"改为"500ms"，单击"PLC 变量"列第一行右边的按钮或，将 HMI 变量与 PLC 变量同步。

在 HMI 变量表的第二行双击"<添加>"，按上述方法生成变量"清除按钮"，或单击第一行最左侧图标，即选中第一行（第一行变量四周出现蓝色方框），用鼠标左键按住左侧图标

左下角的“方形点”往下拉，生成第二个、第三个等多个变量，将生成的变量按钮图 6-42 所示更改其名称、PLC 变量及采集周期等参数。

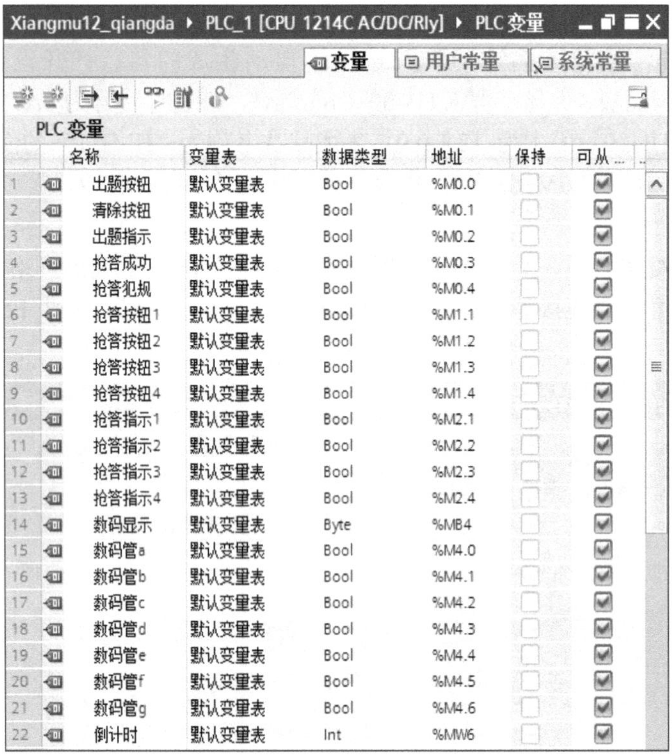

Xiangmu12_qiangda ▸ PLC_1 [CPU 1214C AC/DC/Rly] ▸ PLC 变量

变量 用户常量 系统常量

PLC 变量

	名称	变量表	数据类型	地址	保持	可从 ...
1	出题按钮	默认变量表	Bool	%M0.0	☐	☑
2	清除按钮	默认变量表	Bool	%M0.1	☐	☑
3	出题指示	默认变量表	Bool	%M0.2	☐	☑
4	抢答成功	默认变量表	Bool	%M0.3	☐	☑
5	抢答犯规	默认变量表	Bool	%M0.4	☐	☑
6	抢答按钮1	默认变量表	Bool	%M1.1	☐	☑
7	抢答按钮2	默认变量表	Bool	%M1.2	☐	☑
8	抢答按钮3	默认变量表	Bool	%M1.3	☐	☑
9	抢答按钮4	默认变量表	Bool	%M1.4	☐	☑
10	抢答指示1	默认变量表	Bool	%M2.1	☐	☑
11	抢答指示2	默认变量表	Bool	%M2.2	☐	☑
12	抢答指示3	默认变量表	Bool	%M2.3	☐	☑
13	抢答指示4	默认变量表	Bool	%M2.4	☐	☑
14	数码显示	默认变量表	Byte	%MB4	☐	☑
15	数码管a	默认变量表	Bool	%M4.0	☐	☑
16	数码管b	默认变量表	Bool	%M4.1	☐	☑
17	数码管c	默认变量表	Bool	%M4.2	☐	☑
18	数码管d	默认变量表	Bool	%M4.3	☐	☑
19	数码管e	默认变量表	Bool	%M4.4	☐	☑
20	数码管f	默认变量表	Bool	%M4.5	☐	☑
21	数码管g	默认变量表	Bool	%M4.6	☐	☑
22	倒计时	默认变量表	Int	%MW6	☐	☑

图 6-41　PLC 变量表

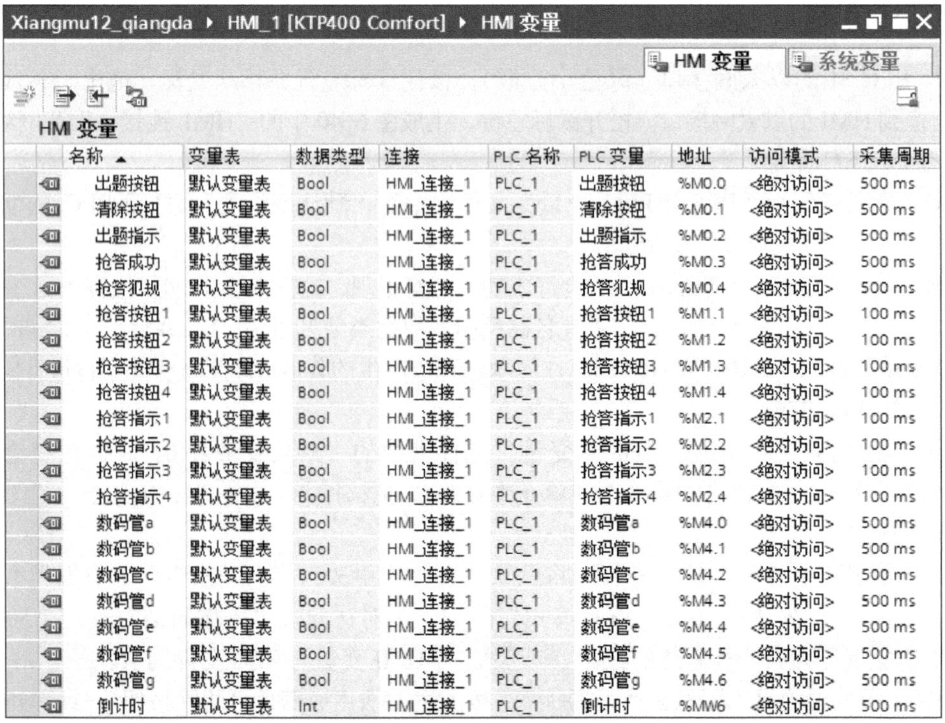

Xiangmu12_qiangda ▸ HMI_1 [KTP400 Comfort] ▸ HMI 变量

HMI 变量 系统变量

HMI 变量

名称 ▲	变量表	数据类型	连接	PLC 名称	PLC 变量	地址	访问模式	采集周期
出题按钮	默认变量表	Bool	HMI_连接_1	PLC_1	出题按钮	%M0.0	<绝对访问>	500 ms
清除按钮	默认变量表	Bool	HMI_连接_1	PLC_1	清除按钮	%M0.1	<绝对访问>	500 ms
出题指示	默认变量表	Bool	HMI_连接_1	PLC_1	出题指示	%M0.2	<绝对访问>	500 ms
抢答成功	默认变量表	Bool	HMI_连接_1	PLC_1	抢答成功	%M0.3	<绝对访问>	500 ms
抢答犯规	默认变量表	Bool	HMI_连接_1	PLC_1	抢答犯规	%M0.4	<绝对访问>	500 ms
抢答按钮1	默认变量表	Bool	HMI_连接_1	PLC_1	抢答按钮1	%M1.1	<绝对访问>	100 ms
抢答按钮2	默认变量表	Bool	HMI_连接_1	PLC_1	抢答按钮2	%M1.2	<绝对访问>	100 ms
抢答按钮3	默认变量表	Bool	HMI_连接_1	PLC_1	抢答按钮3	%M1.3	<绝对访问>	100 ms
抢答按钮4	默认变量表	Bool	HMI_连接_1	PLC_1	抢答按钮4	%M1.4	<绝对访问>	100 ms
抢答指示1	默认变量表	Bool	HMI_连接_1	PLC_1	抢答指示1	%M2.1	<绝对访问>	100 ms
抢答指示2	默认变量表	Bool	HMI_连接_1	PLC_1	抢答指示2	%M2.2	<绝对访问>	100 ms
抢答指示3	默认变量表	Bool	HMI_连接_1	PLC_1	抢答指示3	%M2.3	<绝对访问>	100 ms
抢答指示4	默认变量表	Bool	HMI_连接_1	PLC_1	抢答指示4	%M2.4	<绝对访问>	100 ms
数码管a	默认变量表	Bool	HMI_连接_1	PLC_1	数码管a	%M4.0	<绝对访问>	500 ms
数码管b	默认变量表	Bool	HMI_连接_1	PLC_1	数码管b	%M4.1	<绝对访问>	500 ms
数码管c	默认变量表	Bool	HMI_连接_1	PLC_1	数码管c	%M4.2	<绝对访问>	500 ms
数码管d	默认变量表	Bool	HMI_连接_1	PLC_1	数码管d	%M4.3	<绝对访问>	500 ms
数码管e	默认变量表	Bool	HMI_连接_1	PLC_1	数码管e	%M4.4	<绝对访问>	500 ms
数码管f	默认变量表	Bool	HMI_连接_1	PLC_1	数码管f	%M4.5	<绝对访问>	500 ms
数码管g	默认变量表	Bool	HMI_连接_1	PLC_1	数码管g	%M4.6	<绝对访问>	500 ms
倒计时	默认变量表	Int	HMI_连接_1	PLC_1	倒计时	%MW6	<绝对访问>	500 ms

图 6-42　HMI 变量表

7. 组态 HMI 画面

双击"项目树"文件夹"HMI_1\画面\添加新画面",生成"画面_1"画面。双击"项目树"中"HMI_1\画面"文件夹中的"根画面",打开"根画面"编辑窗口进行抢答的相关说明（见图6-43）。

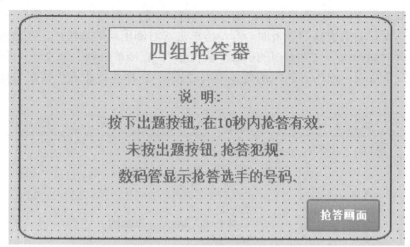

图 6-43　四组抢答器控制的说明画面

在"根画面"中只需要组态文本域、生成一个"画面_1"的切换按钮（按钮文本为"抢答画面"）、两个矩形等，具体组态请读者根据图6-43自行操作，或按个人喜好组态。

双击"项目树"中"HMI_1\画面"中的"画面_1"，打开"画面_1"编辑窗口进行抢答器控制画面的组态（见图6-39）。

（1）组态文本域

单击并按住工具箱"基本对象"中的"文本域"按钮，将其拖拽至"画面_1"中，然后松开鼠标，生成默认名称为"Text"的文本，然后双击文本"Text"将其修改为"四组抢答器控制"。打开巡视窗口中的"属性"→"属性"→"文本格式"，将其字号改为"23 号""粗体"。将文本"四组抢答器控制"（项目名称）通过鼠标拖拽的方式拖到"画面_1"的正中间（见图6-39）。

再用类似的方法生成其他文本，如静候等待、可以抢答、抢答1~4指示、倒计时（s）、抢答犯规和抢答成功等，并将它们拖拽至"画面_1"的适当位置，可使用工具栏上相关按钮使它们对齐及均匀分布等（见图6-39）。

将"静候等待"和"可以抢答"文本的动画属性中的"可见性"分别与"出题指示"变量相关联，选中"单个位"，可见性分别选择"不可见"和"可见"。组态好后，将两个文本重叠在一起。

将"抢答成功！"和"抢答犯规！"文本的动画属性中的"可见性"分别与"抢答成功"和"抢答犯规"变量相关联，选中"单个位"，可见性都选择"可见"。组态好后，将两个文本重叠在一起，然后在这两个文本后面生成一个背景矩形框。

（2）组态按钮

将工具箱的"元素"窗格中的"按钮"拖拽到"画面_1"中，通过鼠标拖拽调节其位置及大小（见图6-39），然后再复制五个同样大小的按钮。

单击选中"画面_1"中左上角按钮，选中巡视窗口中的"属性"→"属性"→"常规"，勾选"模式"和"标签"域的"文本",在"按钮'未按下'时显示的图形"栏中输入"出题"。用同样方法将其他五个按钮的名称更改为"清除""抢答 1""抢答 2""抢答 3"和"抢答 4"。

将"项目树"中的"HMI_1\根画面"拖拽至"画面_1"的右下角,并将其名称更改为"说明画面"。

单击"根画面"中的"出题"按钮,选中巡视窗口中的"属性"→"事件"→"按下"(见图 6-44),单击窗口右边表格的最上面一行,再单击它右侧出现的按钮▼,在出现的"系统函数"列表中选择"编辑位"文件夹中的函数"置位位";直接单击表中第 2 行右侧隐藏的按钮⋯,选中 PLC 变量表,双击该表中的变量"出题按钮",即将"出题"按钮与地址 M0.0 相关联。

图 6-44　出题按钮的按下"事件"属性组态

选中巡视窗口中的"属性"→"事件"→"释放",单击窗口右边表格最上面的一行,再单击它右侧出现的按钮▼,在出现的"系统函数"列表中选择"编辑位"文件夹中的函数"复位位";直接单击表中第 2 行右侧隐藏的按钮⋯,选中 PLC 变量表,双击该表中的变量"出题按钮",即将"出题"按钮与地址 M0.0 相关联。

按照"出题"按钮组态同样的方法组态"清除"按钮、"抢答 1"按钮、"抢答 2"按钮、"抢答 3"按钮、"抢答 4"按钮,关联地址分别为 M0.1、M1.1、M1.2、M1.3 和 M1.4。

(3)组态运行指示

将工具箱的"基本对象"窗格中的"矩形"拖拽到"画面_1"中适当的位置,松开鼠标后生成一个矩形(本项目用矩形框作各种动作指示),通过鼠标拖拽调节其位置和大小,并再复制四个矩形(见图 6-39)。

选中"画面_1"中最上边用于出题指示灯的矩形,再选中巡视窗口中的"属性"→"动画"→"显示"。单击"显示"文件夹下"添加新动画"选择"外观",将外观关联的变量名称组态为"出题指示",地址 M0.2 自动添加到地址栏。将"类型"选择为"范围",组态颜色如下:"0"状态的"背景色"设置为"黄色","1"状态的"背景色"设置为"绿色"(见图 6-45)。

用同种的方法,组态用于抢答 1~4 运行指示的指示灯,关联地址分别为 M2.1、M2.2、M2.3 和 M2.4。他们的"0"状态的"背景色"全部设置为默认颜色,"1"状态的"背景色"全部设置为"绿色"。将他们拖拽到图 6-39 中所示位置(通过工具栏中的"对齐"按钮使它们上下对齐,并均匀分布)。

(4)组态倒计时窗口

将工具箱中"元素"窗格中"I/O 域"拖拽到"画面_1"中适合位置,松开鼠标后生成一个 I/O 域,通过鼠标拖拽调节其位置及大小(见图 6-39)。

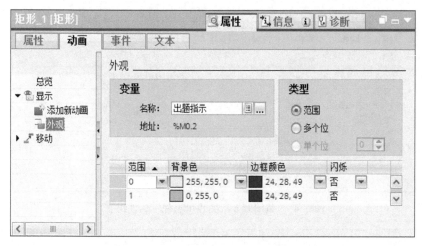

图 6-45 出题指示灯"外观"属性组态

选中 I/O 域,再选中巡视窗口中的"属性"→"属性"→"常规"(见图 6-46),将过程变量与 MW6 相关联,将"类型"域"模式"设置为"输出",采用"十进制"显示格式,将"格式样式"设置为"99"。

图 6-46 组态 10s 倒计时窗口

(5)组态数码管

将工具箱的"基本对象"窗格中的"矩形"对象拖拽到画面中,通过鼠标拖动调节其大小和位置(细长形的矩形见图 6-39 中 8 字形 LED 的 a 段)。然后再复制两个,放在 a 段正下方的两处,分别表示 8 字形 LED 的 d 段和 g 段。再用上述方法生成表示 8 字形 LED 的 b 段、c 段、e 段和 f 段。

选中 8 字形 LED 的 a 段,再选中巡视窗口中的"属性"→"动画"→"显示"(见图 6-47),单击"显示"文件夹下"添加新动画",选择"可见性",将过程变量与"数码管 a"变量相关联。将"类型"设置为"单个位",选中"可见"。

选中 8 字形 LED 的 a 段,再选中巡视窗口中的"属性"→"动画"→"显示"(见图 6-48),单击"显示"文件夹下"添加新动画",选择"外观",将过程变量与"数码管 a"变量相关联,地址为 M4.0。将"类型"设置为"范围",范围"1"的"背景色"设置为"红色",其他采用默认设置。

图 6-47 数码管 a 段的"可见性"属性组态

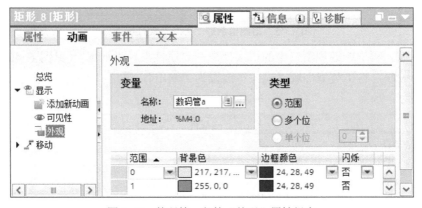

图 6-48 数码管 a 段的"外观"属性组态

用同样的方法，再组态数码管 b、c、d、e、f 和 g 段，地址分别为 M4.1、M4.2、M4.3、M4.4、M4.5 和 M4.6，然后同时选中数码管的所有段，右击后执行快捷菜单中"组合"→"组合"命令，将它们组合成一个完整的 8 字形。

在"根画面"中再生成一个矩形（8 字形的背景），采用默认设置，选中此矩形，执行右击"顺序"→"后移"命令，再将其移至 8 字形后面，然后再将它们组合成一个图形。

8．编写 PLC 程序

双击"项目树"中"PLC_1\程序块"文件夹中的"Main[OB1]"，打开 PLC 的程序编辑窗口，编写 PLC 控制程序，如图 6-49 所示。

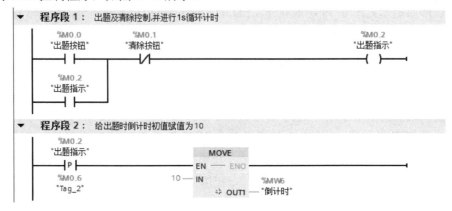

图 6-49 四组抢答器控制程序

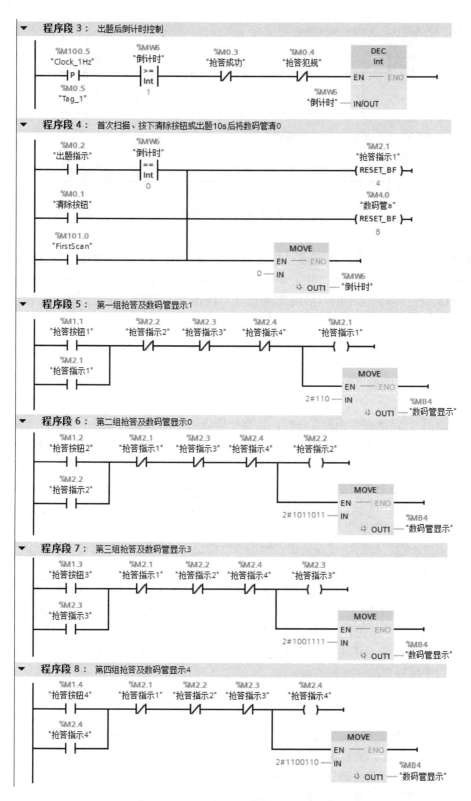

图 6-49   四组抢答器控制程序（续）

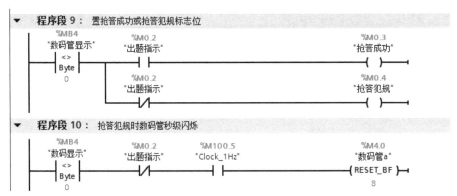

图 6-49　四组抢答器控制程序（续）

9．仿真调试

选中"项目树"中的 PLC_1 设备，单击工具栏上的"启动仿真"按钮![icon]，启动 S7-PLCSIM 仿真器，将程序下载到仿真 PLC 中。单击仿真器窗口的"RUN"按钮，使仿真器处于运行状态。单击 PLC 程序编辑区中的"启用/禁用监视"按钮![icon]，使程序处于监控状态下，以便于在仿真调试过程中观察 PLC 中的程序执行情况。

选中"项目树"中的 HMI_1 设备，单击工具栏上的"启动仿真"按钮![icon]，启动 HMI 运行系统仿真。编译成功后，出现仿真面板，即"根画面"。

单击"根画面"中的"抢答画面"按钮和"画面_1"的"说明画面"按钮，观察两个画面能否相互切换。

打开"画面_1"，单击"出题"按钮，观察出题指示灯是否变为"绿色"？正上方是否显示"可以抢答"文本，同时倒计时窗口是否进行倒计时？按下"抢答 1"按钮，观察"抢答 1 指示"指示灯是否点亮？倒计数窗口的数值是否保持不变？同时数码管上是否显示"1"，是否显示"抢答成功！"文本？再按下"抢答 2"按钮、"抢答 3"按钮和"抢答 4"按钮，观察数码管上显示是否发生变化？按下"清除"按钮，观察数码管是否无显示？出题指示灯是否变化"黄色"？是否显示"静候等待"文本？

再次按下"出题"按钮，分别调试"抢答 2"按钮、"抢答 3"按钮和"抢答 4"按钮，观察数码管和文本显示是否正确？

按下"清除"按钮，不按"出题"按钮，然后按下"抢答 1"按钮，观察"抢答 1 指示"指示灯是否点亮，同时数码管上是否显示"1"，并进行秒级闪烁？是否显示"抢答犯规！"文本？再按下"抢答 2"按钮、"抢答 3"按钮和"抢答 4"按钮，观察数码管上显示是否发生变化？按下"清除"按钮，再进行犯规抢答的其他 3 组按钮。如果上述调试现象与控制要求一致，则说明程序编写和构件组态正确。

【项目拓展】

使用 S7-1200 PLC 和精智面板 HMI 实现四组抢答器控制。控制要求：抢答画面与图 6-39 类似，再增加如下功能。抢答成功时数码管显示"绿色"，抢答犯规时数码管显示"红色"并进行秒级闪烁；增加"回答正确"和"回答错误"按钮，再为每组分别增加一个计分窗口，抢答成功后，主持人按下"回答正确"按钮，为此组增加 10 分，若回答错误，主持人按下"回答错误"按钮，为此组减少 10 分（最低为 0 分）；若 10s 内无人抢答，则"画面_1"上显示"此题作废"文本，并进行秒级闪烁。

参 考 文 献

[1] 侍寿永. 西门子 S7-1200 PLC 编程及应用教程[M]. 北京：机械工业出版社， 2018.

[2] 侍寿永. 西门子 S7-200 SMART PLC 编程及应用教程[M]. 2 版. 北京：机械工业出版社，2021.

[3] 侍寿永. S7-300 PLC、变频器与触摸屏综合应用教程[M]. 北京：机械工业出版社，2020.

[4] 廖常初. 西门子人机界面（触摸屏）组态与应用技术[M]. 北京：机械工业出版社，2020.

[5] 刘长国，黄俊强. MCGS 嵌入版组态应用技术[M]. 北京：机械工业出版社，2020.

[6] 西门子（中国）有限公司. 精智面板操作说明[Z]. 2016.

[7] 西门子（中国）有限公司. 第二代精简系列面板操作说明[Z]. 2016.